21世纪普通高等教育规划教材

综合与近代物理实验

张飞雁　黄水平　李志芳　潘雪丰　编

机械工业出版社

本书根据我校使用多年的物理实验讲义，并参考兄弟院校的优秀实验成果编著而成。书中第一章误差理论，系统地介绍了随机误差的统计分布规律，随机误差的意义及计算，最小二乘法原理与应用，系统误差的分析及消除。第二章综合物理实验，共收录实验 17 个，这部分实验注重原理叙述和公式推导，并加强了实验现象与实验结果的分析和讨论，引导学生在实验中或实验后深入思考，从中获取更全面的实验知识。第三章近代物理实验，共 14 个实验，内容涉及近代物理学发展过程中起重要作用的著名实验，以及一些不可缺少的现代实验技术。包括原子分子物理、核探测技术及应用、激光与光学、真空技术和薄膜生长、电子衍射、磁共振、微波、低温物理、光电技术等。《综合与近代物理实验》可作为高等学校物理类专业本科生和其他专业本科生、研究生的近代物理实验课程教材，也可供从事实验物理的相关科技人员参考。

图书在版编目（CIP）数据

综合与近代物理实验/张飞雁等编．—北京：机械工业出版社，2012.2
21 世纪普通高等教育规划教材
ISBN 978-7-111-36885-4

Ⅰ.①综…　Ⅱ.①张…　Ⅲ.①物理学－实验－高等学校－教材
Ⅳ.①04－33

中国版本图书馆 CIP 数据核字（2012）第 010025 号

机械工业出版社（北京市百万庄大街 22 号　邮政编码 100037）
策划编辑：张金奎　责任编辑：张金奎　任正一　版式设计：霍永明
责任校对：张　媛　封面设计：张　静　责任印制：杨　曦
保定市中画美凯印刷有限公司印刷
2012 年 2 月第 1 版第 1 次印刷
184mm×260mm・12.75 印张・314 千字
标准书号：ISBN 978-7-111-36885-4
定价：26.00 元

凡购本书，如有缺页、倒页、脱页，由本社发行部调换

电话服务
社服务中心：(010) 88361066
销售一部：(010) 68326294
销售二部：(010) 88379649
读者购书热线：(010) 88379203

网络服务
门户网：http：//www.cmpbook.com
教材网：http：//www.cmpedu.com

前　言

物理学是以实验为本的学科，在物理学的发展过程中，实验起着重要作用。物理实验是物理教学中的一个重要环节，如何搞好实验教学是我们每一位实验教师面临的共同课题。在高校招生规模不断扩大的新形势下，争取在实验教材的编写上有新的突破，以适应新形势下的教学要求，是我们编写本教材的初衷。

长期以来，我们在教学改革和教学研究方面进行了许多有益的探索，对实验教材曾做过多次编写、修改，这些学术积累是我们编写本教材的主要依据。为了丰富教材的内容，我们也吸取了兄弟院校的许多优秀成果，在此对从事实验教学的同行们表示诚挚的谢意。

通过对木课程的学习和实验训练，能够使大学生了解物理学发展的历史背景，理解物理实验在物理概念的产生、形成和发展过程中的作用，领会物理学家的物理思想和实验设计方法，进一步巩固理解所学的理论知识，掌握科学实验中一些常用的实验方法、实验技术、实验仪器及相关知识，进一步提高大学生的实验技能，培养良好的实验习惯和严谨的科学作风，学会用实验方法解决实际问题，对大学生致力于科学研究有着十分重要的作用。

由于编写时间紧，以及我们的水平所限，书中难免存在错误和不妥之处，祈盼使用本书的教师、学生和各位读者批评指正。

目　　录

第一章　误 差 理 论

第一节　精密度、准确度、精确度

为了直观地了解粗差、系统误差和随机误差（偶然误差）的性质，我们用图来表示这三种误差对测量结果的影响。凡是各测定值 X_i 与其真值 X_0 不相重合的各点均可视为具有测量误差，其真误差 ΔX_i 的大小可以用 X_i 与 X_0 的距离来确定。在图 1-1a 的情况下，测定值均密集在 X_0 的附近，这说明 X_i 系统误差的影响很小，而各 X_i 相互离散则是由随机误差 δ_i 造成的。图中远离 X_0 的点 X_k，其误差 ΔX_k 则是由粗差造成的。故 X_k 是含有粗差的坏值。图 1-1b 中所示的情况，是由恒定系统误差 ε 影响的结果。这时各测定值 X_i 密集处偏于真值 X_0 的一边。

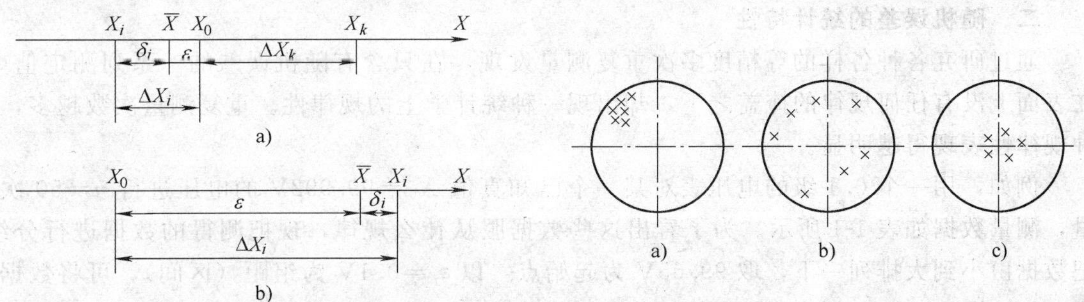

图 1-1　三种测量误差对测量结果影响示意图　　　图 1-2　打靶时弹着点情况

精密度、准确度和精确度都是用来评价测量结果好坏的。但这三者的涵义不同，使用时应加以区别。精密度是指重复测量所得测量值相互接近的程度，它是描述测量的重复程度的尺度。测量精密度高，说明测量数据比较集中，测量结果的偶然误差小。准确度是指测量结果与真值的符合程度，它是描述测量结果接近真值程度的尺度。测量的准确度高，说明测量数据的平均值 $\overline{X}$ 偏离真值较少，测量结果的系统误差较小。精确度描述的是上述二者的综合情况，即各测量值重复性好坏及测量结果与真值的接近程度。测量精确度高，是指测量数据比较集中在真值附近，即系统误差和偶然误差都比较小。所以，随机误差反映了测量的精密度，系统误差反映了测量的准确度，而真误差反映了测量的精确度。图 1-2 是以打靶时弹着点的情况为例，说明这三个词的涵义。图 1-2a 表示射击的精密度高，但准确度较低；图 1-2b 表示射击的准确度较高，但精密度低；图 1-2c 表示精密度和准确度均较高，即射击的精确度高。

在物理实验中为了获得精确的测量，做出有价值的实验报告，必须做到以下几点：

1）测量必须认真细致，尽可能不引入粗差。如果偶尔引入个别坏值，必须设法给以剔除。

2）在实验设计中，要考虑各种系统误差的影响，以确定必要的实验条件，选出合理的仪器（规格）和测量方法。在测量中，要尽量满足已定的测试条件，使各种系统误差减小到最低程度（至少应小于随机误差的一半）。

3）进行等精度多次重复测量，以平均值作为测量结果，对随机误差进行计算，并且估计实验结果的可靠性。

第二节　随机误差的统计规律

一、随机真误差

等精度多次重复测量的各次测定值 X_i 的真误差为

$$\Delta X_i = X_i - X_0 = \varepsilon + \delta i \quad (i=1, 2, \cdots, n) \tag{1-1}$$

当系统误差被消除以后，即 $\varepsilon=0$ 时，有

$$\Delta X_i = X_i - X_0 = \delta i \tag{1-2}$$

上述说明，在系统误差被消除以后的真误差即为随机误差，这时的随机误差又称为随机真误差。

二、随机误差的统计特性

通过研究各种各样的等精度多次重复测量发现，在只含有随机误差的一系列测定值中，在表面上没有任何规律的掩盖之下，却出现一种统计学上的规律性。重复测量次数越多，这种规律性表现得越明显。

例如，用一个 0.1 级的电压表对某一个已知真值 $X_0=99.992\text{V}$ 的电压进行 $n=50$ 次测量，测量数据如表 1-1 所示。为了看出这些数据服从什么规律，现把测得的数据进行分组。把数据由小到大排列一下，取 99.65V 为起始点，以 $\varepsilon_j=0.1\text{V}$ 为组距（区间），可将数据分成 7 组（即 $m=7$）。把表 1-1 中数据落在每一组中的频数（次数）v_i 统计出来，然后计算出数据落在每一组的频率 f_j，$f_j=v_j/n$ $(j=1\sim m)$。此后再算出各组数据的频率分布密度 y_j，$y_j=f_j/\Delta\varepsilon_j$，如表 1-2 所示。最后画统计直方图。所谓统计直方图就是在直角坐标系上，用测定值的可能取值作横坐标，以各区间的频率分布密度 y_j 为纵坐标，以示值区间为宽，相应的频率分布密度为高所画出的一系列矩形。如图 1-3a 所示，这就是测定值的统计直方图。同理，若以随机误差的可能取值为横坐标，用类似的方法，可以作出随机误差的统计直方图，如图 1-3b 所示。从图中可以看出，它们是由一些具有一定界限的（例如对随机误差来说，最大负误差为 −0.292V，而最大正误差为 0.308V，在 50 个误差中，它们都在 −0.292～0.308V 范围内变化。对测定值来说也类同）、中间高、两边低，左右近似对称的一些矩形所组成。图中每个矩形面积，恰好等于数据落在该区间内的频率。即

$$f_j = y_j \Delta\varepsilon_j \tag{1-3}$$

由此不难求出测定值落在区间 $\Delta\varepsilon_3$，即 99.85～99.95V 的频率为

$$f_3 = y_3 \Delta\varepsilon_3 = 12/5 \times 0.1 = 12/50 \tag{1-4}$$

而随机误差落在区间 $\Delta\varepsilon_4$，即 −0.05～0.05V 的频率为

$$f_4 = y_4 \Delta\varepsilon_4 = 19/5 \times 0.1 = 19/50 \tag{1-5}$$

由此不难求出在直方图中所有矩形面积之和应等于频率总和，且等于 1。即

表 1-1　某电压的测量数据

No.	电压示值 X_i/V	No.	电压示值 X_i/V	No.	电压示值 X_i/V	No.	电压示值 X_i/V	No.	电压示值 X_i/V
1	99.8	11	100.0	21	100.0	31	100.0	41	99.9
2	99.9	12	99.8	22	99.9	32	99.9	42	100.0
3	99.7	13	100.0	23	100.0	33	99.8	43	99.9
4	100.0	14	99.9	24	99.8	34	100.0	44	100.0
5	100.1	15	100.1	25	100.0	35	100.1	45	100.3
6	99.9	16	100.0	26	100.1	36	99.9	46	100.1
7	100.2	17	99.9	27	99.9	37	100.0	47	100.0
8	100.0	18	100.0	28	100.0	38	100.1	48	100.2
9	99.9	19	100.1	29	100.0	39	99.9	49	100.1
10	100.0	20	100.0	30	100.1	40	100.1	50	100.2

表 1-2　某电压测量的分组频率密度表

组号 j	示值区间 ($\Delta\varepsilon_j=0.1V$)	电压示值 X_j/V	随机误差/V ($\delta_j=X_j-X_0$)	频数 v_j	频率 $f_j=v_j/n$	频率密度 $y_j=f_j/\Delta\varepsilon_j$
1	99.65～99.75	99.7	−0.292	1	1/50	1/5
2	99.75～99.85	99.8	−0.192	4	4/50	4/5
3	99.85～99.95	99.9	−0.092	12	12/50	12/5
4	99.95～100.05	100.0	0.008	19	19/50	19/5
5	100.05～100.15	100.1	0.108	10	10/50	10/5
6	100.15～100.25	100.2	0.208	3	3/50	3/5
7	100.25～100.35	100.3	0.308	1	1/50	1/5

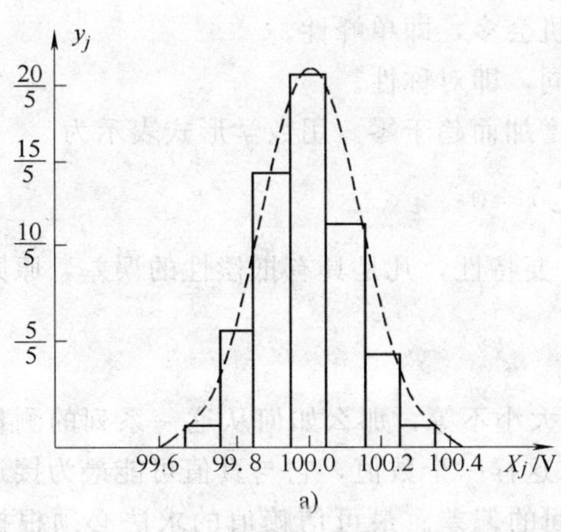

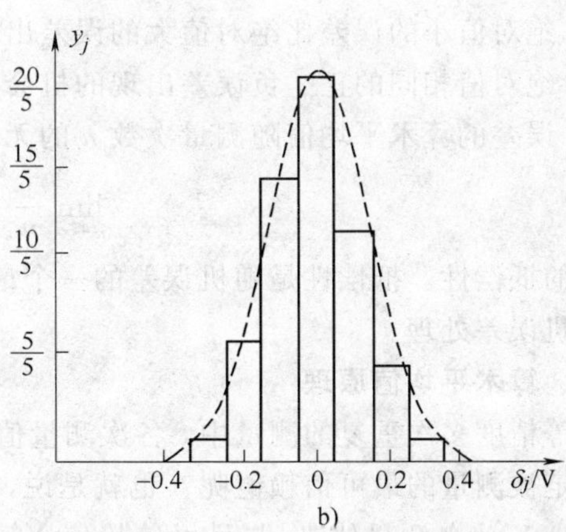

图 1-3　测量值和随机误差的统计直方图

a）测量值的统计直方图　b）随机误差的统计直方图

$$\sum_{j=1}^{m} f_j = \sum_{j=1}^{m} y_j \Delta\varepsilon_j = 1 \tag{1-6}$$

如果在测量次数 n 不断增加，而区间 $\Delta\varepsilon_j$ 不断减小，即当 $n\to\infty$，$\Delta\varepsilon\to 0$ 时，则图 1-3 中直方图就会变成一条光滑的曲线，如图 1-3 中虚线所示。这条曲线称为正态分布或高斯分布曲线。它的数学函数式为

$$y(X) = \frac{1}{\sigma\sqrt{2\pi}} e^{-\frac{(X-X_0)^2}{2\sigma^2}} \tag{1-7}$$

式中，$y(X)$是测定值为 X 的概率密度；X_0 为测定值的真值；σ 为测量列的标准误差。

上式如果用误差形式表示，则

$$y(\Delta) = \frac{1}{\sigma\sqrt{2\pi}} e^{-\frac{\Delta^2}{2\sigma^2}} \tag{1-8}$$

式中，$y(\Delta)$是误差为 Δ 的概率密度；X_0 和 σ 称为正态分布的两个参数。

σ 值不同，曲线的坦陡也不同，因而使曲线呈现了高低和胖瘦之分。而 X_0 不同，则曲线的位置也不同，并且以 $X=X_0$ 为对称轴。图 1-4 是几条 X_0 和 σ 都不同的正态分布曲线。

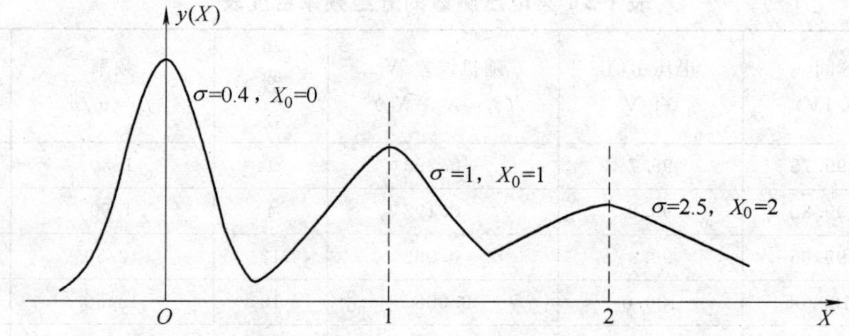

图 1-4 X_0 和 σ 不同的正态分布曲线

通过上面分析，可以看出随机误差具有下面四个特性：

1）在一定的测量条件下，误差不会超过一定界限，即有界性。

2）绝对值小的误差比绝对值大的误差出现机会多，即单峰性。

3）绝对值相同的正、负误差出现的机会相同，即对称性。

4）误差的算术平均值随测量次数 n 的无限增加而趋于零。用数学形式表示为

$$\lim_{n\to\infty} \frac{1}{n} \sum_{i=1}^{n} \delta_i = 0 \tag{1-9}$$

即误差的抵偿性。抵偿性是随机误差的一个最重要特性，凡是具有抵偿性的误差，原则上都可按随机误差处理。

三、算术平均值原理

在等精度多次重复的测量中，各次测量值的大小不等，那么如何从这一系列的测量数据中来确定被测量的最可信赖值呢？也就是说，求这样一个数值，它与真值可能最为接近。设 $V_i = X_i - X'$ 为各测量值 X_i 与最可信赖值 X' 之间的偏差。最可信赖值的求法必须根据这样一原则，就是要使各测定值 X_i 与最可信赖值 X' 之差的平方和为最小，即

$$\sum_{i=1}^{n} V_i^2 = \min \tag{1-10}$$

所以应该是

$$\frac{\mathrm{d}}{\mathrm{d}X'}\sum_{i=1}^{n}V_i^2=\frac{\mathrm{d}}{\mathrm{d}X'}\sum_{i=1}^{n}(X_i-X')^2=-2\sum_{i=1}^{n}(X_i-X')=0 \tag{1-11}$$

所以有

$$X'=\frac{1}{n}\sum_{i=1}^{n}X_i=\overline{X} \tag{1-12}$$

以上说明，最可信赖值 X'可以看做是各测量值 X_i 的算术平均值 $\overline{X}$。因此，在实际测量中，常采用多次测量，并取测定值的算术平均值作为测量结果。

第三节　标准误差、平均误差、最大误差

一、各种误差的表示式

1. 标准误差（σ 又称方均根误差）

假设我们测得一组数据 X_i 与它们相对应的误差 Δ_i（$\Delta_i=X_i-X_0$，X_0 为真值，$i=1$，2，…，n），则

$$\sigma=\sqrt{\frac{1}{n}\sum_{i=1}^{n}\Delta_i^2} \tag{1-13}$$

根据图 1-4，我们已经知道，σ 反映分布曲线的高低、宽窄，它是测量精密度的标志，是用得最多也是最基本的一种随机误差。

2. 平均误差 η

除了标准误差外，还常用平均误差来表示随机误差的大小，平均误差定义为

$$\eta=\frac{1}{n}\sum_{i=1}^{n}|\Delta_i| \tag{1-14}$$

已知在一次测量中误差落在 Δ_i～$\Delta_i+\mathrm{d}\Delta$ 内的几率为 y（Δ_i）·$\mathrm{d}\Delta$，则在 n 次测量中误差在 Δ_i～$\Delta_i+\mathrm{d}\Delta$ 内的次数为 $n\cdot y$（Δ_i）·$\mathrm{d}\Delta$，而落在这一范围内的误差的总数为 $\Delta_i\cdot n\cdot y(\Delta_i)$·$\mathrm{d}\Delta$，故出现在 $-\infty$～∞ 范围内的全部误差总数为

$$\sum_{i=1}^{n}|\Delta_i|=\int_{-\infty}^{\infty}n\cdot\Delta\cdot y(\Delta)\cdot\mathrm{d}\Delta=2\int_{0}^{\infty}n\cdot\Delta\cdot y(\Delta)\cdot\mathrm{d}\Delta \tag{1-15}$$

将（1-8）式代入式（1-15）

$$\sum_{i=1}^{n}|\Delta_i|=\frac{2n}{\sigma\sqrt{2\pi}}\int_{0}^{\infty}\mathrm{e}^{-\Delta^2/2\sigma^2}\Delta\cdot\mathrm{d}\Delta$$

$$=\sqrt{\frac{2}{\pi}}n\sigma\int_{0}^{\infty}\mathrm{e}^{-\Delta^2/2\sigma^2}\mathrm{d}\left(\frac{\Delta^2}{2\sigma^2}\right) \tag{1-16}$$

由 $\int_{0}^{\infty}\mathrm{e}^{-x}\mathrm{d}x=1$，可得 $\sum_{i=1}^{n}|\Delta_i|=n\sigma\sqrt{\frac{2}{\pi}}$，所以

$$\eta=\frac{1}{n}\sum_{i=1}^{n}|\Delta_i|=\sigma\sqrt{\frac{2}{\pi}}=0.7979\sigma \tag{1-17}$$

式（1-17）说明，平均误差与标准误差之间有确定的常数关系。因此，它们只是随机误差的两种不同表示方法而已，并没有本质上的区别。

3. 最大误差 3σ

最大误差为三倍的标准误差。

以上三种是最常用的随机误差，它们是密切相关的，只要知道了其中一个，其他两个也可求得。在具体应用上，一般采用标准误差为多。

二、各种误差的物理意义

标准误差、平均误差及最大误差都可以用来表示数据的离散性，及作为测量精密度的标志。那么它们具有什么物理意义呢？我们已经讲过误差落在 $\Delta \sim \Delta + \mathrm{d}\Delta$ 内的几率为 $y(\Delta) \cdot \mathrm{d}\Delta$，那么误差落在某一范围 $-l \sim l$ 内的几率是

$$P(-l,l)=\int_{-l}^{l} y(\Delta)\mathrm{d}\Delta=2\int_{0}^{l} y(\Delta)\mathrm{d}\Delta \tag{1-18}$$

将（1-8）式代入上式，则

$$P(-l,l)=\sqrt{\frac{2}{\pi}}\int_{0}^{l}\frac{\mathrm{e}^{-\frac{\Delta^2}{2\sigma^2}}}{\sigma}\mathrm{d}\Delta=\sqrt{\frac{2}{\pi}}\int_{0}^{l}\mathrm{e}^{-\frac{\Delta^2}{2\sigma^2}}\mathrm{d}\left(\frac{\Delta}{\sigma}\right) \tag{1-19}$$

设 $t=\dfrac{l}{\sigma}$，$Z=\dfrac{\Delta}{\sigma}$，则上式改写为

$$P(-t,t)=\sqrt{\frac{2}{\pi}}\int_{0}^{t}\mathrm{e}^{-\frac{Z^2}{2}}\mathrm{d}Z \tag{1-20}$$

式（1-20）在不同 t 值时的 $P(-t,\ t)$ 可由专门的计算表查出（见附表一）。对应于误差在 $-\sigma \sim \sigma$ 之间的几率来讲，此时因 $t=1$，从表上可查得 $P(-1\sim1)=0.683=68.3\%$。它表明当我们获得一系列 X_i 及误差 Δ_i 时，这些误差中有 68.3% 的几率落在 $-\sigma \sim \sigma$ 之间。用图形表示时，处在曲线下部及在 $-\sigma\sim\sigma$ 之间的面积占总面积的 68.3%，如图 1-5 所示。至于误差落在 $-\eta \sim \eta$ 内的几率，由 $t=0.7979$，可查得此时的几率为 57.5%。当误差取最大误差 3σ 时，由 $t=3$ 可查得对应的 $P=99.7\%$。它表明所得误差只有千分之三的几率比 3σ 大。所以比 3σ 大的误差是极少出现的。从以上分析可知，不论这三种误差中的哪一种都可以反映误差密度分布曲线的宽窄，因此都可以用来表示数据的离散程度，都是测量精密度的一种表示。只是由于历史的原因，在数据处理的发展过程中，逐步形成了一些不同的习惯用法而已。这里还需要指出，上述三种误差都是用来表示我们所测得的那组数据 X_1，X_2，…，X_n 及 Δ_1，Δ_2，…，Δ_n 的离散程度的。例如，标准误差 σ 就表示上述那列数据的误差中有 68.3% 的几率落在 $-\sigma \sim \sigma$ 之间。从这种意义上讲，σ、η、3σ 可称为是测量列的误差。

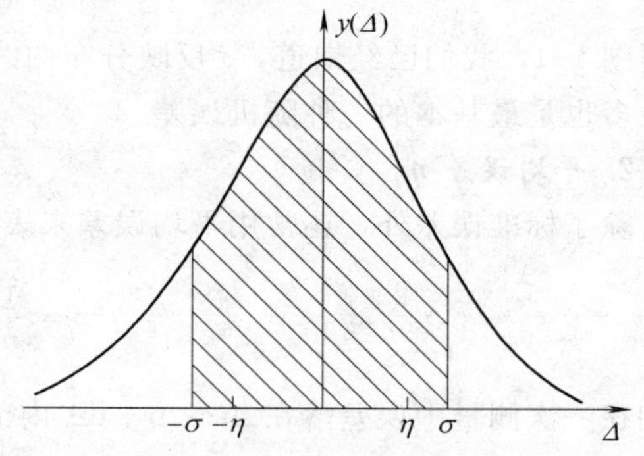

图 1-5　概率密度分布曲线

三、平均值的误差

上面我们所讲的三种误差是指某一组 n 次等精度测量的测量列误差。而所得的 $\overline{X}$ 又是这一组的测量结果，也是这一组测量的最近真值。既然它还不是真值，它也必定存在误差。当我们或者别人应用同一方法对此量再进行 n 次测量时，所得的平均值，显然是不会一样

的。因此我们也应对这些平均值的离散性给出估计，以指出测量值 $\overline{X}$ 的重复程度。

下面我们来求平均值 $\overline{X}$ 的误差。设我们进行了 K 组 n 次等精度测量（用 δ_j 表示每一个平均值 $\overline{X}_j$ 的误差）

$$\begin{aligned}
&\text{第一组：} X_{11}、X_{12}、\cdots、X_{1n}，\Delta_{11}、\Delta_{12}、\cdots、\Delta_{1n}，\delta_1=\overline{X}_1-X_0 \\
&\text{第二组：} X_{21}、X_{22}、\cdots、X_{2n}，\Delta_{21}、\Delta_{22}、\cdots、\Delta_{2n}，\delta_2=\overline{X}_2-X_0 \\
&\vdots \\
&\text{第 } K \text{ 组：} X_{K1}、X_{K2}、\cdots、X_{Kn}，\Delta_{K1}、\Delta_{K2}、\cdots、\Delta_{Kn}，\delta_K=\overline{X}_K-X_0
\end{aligned} \tag{1-21}$$

从第一组来讲，有

$$\sum_{i=1}^{n}\Delta_{1i}=\sum_{i=1}^{n}X_{1i}-nX_0 \quad \text{或} \quad \frac{1}{n}\sum_{i=1}^{n}\Delta_{1i}=\overline{X}_1-X_0 \tag{1-22}$$

由于 $\delta_1=\overline{X}_1-X_0$，将式（1-22）代入，得 $\delta_1=\dfrac{1}{n}\sum\limits_{i=1}^{n}\Delta_{1i}$，对此式两边求平方，则

$$\delta_1^2=\frac{1}{n^2}\left(\Delta_{11}^2+\Delta_{12}^2+\cdots+\Delta_{1n}^2\right)+\frac{2}{n}\sum_{Q\neq P}^{n}\Delta_{1Q}\cdot\Delta_{1P} \tag{1-23}$$

当测量次数 n 很多时，根据随机误差的基本特性可知，正负误差出现的概率相同，故有 $\sum\limits_{Q\neq P}^{n}\Delta_{1Q}\cdot\Delta_{1P}=0$，因此可得

$$\delta_1^2=\frac{1}{n^2}\sum_{i=1}^{n}\Delta_{1i}^2=\frac{1}{n}\sigma_1^2 \tag{1-24}$$

对于其他组，同理可得

$$\begin{aligned}
\delta_2^2&=\frac{1}{n^2}\sum_{i=1}^{n}\Delta_{2i}^2=\frac{1}{n}\sigma_2^2 \\
&\vdots \qquad\quad \vdots \qquad\quad \vdots \\
\delta_K^2&=\frac{1}{n^2}\sum_{i=1}^{n}\Delta_{Ki}^2=\frac{1}{n}\sigma_K^2
\end{aligned} \tag{1-25}$$

当我们用平均值的标准误差 $\sigma_{\overline{X}}$ 来表示 K 个 $\overline{X}_j$ 的离散性时，有 $\sigma_{\overline{X}}^2=\dfrac{1}{K}\sum\limits_{j=1}^{K}\delta_j^2$，所以

$$\sigma_{\overline{X}}^2=\frac{1}{K}\sum_{j=1}^{K}\left(\frac{1}{n}\sigma_j^2\right)=\frac{1}{nK}\sum_{j=1}^{K}\sigma_j^2 \tag{1-26}$$

σ_j 是各组数据的测量列标准误差。因为各组测量的精度是一样的，每组测量的次数又很多，所以这些测量列的标准误差都应该相等，即 $\sigma_1=\sigma_2=\cdots=\sigma_k=\sigma$，因此

$$\sigma_{\overline{X}}^2=\frac{1}{n}\sigma^2 \quad \text{或} \quad \sigma_{\overline{X}}=\frac{\sigma}{\sqrt{n}} \tag{1-27}$$

上式表示平均值 $\overline{X}$ 的离散性应该用 $\sigma_{\overline{X}}$ 来表示，$\sigma_{\overline{X}}$ 的大小说明我们在实验中通过 n 次测量得到的平均值 $\overline{X}$，与在以后进行同样的重复实验时得到的结果不一定完全相同。这些平均值的误差 δ_i 有 68.3% 的几率落在 $-\sigma_{\overline{X}}\sim\sigma_{\overline{X}}$ 之间（或每一个平均值的误差有 68.3% 的几率落在 $-\sigma_{\overline{X}}\sim\sigma_{\overline{X}}$ 之间）。

当然 $\overline{X}$ 的离散性不一定非用标准误差 $\sigma_{\overline{X}}$ 来表示，也可用平均误差 $\eta_{\overline{X}}$，或最大误差 $3\sigma_{\overline{X}}$ 来表示，它们与标准误差的关系同样是 $\eta_{\overline{X}}=0.7979\sigma_{\overline{X}}$。

第四节　实际应用的误差公式

一、用残差表示的误差公式

在上面讨论中，我们都规定误差 $\Delta_i = X_i - X_0$，X_0 为真值。实际上真值是不得而知的，在 X_0 值未知情况下，要具体算出误差 Δ_i 就很困难。因而 σ、η 或 3σ 等一系列误差没法算出。所以上面讲的还都是理论结果，它们虽然都是误差理论的重要基础，但离实际计算还有一段距离。

在实际应用时，我们不用误差 $\Delta_i = X_i - X_0$，而改用残差 V_i（$V_i = X_i - \overline{X}$）来进行计算。式中 $\overline{X}$ 是测量列的平均值，它在测得一组数据后总是可以求得的，因此 V_i 也是一个可以具体算得的值。

残差 V_i 与误差 Δ_i 之间的关系可由下面推导求出。由 $\Delta_i = X_i - X_0$ 可知

$$\sum_{i=1}^{n} \Delta_i = \sum_{i=1}^{n} X_i - nX_0 \text{ 或 } \overline{X} = \sum_{i=1}^{n} \frac{1}{n}\Delta_i + X_0 \tag{1-28}$$

所以

$$V_i = X_i - \frac{1}{n}\sum_{i=1}^{n} \Delta_i - X_0 = \Delta_i - \frac{1}{n}\sum_{i=1}^{n} \Delta_i \tag{1-29}$$

对式（1-29）平方后求和

$$\sum_{i=1}^{n} V_i^2 = \sum_{i=1}^{n} \Delta_i^2 - \frac{1}{n}\Big(\sum_{i=1}^{n} \Delta_i\Big)^2 \tag{1-30}$$

由测量次数 n 很多时，正负误差出现的几率相同，可知 $\sum\limits_{Q\neq P}^{n} \Delta_Q \cdot \Delta_P = 0$，所以有

$$\Big(\sum_{i=1}^{n} \Delta_i\Big)^2 = \sum_{i=1}^{n} \Delta_i^2 \tag{1-31}$$

因此，$\sum\limits_{i=1}^{n} V_i^2 = \sum\limits_{i=1}^{n} \Delta_i^2 - \frac{1}{n}\sum\limits_{i=1}^{n} \Delta_i^2 = \frac{n-1}{n}\sum\limits_{i=1}^{n} \Delta_i^2$ 或 $\sum\limits_{i=1}^{n} \Delta_i^2 = \frac{n}{n-1}\sum\limits_{i=1}^{n} V_i^2$，将此式代入式（1-13）

$$\sigma = \sqrt{\frac{1}{n}\sum_{i=1}^{n}\Delta_i^2} = \sqrt{\frac{1}{n-1}\sum_{i=1}^{n}V_i^2} \tag{1-32}$$

同样还可以推得 $\sum\limits_{i=1}^{n} |\Delta_i| = \sqrt{\frac{n}{n-1}}\sum\limits_{i=1}^{n} |V_i|$，所以

$$\eta = \frac{1}{n}\sum_{i=1}^{n} |\Delta_i| = \sqrt{\frac{1}{n\ (n-1)}}\sum_{i=1}^{n} |V_i| \tag{1-33}$$

由式（1-33）和式（1-33）可见，在改用残差 V_i 后，标准误差与平均误差的表示式与用 Δ_i 表示的式子有较大的差异。在这里同样要指出式（1-32）与式（1-33）表示的是测量列的残差。而平均值 $\overline{X}$ 的残差与测量列的残差仍然有如下关系

$$\sigma_{\overline{X}} = \frac{\sigma}{\sqrt{n}},\ \eta_{\overline{X}} = \frac{\eta}{\sqrt{n}} \tag{1-34}$$

由于在实际测量中，总可以求得 X 值，并且可算出相应的 V_i、σ 及 $\sigma_{\overline{X}}$，所以用残差表示的那些误差公式通常用作实际的误差计算。为了大家在应用时方便，将用 Δ_i 及用 V_i 表示的误差公式分别列出来。

用 Δ_i 表示的误差公式（无限次测量中）。

测量列的误差　　　　　　平均值的误差

$$\sigma=\sqrt{\frac{1}{n}\sum_{i=1}^{n}(X_i-X_0)^2} \qquad \sigma_{\overline{X}}=\frac{1}{n}\sqrt{\sum_{i=1}^{n}(X_i-X_0)^2}$$

$$\eta=\frac{1}{n}\sum_{i=1}^{n}|X_i-X_0| \qquad \eta_{\overline{X}}=\frac{1}{n\sqrt{n}}\sum_{i=1}^{n}|X_i-X_0| \tag{1-35}$$

最大误差：3σ，$3\sigma_{\overline{X}}$

用残差表示的误差公式（有限次测量中）。

测量列的误差　　　　　　平均值的误差

$$\sigma=\sqrt{\frac{1}{n-1}\sum_{i=1}^{n}(X_i-\overline{X})^2} \qquad \sigma_{\overline{X}}=\sqrt{\frac{1}{n(n-1)}\sum_{i=1}^{n}(X_i-\overline{X})^2}$$

$$\eta=\sqrt{\frac{1}{n(n-1)}}\sum_{i=1}^{n}|X_i-\overline{X}| \qquad \eta_{\overline{X}}=\frac{1}{n\sqrt{(n-1)}}\sum_{i=1}^{n}|X_i-\overline{X}| \tag{1-36}$$

最大误差：3σ，$3\sigma_{\overline{X}}$

在我们碰到的如此多的误差表示式中，实际上用得最多的是用残差表示的误差公式 $\sigma_{\overline{X}}$，其次是 σ 及 $3\sigma_{\overline{X}}$。这里需要指出，随机误差只有在很多次重复测量中才服从统计规律，即 $n\to\infty$。而实际的重复测量次数往往是有限的，在我们实验中一般是 10 次，甚至是 5 次。此时上述公式就受到了局限，它们的意义还有多大？留到下面去讨论。

二、直接测量的数据处理过程

对上面介绍的众多的误差计算公式，必须分清它们的各自含义及适用场合。否则将引起极大混乱。当我们表示实际结果时，应有

$$X=\overline{X}\pm\sigma_{\overline{X}}$$

式中，

$$\sigma_{\overline{X}}=\sqrt{\frac{1}{n\ (n-1)}\sum_{i=1}^{n}V_i^2} \tag{1-37}$$

上式的计算非常麻烦，中间有一步出错，整个计算就会前功尽弃。为了使计算正确，表达清楚，在具体进行误差计算时常采用列表的方法。现介绍如下：

1）根据测得的数据，算出算术平均值 $\overline{X}$。

2）求出各测量值的残差 V_i，然后算得测量列的标准误差 σ。

3）检查残差中是否有大于 3σ 的粗差，如有，应将这些数据去掉。因为在前面讨论中，我们曾指出误差大于 3σ 的几率只有千分之三。因此在有限次测量中，如 $n=10$ 次时，误差大于 3σ 的测量值是不太可能的。如果出现，说明该次是错误测量，因此要将它剔除。

4）去除坏值后再进行 $\overline{X}$、V_i、σ 的计算，然后再检查 V_i 中有没有大于 3σ 的粗差，如有再除去，直到没有为止。

5）最后算出平均值的标准误差 $\sigma_{\overline{X}}$，并给出测量结果。

为了便于说明，举例如下：表 1-3 中列出了对某电阻进行了 16 次测量的数据。试求被测电阻的最可信赖值及其标准误差。

在计算时可按下面顺序进行：$R_i\to\overline{R}\to V_i\to\sigma\to\sigma_{\overline{R}}$，当 $\sum V_i=0$ 时，则 $\overline{R}$ 计算结果正确，见表 1-3。这里顺便指出，表中左半部分数据中混有坏值，而右半部分数据是剔除了坏

值 $R_{11}=106.65\Omega$ 后的计算结果。则最后测量结果可表示成

$$R=(105.21\pm0.07)\ \Omega,\ \frac{\sigma_{\overline{R}}}{\overline{R}}=0.07\% \tag{1-38}$$

表 1-3　某电阻的测量数据

No.	R/Ω	$V_i\cdot10^{-2}/\Omega$	$V_i^2\cdot10^{-4}/\Omega^2$	R_i/Ω	$V_i\cdot10^{-2}/\Omega$	$V_i^2\cdot10^{-4}/\Omega^2$
1	105.30	0	0	105.30	9	81
2	104.94	−36	1296	104.94	−27	729
3	105.63	33	1089	105.63	42	1764
4	105.24	−6	36	105.24	3	9
5	104.86	−44	1936	104.86	−35	1225
6	104.97	−33	1089	104.97	−24	576
7	105.35	5	25	105.35	14	196
8	105.16	−14	196	105.16	−5	25
9	105.71	41	1681	105.71	50	2500
10	104.70	−60	3600	104.70	−51	1601
11	106.65	135	18225	/	/	/
12	105.36	6	36	105.36	15	225
13	105.21	9	81	105.21	0	0
14	105.19	−11	121	105.19	−2	4
15	105.21	−9	81	105.21	0	0
16	105.32	2	4	105.32	11	121
	$\overline{R}=105.300$	$\sum V_i=0$	$\sum V_i^2=29496$	$\overline{R}=105.210$	$\sum V_i=0$	$\sum V_i^2=10056$
	$\sigma=\sqrt{\frac{1}{(n-1)}\sum_{i=1}^{n}V_i^2}=0.44\Omega$ $\sigma_{\overline{R}}=\frac{\sigma}{\sqrt{n}}=0.11\Omega$			$\sigma=\sqrt{\frac{1}{(n-1)}\sum_{i=1}^{n}V_i^2}=0.27\Omega$ $\sigma_{\overline{R}}=\frac{\sigma}{\sqrt{n}}=0.07\Omega$		

三、间接测量的标准误差传递公式

设 $y=f(X, Z, W, \cdots)$，其中 X，Z，W，…为实验中能够直接测定的各物理量，y 为间接测定的物理量。如果我们对 X，Z，W，…分别作了 n 次测量，则可算出 n 个 y 值

$$\begin{aligned} y_1&=f(X_1, Z_1, W_1, \cdots)\\ y_2&=f(X_2, Z_2, W_2, \cdots)\\ &\vdots\\ y_n&=f(X_n, Z_n, W_n, \cdots)\end{aligned} \tag{1-39}$$

根据全微分公式，每次测量的误差为

$$\Delta y_i=\frac{\partial y}{\partial X}\Delta X_i+\frac{\partial y}{\partial Z}\Delta Z_i+\frac{\partial y}{\partial W}\Delta W_i+\cdots \tag{1-40}$$

对上式两边平方后求和，且根据误差正态分布的特性，正、负误差数目相等，非平方项对消，而平方项则与正、负无关，得 $\sum_{i=1}^{n}(\Delta y_i)^2=\left(\frac{\partial y}{\partial X}\right)^2\sum_{i=1}^{n}(\Delta X_i)^2+\left(\frac{\partial y}{\partial X}\right)^2\sum_{i=1}^{n}(\Delta Z_i)^2+\cdots$，所以有

$$\sigma_y^2=\left(\frac{\partial y}{\partial X}\right)^2\sigma_X^2+\left(\frac{\partial y}{\partial Z}\right)^2\sigma_Z^2+\left(\frac{\partial y}{\partial W}\right)^2\sigma_W^2+\cdots \tag{1-41}$$

或者

$$\sigma_y=\sqrt{\left(\frac{\partial y}{\partial X}\right)^2\sigma_X^2+\left(\frac{\partial y}{\partial Z}\right)^2\sigma_Z^2+\left(\frac{\partial y}{\partial W}\right)^2\sigma_W^2+\cdots} \tag{1-42}$$

上述即为间接测量的标准误差传递公式。应用时还应注意，当 σ_X、σ_Z、σ_W 是测量列的标准误差时，所得 σ_y 也是测量列的标准误差；而当 σ_X、σ_Z、σ_W 为平均值的标准误差时，则 σ_y 也为平均值的标准误差。

四、误差分析应用举例

学习误差理论的目的，不仅在于对测量结果进行误差计算，从而对实验结果作出确切的评价，而且还要能够运用误差分析方法，在实验设计中选择合理的测量方法和合适的仪器规格。下面以具体例子来说明这一问题。

例一：通过测定直径 D 及高 h 求圆柱体的体积 V。已知 $D\approx0.8\text{cm}$，$h\approx3.2\text{cm}$. 问：(1) D 和 h 的误差 σ_D 和 σ_h 对 σ_V 的影响如何？(2) 如果用米尺、游标卡尺及螺旋测微器测量，其误差分别为：$\sigma_{米}=0.01\text{cm}$、$\sigma_{游}=0.002\text{cm}$、$\sigma_{螺}=0.001\text{cm}$，如果要求 $\sigma_V/V\leqslant0.05\%$，应如何选择仪器？

解：(1) 根据 $V=\dfrac{\pi}{4}D^2h$　有

$$\sigma_V=\sqrt{\left(\frac{\partial V}{\partial D}\right)^2\sigma_D^2+\left(\frac{\partial V}{\partial h}\right)^2\sigma_h^2}=\sqrt{\left(\frac{1}{2}\pi Dh\right)^2\sigma_D^2+\left(\frac{1}{4}\pi D^2\right)^2\sigma_h^2}\approx\sqrt{16\sigma_D^2+0.25\sigma_h^2} \tag{1-43}$$

由式 (1-43) 可以看出，如果 $\sigma_D\approx\sigma_h$，则带有 σ_D 项的分误差对 σ_V 的影响远大于带有 σ_h 项分误差的影响，故 σ_h 项可略去不计。

因 $\dfrac{\sigma_V}{V}=\sqrt{4\left(\dfrac{\sigma_D}{D}\right)^2+\left(\dfrac{\sigma_h}{h}\right)^2}$，如果都用米尺测量，则 $\sqrt{4\left(\dfrac{\sigma_D}{D}\right)^2}=\sqrt{4\left(\dfrac{1}{80}\right)^2}$，这一项已超出要求，不行。如果都用游标尺，$4\left(\dfrac{\sigma_D}{D}\right)^2=4\left(\dfrac{2}{800}\right)^2$，$\left(\dfrac{\sigma_h}{h}\right)^2=\left(\dfrac{1}{1600}\right)^2$ 两项相比，$\left(\dfrac{\sigma_h}{h}\right)^2$ 项可忽略不计，则 $\dfrac{\sigma_V}{V}\approx2\dfrac{\sigma_D}{D}=0.5\%$，可行。亦可选用螺旋测微器测 D，游标尺测 h，这样可以更好地达到要求或可减少测量次数。

由这个例子可见：可以用绝对误差，也可以用相对误差的传递公式考虑问题。考虑各项分误差的影响时，不仅决定于直接测量值的误差，还与误差传递系数有关。分误差之间相比，很小的可以略去，总误差往往决定于某个主要因素。在选用仪器时要结合各个量的实际测量误差考虑，可以有几种选择时，要考虑最简易的方案。

例二：求获得一个 0.1V 的电压，误差要小于 1%。

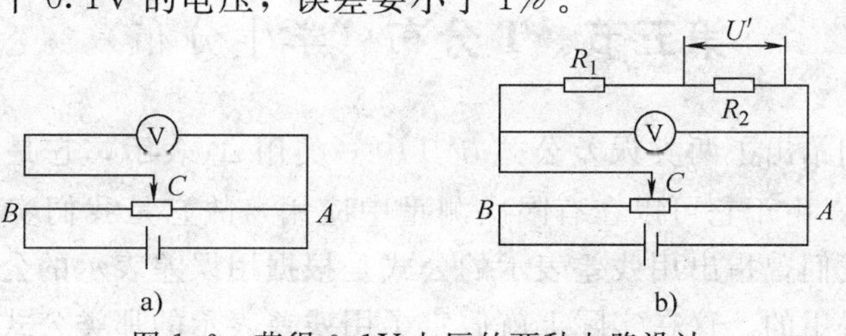

图 1-6　获得 0.1V 电压的两种电路设计

解：要获得一个 0.1V 的电压并不困难，用一节 1.5V 的干电池，接上变阻器，如图 1-6a，通过改变滑动头 C 在 AB 上的位置，可以获得从 0 到 1.5V 间的任意电压值，问题在于怎样保证获得的电压值误差不超过 1%？

最容易想到的办法是在 AC 端连一个伏特计。例如，选取一个量程为 1V 的伏特计。根据实验要求误差小于 1%，因为 1V 的伏特计在测量 0.1V 电压时，指针偏转仅为全刻度为 1/10，所以要求所用伏特计的级别误差的 $1/10\times1\%=0.1\%$，即要求电压表的级别为 0.1 级，（请参看第七节附录），这个要求太高了，一般伏特表无法达到。

选取量程为 0.1V 的伏特计是否可以呢？当然这可以降低对伏特计级别的要求，但是一般的伏特计量程很少在 0.5V 以下。这个办法也不大实用。

综合考察一下前两种办法的不足之处，可以得出第三种较合理的办法。这就是：先从 CA 处获得 1V 的电压，用量程为 1V 的伏特计测量。然后再通过两个阻值挑选过的电阻 R_1、R_2（例如：$R_1=90\Omega$，$R_2=10\Omega$），进一步从 1V 电压中取出 0.1V 的电压，如图 1-6b。

设伏特计指示的电压为U，最后获得的电压为 U'（0.1V），所以

$$U'=U\frac{R_1}{R_1+R_2} \tag{1-44}$$

由于实验中的误差主要来自仪器级别误差，其正负是不确定的，因此可以用随机误差的合成公式，且考虑到 $R_1\gg R_2$，所以

$$\frac{\Delta U'}{U}\approx\frac{\Delta U}{U}+\frac{\Delta R_1}{R_1}+\frac{\Delta R_2}{R_2} \tag{1-45}$$

若选取$\frac{\Delta U}{U}=0.5\%$，$\frac{\Delta R_1}{R_1}=\frac{\Delta R_2}{R_2}\leqslant0.2\%$，这是容易办到的，则$\frac{\Delta U'}{U}<1\%$。

例三：用物像法，根据公式$\frac{1}{u}+\frac{1}{v}=\frac{1}{f}$测量一个透镜的焦距 f（约 10cm）。问 u、v 需用什么仪器测量比较合理？

解：f 本身对理想的透镜才有严格的数值。一般的球面透镜对不同颜色的光线有不同的 f 值，对通过透镜不同部位的光线（通过中心还是通过边缘）也有不同的 f 值。也就是说 f 本身存在定义误差，数量级在 1% 以上。

为讨论简便起见，取 $u=v$，故 $u=2f$，$\frac{\Delta u}{u}=\frac{\Delta v}{v}=\frac{\Delta f}{f}$，既然$\frac{\Delta f}{f}=1\%$，所以$\frac{\Delta u}{u}$也必定为 1%，也就是说，不管用什么高精度的测量仪器，$\frac{\Delta f}{f}$总是为 1%，设 $u=20$cm，所以 $\Delta u=0.2$cm，容许 $\Delta u=0.2$cm 的测量仪器，一般的毫米刻度尺已经是完全可以了，根本用不着考虑游标卡尺之类的仪器。

第五节　T 分布（学生分布）

在上一节中我们给出了两类误差公式，其中一类用 Δ_i 表示，它是误差理论的基础；另一类用残差 V_i 表示，由于它可以在有限次测量中应用，故它是我们实际采用的公式。在导出后一类公式时，我们曾指出用残差表示的公式是根据用误差表示的公式，再加所求出的残差与误差的关系而得出的。这在实际上就假定了用残差表示的那类公式，也应满足误差的基

本特性，满足高斯分布。当重复测量次数很多时，这是可以的。但是在测量次数较少时，特别当测量次数降到 10 次以下时，误差分布就完全不遵守高斯分布了。那么此时再采用根据高斯分布导出的用残差表示的公式来计算误差时，就有一个它到底有多大价值的问题。在这一节中，我们就要专门研究这一问题。

误差理论指出，在测量次数较少时，误差一般符合 t 分布（又称学生分布）。此时误差几率密度如用 S 表示，有

$$S(t,K)=\frac{\Gamma\left(\frac{K+1}{2}\right)}{\sqrt{K\pi}\,\Gamma\left(\frac{K}{2}\right)}\left(1+\frac{t^2}{K}\right)^{-\frac{K+1}{2}} \tag{1-46}$$

式中，$K=n-1$（n 为测量次数）；$t=\dfrac{\overline{X}-X_0}{\sigma_{\overline{X}}}$；伽马函数 $\Gamma(K)=\int_0^\infty t^{K-1}\mathrm{e}^{-t}\mathrm{d}t(K>0)$。

式（1-46）指出，在测量次数较少时，误差分布不只是与误差 t 的大小有关，还与测量次数 n（$K=n-1$）有关。

一、$\overline{X}$ 的可信程度

在 t 分布中，我们定义 $t=\dfrac{\overline{X}-X_0}{\sigma_{\overline{X}}}$，如果我们假定所得到的 $\overline{X}$ 值与真值 X_0 的差别不大于 β，也即要求真值能落在 $\overline{X}-\beta$ 至 $\overline{X}+\beta$ 之间。则 $-\dfrac{\beta}{\sigma_{\overline{X}}}<t<\dfrac{\beta}{\sigma_{\overline{X}}}$，如设 $t_\alpha=\dfrac{\beta}{\sigma_{\overline{X}}}$，则可求出真值落在 $\overline{X}\pm\beta$ 之间的几率 P 为

$$P=\int_{-t_\alpha}^{t_\alpha}S(t,K)\mathrm{d}t=2\int_0^{t_\alpha}S(t,K)\mathrm{d}t \tag{1-47}$$

式（1-47）的计算十分麻烦的，好在有人进行了大量的计算，并将 P、K 及 t 之间的关系已列成了表格（见附表二）。这就给我们的应用带来了极大的方便。下面我们来举一个例子。

假定在实验时，共测量了 10 次，此时 $n=10$，$K=9$，而得到的实验结果 $X=\overline{X}\pm\sigma_{\overline{X}}=13.66\pm0.01\text{mm}$。如果我们要求真值落在 13.65～13.67mm 之间，此时设定的区间 $\beta=0.01\text{mm}$，$\sigma_{\overline{X}}=0.01\text{mm}$，所以 $t_\alpha=1$，由附表二可查得 $K=9$，$t_\alpha=1$ 时对应的几率 $P=0.65=65\%$。这个结果说明，在我们的实验中，只有 65% 的把握可以肯定真值落在 13.65～13.67mm 之间。

我们称所要求的误差界限 β 为置信区间，而称真值落在 $\overline{X}\pm\beta$ 范围内（即真值出现在置信区间之内）的几率 P 为置信几率。一般在所取的 β 越大时，P 也越大。例如在此例中，当我们将 β 从 0.01mm 扩大到 0.02mm 时，则 $t_\alpha=2$，$K=9$，查数学工具书得此时的 $P=0.92=92\%$。所以我们可以有 92% 的把握说，真值将落在 13.66±0.02mm 之内。所以当置信区间增大时，置信几率也就提高。

一个实验结果的置信几率 p 不仅与置信区间 β 有关，也与测量次数 n 有关。再应用上面的例子，保持 $\beta=0.02\text{mm}$ 不变，而将 n 变为 5 次，即 $K=4$，$t_\alpha=2$，查附表二可得相应的置信几率 $P=88\%$。由此可见，测量次数减少会使实验结果的可信程度降低。为了保证实验结果有较大的可信性，保证足够的测量次数是必不可少的。在正式的文献中，对数据不仅要算出它们的误差 $\sigma_{\overline{X}}$，而且要指明在允许的范围内（即设定的置信区间 β 范围内），该实验结

果的置信几率 P 的大小。

既然在测量次数减少时，会影响实验结果的可信程度，那么多少次测量才算是合适的呢？假定我们认为，所得的实验结果能有 95% 的把握确定其真值落在确定的置信区间 β 内是令人满意的，此时的重复测量次数 n 可由表 1-4 确定。由附表二可查得 $P=95\%$ 时，各个 n 值下的 t_α 及 β 值见表 1-4。

表 1-4　$P=95\%$时各个 n 值下的 t_α 及 β 值

n	5	6	7	8	10	15	20
t_α	2.776	2.571	2.447	2.365	2.262	2.145	2.093
β	1.2σ	1.1σ	0.93σ	0.84σ	0.72σ	0.56σ	0.47σ

由上表可以看出，要使我们的实验结果有 95% 的把握，其置信区间不大于 σ（或真值落在 $\overline{X}\pm\sigma$）的话，测量次数不可少于 7 次。当然如果要求有 95% 的把握肯定置信区间不大于 0.7σ，则测量次数就要在 10 次以上。

二、$\sigma_{\overline{X}}$ 的可信程度

在测量次数较少时，因误差的分布已偏离高斯分布，就使根据高斯分布得来的误差公式 $\sigma_{\overline{X}}$ 具有一定程度的不可信。设误差 $\sigma_{\overline{X}}$ 的误差为 ε_0，则 t 分布中区间 t_α 为（证明略）

$$t_\alpha=\sqrt{2(n-1)}\cdot\frac{\varepsilon_0}{\sigma_{\overline{X}}} \tag{1-48}$$

如果有 95% 的把握确定误差 $\sigma_{\overline{X}}$ 的相对误差 $\varepsilon_0/\sigma_{\overline{X}}$ 不大于 50% 的结果还可以令人满意时，则根据 t 分布上附表二可查得数据见表 1-5。

表 1-5　有 95%的把握时各 n 值下的 $\varepsilon_0/\sigma_{\overline{X}}$

n	5	6	7	8	10	15	20
t_α	2.776	2.571	2.447	2.365	2.262	2.145	2.093
$\varepsilon_0/\sigma_{\overline{X}}$/%	98	81	71	63	53	41	34

由上表可以看出，想要有 95% 的把握肯定我们所求得的误差 $\sigma_{\overline{X}}$ 其本身的相对误差不大于 50% 时，重复测量次数应在 12 次，至少不应小于 10 次。如果测量次数太少，例如只有 5 次，那么此时求得的误差 $\sigma_{\overline{X}}$，其本身就有 98% 的误差了，使求得的误差值毫无意义了。

从上面对 $\overline{X}$ 与 $\sigma_{\overline{X}}$ 可信程度的讨论可知，要使我们的实验结果 $X=\overline{X}\pm\sigma_{\overline{X}}$ 有意义，保证一定的重复测量次数是十分必要的（一般测 10 次）。具体应该测几次，要根据对测量结果的要求高低进行确定。测量要求高的，重复测量次数就要多；反之，则可以少测几次。

适当增加测量次数的好处，还可以减少平均值 $\overline{X}$ 的离散性（即减小 $\sigma_{\overline{X}}$）。由于 $\sigma_{\overline{X}}=\sigma/\sqrt{n}$，则从表 1-6 及图 1-7 所示的 $\sigma_{\overline{X}}/\sigma$-$n$ 曲线图中可以看出，开始 $\sigma_{\overline{X}}/\sigma$ 随 n 的增加而迅速下降，但在 $n=10$ 以后，其下降就缓慢了。这说明随着重复测量次数的增加，带来的好处增加得越来越少了。考虑到在教学实验中，因为课时的限制，不允许重复测量次数太多以及考虑到初做实验时，同学们对重复测量次数的重要性了解不够，那么太多的重复测量反而容易引起疲劳，精力不集中而出现过失。

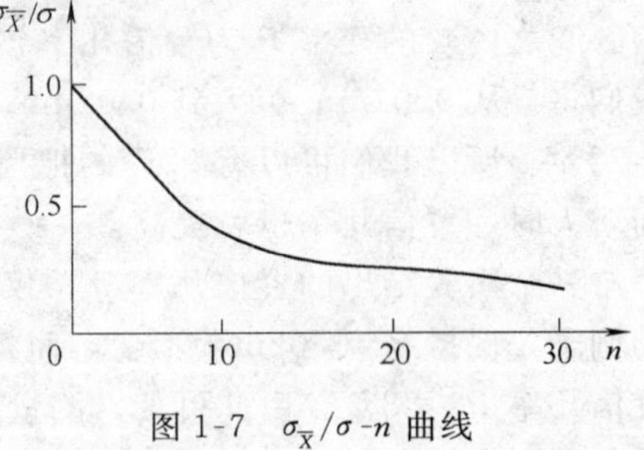

图 1-7　$\sigma_{\overline{X}}/\sigma$-$n$ 曲线

而出现的过失很可能全部抵消了增加测量次数带来的好处。

表 1-6 $\sigma_{\overline{X}}/\sigma$-$n$ 表

n	1	3	5	6	8	10	15	20
$\sigma_{\overline{X}}/\sigma$	1	0.577	0.447	0.408	0.345	0.316	0.258	0.224

第六节 最小二乘法与组合测量

关于等精度重复测量的数据处理问题前面已经讲了很多。但是有些量的重复测量是在不同条件下测得的。比如，我们已知在不同温度 t 的电阻值 R_t 满足 $R_t=R_0+\alpha t$，为了确定式中的常数 R_0、α，通过测出一系列的 R_t、t，然后作 R_t-t 曲线图，并由图中截距求出 R_0，从图线的斜率求出 α。但由于测量误差的存在，所获得的一系列实验点并不恰好落在一条直线上。那么此时应怎样来作出实验曲线呢？即在各种可能的取线方式中应选哪条曲线最合适呢？这关系到所求 R_0、α 的准确性。

我们将通过测量一系列相对应的数据（如上例中的 R_t 与 t）来寻找它们所满足方程式（如 $R_t=R_0+\alpha t$）的有关系数（如 R_0、α）的测量，叫组合测量（即非等精度测量）。在讨论等精度测量的最佳值时曾提出，按残差平方和最小的条件可找到最可信赖值，即最佳值。这就是最小二乘法原理。用最小二乘法来解决组合测量问题是最科学的。

假设在图 1-8 中列出的是一系列测得的实验点。这些实验点的连线方法很多，而不同的连线将得出不同的结果。如果我们能找出一条曲线，这条曲线使这些实验点偏离该曲线的距离 V_i 的平方和 $\sum V_i^2$ 最小（即使图中那些小方块的面积和最小）。由最小二乘法原理可知，我们所作出的是一条最佳的曲线。它代表实验的最佳结果。因此，由这条曲线所确定的参数也是最佳的参数。设我们所测的量满足如下函数关系：

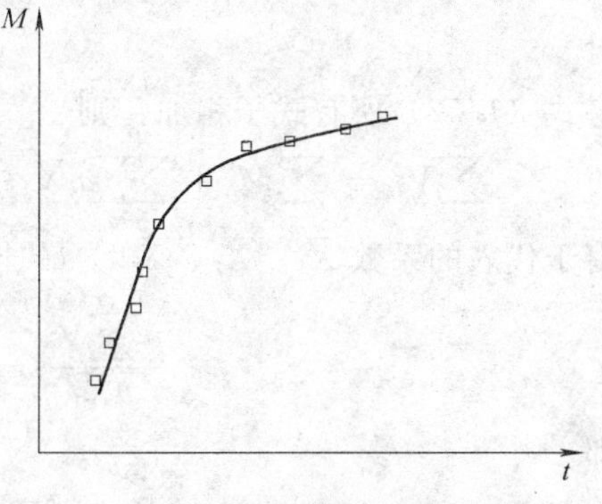

图 1-8 实验测得的点

$$M=aX_1+bX_2+cX_3+\cdots+kX_m \qquad (1\text{-}49)$$

其中 M、a、b、c、…、k 是可测得的量，X_1、X_2、X_3、…、X_m 是待求的系数。则每测得一组 M、a、b、c、…、k 值代入式（1-49）可得到一个方程式，假定共测了 n 组数据。为简单起见，考虑到物理实验测量中，所涉及的公式一般只有一到二个待求系数。所以有

$$\begin{cases} M_1=a_1X_1+b_1X_2+c_1X_3 \\ M_2=a_2X_1+b_2X_2+c_2X_3 \\ \vdots \\ M_i=a_iX_1+b_iX_2+c_iX_3 \\ \vdots \\ M_n=a_nX_1+b_nX_2+c_nX_3 \end{cases} \qquad (1\text{-}50)$$

当我们用最佳的系数 X_1、$\overline{X}_2$、$\overline{X}_3$ 代入上式时，由于测量误差的存在，每次测量将有一定的残差 V_i。所以

$$
\begin{cases}
V_1 = M_1 - (a_1\overline{X}_1 + b_1\overline{X}_2 + c_1\overline{X}_3) \\
V_2 = M_2 - (a_2\overline{X}_1 + b_2\overline{X}_2 + c_2\overline{X}_3) \\
\vdots \\
V_i = M_i - (a_i\overline{X}_1 + b_i\overline{X}_2 + c_i\overline{X}_3) \\
\vdots \\
V_n = M_n - (a_n\overline{X}_1 + b_n\overline{X}_2 + c_n\overline{X}_3)
\end{cases}
\tag{1-51}
$$

对式（1-51）求平方，则

$$
\begin{aligned}
&V_1^2 = M_1^2 + (a_1\overline{X}_1 + b_1\overline{X}_2 + c_1\overline{X}_3)^2 - 2M_1(a_1\overline{X}_1 + b_1\overline{X}_2 + c_1\overline{X}_3) \\
&V_2^2 = M_2^2 + (a_2\overline{X}_1 + b_2\overline{X}_2 + c_2\overline{X}_3)^2 - 2M_2(a_2\overline{X}_1 + b_2\overline{X}_2 + c_2\overline{X}_3) \\
&\vdots \\
&V_i^2 = M_i^2 + (a_i\overline{X}_1 + b_i\overline{X}_2 + c_i\overline{X}_3)^2 - 2M_i(a_i\overline{X}_1 + b_i\overline{X}_2 + c_i\overline{X}_3) \\
&\vdots \\
&V_n^2 = M_n^2 + (a_n\overline{X}_1 + b_n\overline{X}_2 + c_n\overline{X}_3)^2 - 2M_n(a_n\overline{X}_1 + b_n\overline{X}_2 + c_n\overline{X}_3)
\end{aligned}
\tag{1-52}
$$

将式（1-52）所有式子相加，则

$$
\sum V_i^2 = \sum M_i^2 + \sum(a_i\overline{X}_1 + b_i\overline{X}_2 + c_i\overline{X}_3)^2 - 2\sum M_i(a_i\overline{X}_1 + b_i\overline{X}_2 + c_i\overline{X}_3) \tag{1-53}
$$

由于代入的系数 $\overline{X}_1$、$\overline{X}_2$、$\overline{X}_3$ 为最佳值，所以 $\sum V_i^2$ 有极小值，则

$$
\frac{\partial \sum V_i^2}{\partial \overline{X}_1} = 0, \frac{\partial \sum V_i^2}{\partial \overline{X}_2} = 0 \ \frac{\partial \sum V_i^2}{\partial \overline{X}_3} = 0 \tag{1-54}
$$

即

$$
\begin{cases}
\sum(a_ia_i\overline{X}_1 + a_ib_i\overline{X}_2 + a_ic_i\overline{X}_3) = \sum M_ia_i \\
\sum(b_ia_i\overline{X}_1 + b_ib_i\overline{X}_2 + b_ic_i\overline{X}_3) = \sum M_ib_i \\
\sum(c_ia_i\overline{X}_1 + c_ib_i\overline{X}_2 + c_ic_i\overline{X}_3) = \sum M_ic_i
\end{cases}
\tag{1-55}
$$

如采用高斯符号

$$
\begin{aligned}
&[aa] = \sum a_ia_i，[ab] = [ba] = \sum a_ib_i = \sum b_ia_i， \\
&[ac] = [ca] = \sum a_ic_i = \sum c_ia_i，[bb] = \sum b_ib_i， \\
&[bc] = [cb] = \sum b_ic_i = \sum c_ib_i，[cc] = \sum c_ic_i， \\
&[Ma] = \sum M_ia_i，[Mb] = \sum M_ib_i，[Mc] = \sum M_ic_i，
\end{aligned}
\tag{1-56}
$$

则式（1-55）可改写成

$$
\begin{cases}
[aa]\overline{X}_1 + [ab]\overline{X}_2 + [ac]\overline{X}_3 = [Ma] \\
[ba]\overline{X}_1 + [bb]\overline{X}_2 + [bc]\overline{X}_3 = [Mb] \\
[ca]\overline{X}_1 + [cb]\overline{X}_2 + [cc]\overline{X}_3 = [Mc]
\end{cases}
\tag{1-57}
$$

利用行列式可求得方程的解为

$$\overline{X}_1=\frac{\begin{vmatrix}[Ma] & [ab] & [ac]\\ [Mb] & [bb] & [bc]\\ [Mc] & [cb] & [cc]\end{vmatrix}}{\begin{vmatrix}[aa] & [ab] & [ac]\\ [ba] & [bb] & [bc]\\ [ca] & [cb] & [cc]\end{vmatrix}}\quad \overline{X}_2=\frac{\begin{vmatrix}[aa] & [Ma] & [ac]\\ [ba] & [Mb] & [bc]\\ [ca] & [Mc] & [cc]\end{vmatrix}}{\begin{vmatrix}[aa] & [ab] & [ac]\\ [ba] & [bb] & [bc]\\ [ca] & [cb] & [cc]\end{vmatrix}}\quad \overline{X}_3=\frac{\begin{vmatrix}[aa] & [ab] & [Ma]\\ [ba] & [bb] & [Mb]\\ [ca] & [cb] & [Mc]\end{vmatrix}}{\begin{vmatrix}[aa] & [ab] & [ac]\\ [ba] & [bb] & [bc]\\ [ca] & [cb] & [cc]\end{vmatrix}} \tag{1-58}$$

这样由式（1-58）即可根据已测得的 a_i、b_i、c_i 及 M_i 求出待定系数的最佳值 $\overline{X}_1$、$\overline{X}_2$ 及 $\overline{X}_3$，并且获得的结果是唯一的。

当只有两个待定系数时，即 $c=0$，根据式（1-58），有

$$\overline{X}_1=\frac{\begin{vmatrix}[Ma] & [ab]\\ [Mb] & [bb]\end{vmatrix}}{\begin{vmatrix}[aa] & [ab]\\ [ba] & [bb]\end{vmatrix}}\qquad \overline{X}_2=\frac{\begin{vmatrix}[aa] & [Ma]\\ [ba] & [Mb]\end{vmatrix}}{\begin{vmatrix}[aa] & [ab]\\ [ba] & [bb]\end{vmatrix}} \tag{1-59}$$

同样，当只有一个待定系数时，即 $b=0$、$c=0$，则

$$\overline{X}=\frac{[Ma]}{[aa]} \tag{1-60}$$

为了更清楚地说明这些待定系数的求法，下面列举一个例子。

例四：已知 $R_t=R_0+\alpha t$，且测得一组（R_t，t）值 7 次，求 R_0 及 α 的最佳值。

解：首先将 $R_t=R_0+\alpha t$ 与 $M=aX_1+bX_2$ 对照，可以看出，R_t 与 M，R_0 与 X_1，α 与 X_2，1 与 a，t 与 b 分别相对应。参看表 1-7，将有关数据代入式（1-59）

$$\begin{aligned}
\begin{vmatrix}[aa] & [ab]\\ [ba] & [bb]\end{vmatrix} &= \begin{vmatrix}7 & 245.3\\ 245.3 & 9326\end{vmatrix}=5.11\times10^{3}\\
\begin{vmatrix}[Ma] & [ab]\\ [Mb] & [bb]\end{vmatrix} &= \begin{vmatrix}566.0 & 245.3\\ 20045 & 9325\end{vmatrix}=3.62\times10^{5}\\
\begin{vmatrix}[aa] & [Ma]\\ [ba] & [Mb]\end{vmatrix} &= \begin{vmatrix}7 & 566.0\\ 245.3 & 20045\end{vmatrix}=1.48\times10^{3}
\end{aligned} \tag{1-61}$$

表 1-7 R_0、α 测定及计算数表

i	t (b) /℃	R_t (M) /Ω	$R_t t$ (Mb) /Ω℃	t^2 (bb) /℃^{2}
1	19.1	76.30	1457	365
2	25.0	77.80	1945	625
3	30.1	79.75	2401	906
4	36.0	80.80	2909	1296
5	40.0	82.35	3294	1600
6	45.1	83.90	3784	2034
7	60.0	85.10	4255	2500
/	$[ba]=[t1]$ $=245.3$	$[Ma]=[R_t1]$ $=566.0$	$[Mb]=[R_tt]$ $=20045$	$[bb]=[tt]=9326$

故有

$$R_0=\overline{X}_1=\frac{3.62\times 10.5}{5.11\times 10^3}=70.8\Omega$$
$$\alpha=\overline{X}_2=\frac{1.48\times 10^3}{5.11\times 10^3}=0.290\Omega/℃ \tag{1-62}$$

所以

$$R_t=70.8\pm 0.290t \tag{1-63}$$

或者说，根据上述测量数据作 R_t-t 图时，取直线的截距为 70.8Ω，斜率为 0.290Ω/℃，则此直线即为这组数据的最佳直线。

第七节　系统误差

系统误差用来表示实验结果的准确性，它与随机误差是误差的两个不同的方面，如果只讨论反映实验结果离散性的随机误差，而不讨论反映实验结果准确性的系统误差，那是不全面的。系统误差的重要性还在于它不如随机误差那么好发现。当实际上存在系统误差而我们不能找出它并加以消除时，将导出极其错误的结果，这显然是十分危险的。在精度不高的测量中，特别是在基础物理与专业物理的教学实验中，系统误差有时比随机误差要大得多。在那种情形下，讨论系统误差的重要性尤为突出。

随机误差是就某一次测量而言，其正负及大小都不确定，而只是在大量的测量时才遵守统计规律的误差。照例相对于那些不规则的随机误差来讲，有规则的系统误差应该更好处理一些。但实际上，目前对随机误差已有一系列公式可以应用，而对系统误差却还难找出有规律的处理方法。因为所有实验方法的改进、新仪器的引入，几乎都是围绕如何消除系统误差来着手的，它与实验技术的改进创新密切配合在一起。只有对如何发现和消除系统误差的经验不断加以总结，才有可能使实验水平有所提高。下面我们将介绍一些如何消除系统误差的方法。

一、系统误差的分类

按产生系统误差的来源而言，有以下几类：

1. 工具误差

它是由计量工具的缺陷而引起的。例如，米尺在刻度 90.00cm 处的实际长度只有 89.65cm。这类误差只要在实验前对米尺进行校正，并对实验数据引入 0.35cm 的改正量，即可消除。但也有一些工具误差是不好消除的，例如电表等级限制而引起的误差。对满度为 100 格的 0.5 级的电表来讲，有 100 格×0.5%的误差，此类工具误差就无法通过引入改正量来消除。如想减小这类误差，只有更换更高级的电表才行。

2. 调整误差

如游标尺、螺旋测微器及电表等工具的实际零点不在零上，应水平放置的电表处在倾斜位置，天平的水准泡不在正中等所引起的误差都属调整误差。此类误差可以通过提高实验技术、养成良好的习惯来消除，如每次实验前都能对仪表按规定进行仔细的调整和校正，对某些零点不好调正的工具（如游标卡尺）也可以通过确定其实际零点并引入相应的改正量来解决。

3. 个人误差

有人在使用仪表时，眼睛总是不垂直于表面，而是偏向一边，或在用秒表计时时，常超前或落后一段时间。这些都要通过大量的实践，并不断提高实验技术来解决。

4. 理论与方法误差

当实验所用的公式不完整或带有近似性时，就会引起系统误差。如利用单摆测重力加速度时，没有考虑空气阻力；测粘滞系数时不对边界条件进行修正等，都会因所用公式的近似性而带来误差。另外，当采用的实验方法不合适时也会引起系统误差。例如，用伏安法测电阻，电表的内阻就会引起很大的系统误差。当我们采用图 1-9 所示的电路，并根据电流与电压的读数 I 与 U，和欧姆定律 $R=U/I$ 来求电阻时，按一般的理解，如不断增加电压，将得到一系列的 I-U 值。利用它们作图可得一条直线（图 1-10），这条直线的斜率的倒数就是负载电阻 R。实际上往往不是这样，如在测量过程中，为了读得合适的数值，电流表需要换挡。那么我们将发现，即使在同一电压下，当电流表变换一挡，电流表的读数就不一样。且在由电表量程小向量程大变换时，电流表的读数将变大。此时，我们很容易认为这个电流表不准确。实际上并非如此，即使我们用一个非常准确的电流表来做上述实验也会发生类似现象。为了进一步观察，还可以在图 1-9 中同时串联甲、乙两个电流表，并只使其中的甲表换挡，此时我们同样会发现，当电流表甲由小到大换挡时，乙表的读数也随之增大。可见，电流表换挡时出现读数变动的情况，并不一定是由于电表不准确引起的。当电流表具有内阻 R_A 时，电路中电压与电流的关系不再是 $R=U/I$ 而应是 $U/I=R+R_A$。因此即使在同一电压下，电流表由小档变成大挡时，因 R_A 减小，必然会使 I 增加。如在实验过程中，电流表由小到大一共换了四挡，则此时所得的 I-U 曲线如图 1-10 中的折线所示（跳变在换挡时出现），它们均处在理论直线 R 的下面，每一段的斜率都比理论直线的斜率小，且在档级越小时相差越大。

在图 1-9 所示的电路中，之所以出现上述偏差的原因，是因为电流表存在内阻，致使伏特计上所指示的电压数值并不代表真正加在负载电阻上的电压，它应是加在负载与电流表上电压之和。此时如对伏特计上的读数进行校正，即对应于每一个 I 值，用 $U_R=U-IR_A$ 来表示加在负载上的电压，再作 I-U_R 图，即可获得与理论基本相符的一条直线。这样，即使电流表换挡，只要其本身是准确的，那么图线也不会再出现曲折。换句话说，对图 1-9 所示电路来讲，电压部分含有大小为 $I \cdot R_A$ 的系统误差。不考虑这一点就得不到准确的结果。

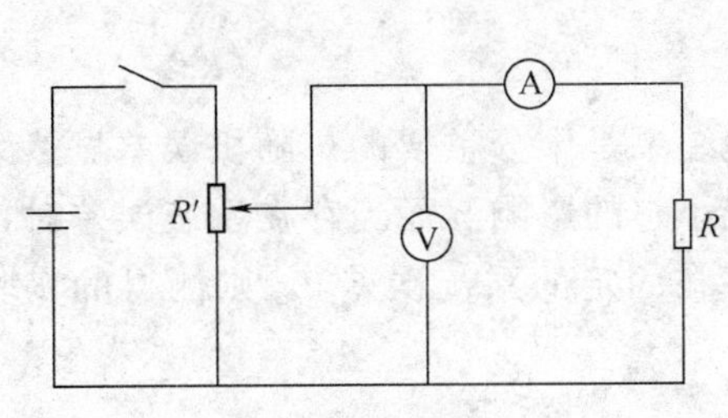

图 1-9 伏安法测电阻电路图

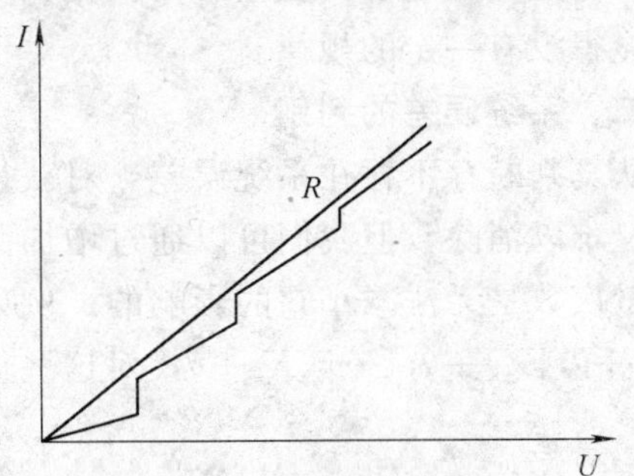

图 1-10 实验得到的 I-U 曲线图

把系统误差分成以上四类是从它的来源而言的。如从系统误差出现的方式来分，可以有以下几种：

1. 恒定的系统误差

如游标尺的零点不准，电表的机械零点不在零点上等，它们使所得的实验数据恒差一个确定的值。

2. 累积的系统误差

温度高时，钢板尺会因热膨胀而伸长，用这样的尺子来测量被测物的长度，被测物越长，带来的系统误差也越大。另外，像秒表不准确，每转一圈快 0.5s，则测定的时间越长，转的圈数越多，带来的系统误差也越大。

3. 周期性变化的系统误差

当秒表分度面中心与指针转轴中心不重合时，两者将有偏心误差，此时会出现周期性的系统误差。假如分度面的圆心 O 偏在指针转轴 O' 的下方，如图 1-11 所示。则当指针在 0s 时，读数也正好为 0，没有误差，指针转过 90°，实际经历了 15s，指针的读数将小于 15s，指针再转过 90°，指针指向 30s 时，时间也正好过了 30s，又没有误差，但指针再转过 90°，经历了 45s 时，指针指数将大于 45s，又出现了误差。对上述情况来讲，在头 30s 内，指针读数比实际走时小，且在 15s 时差别最大；在后 30s 内，指针读数比实际走时大，且在 45s 时差别最大。如把因偏心而引起的误差 Δt 与时间 t 画图，如图 1-12 所示的曲线，故此类误差是周期性的系统误差。

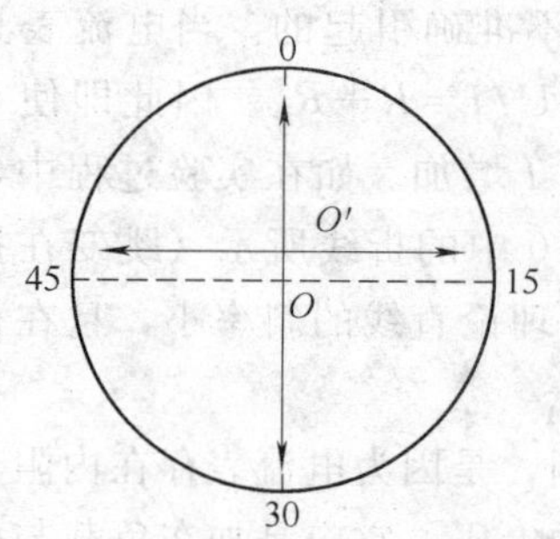

图 1-11　停表圆心 O 在转轴中心 O' 的下方

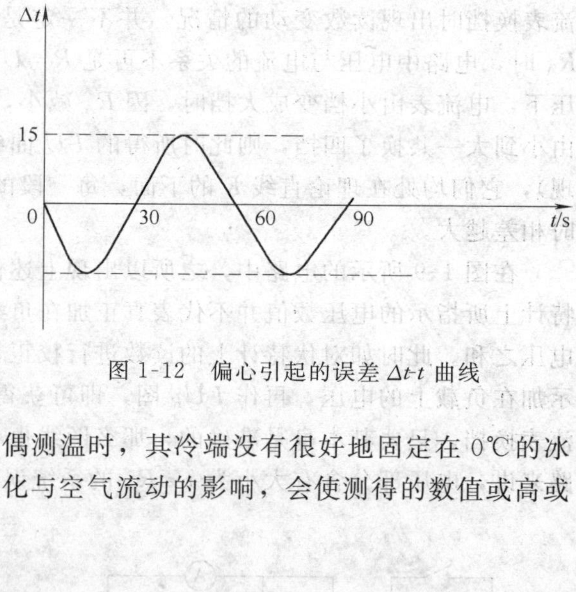

图 1-12　偏心引起的误差 Δt-t 曲线

4. 规律比较复杂的系统误差

有时系统误差的规律比较复杂。像用热电偶测温时，其冷端没有很好地固定在 0℃ 的冰水中，而是部分地暴露在空气中。则因气温变化与空气流动的影响，会使测得的数值或高或低而显得没有一定的规律。

二、系统误差的判别

认真判断存不存在系统误差，对获得准确的实验结果是十分重要的。随机误差显然无法避免，难以消除，但我们可以通过增加测量次数来减小它的影响。而当存在系统误差时，增加测量次数是无法减小它的影响的。例如，测量中存在固定的系统误差 θ，则测得的实验值为 $X_1+\theta$，$X_2+\theta$，…，$X_n+\theta$，对这些值求平均

$$\overline{X}=\frac{1}{n}\sum X_i+\theta \tag{1-64}$$

它丝毫也无法减小系统误差的影响。由此也可以看出，当实际存在系统误差，而我们又没有发现时是十分危险的。所以，努力判明是否存在系统误差十分重要。下面介绍几个常用的判别方法，以供参考。

1. 对比的方法

1）实验方法的对比。用不同的方法测量同一个量，看结果是否一致。如用单摆测量得 $g=980\pm1\text{cm/s}^2$，用复摆测得 $g=977.63\pm0.05\text{cm/s}^2$，用自由落体法测 $g=983.0\pm0.3\text{cm/s}^2$。三者在随机误差允许范围内不一致，就说明至少其中有两个存在系统误差。

2）仪器的对比。如用两个电表接入同一个电路，读数不一致，则说明至少有一个不准。如果一个是标准表，就可以找出修正值了。

3）改变测量方法。如把电表反向进行读数；在增加砝码和减小砝码的过程中读数；度盘转 180°读数等，看结果是否一致。

4）改变实验中某些参量的数值。如改变电路中电流的数值，若测量结果有单调的或某一规律性的变化，则说明存在某种系统误差。为了判断某个因素是否会带来系统误差，有时就有意改变有关参量进行测量。如改变摆角测周期，可看出摆角大小对周期的影响情况。

5）改变实验条件。如电路中将某个元件的位置变一下；磁测量中使带铁磁性物体移开一些；把一个热源靠近等，看是否有影响。

6）两人对比观察，可发现个人误差。

2. 理论分析的方法

1）分析测量依据的理论公式所要求的条件与实际情况有无差异。如在复摆实验中，通常所用的公式是

$$g=\frac{4\pi L}{T^2} \tag{1-65}$$

式（1-65）是在忽略了空气的影响，摆的幅角 θ_0 以及摆的振动看成无阻尼的条件下得出来的。如果考虑上述三种影响，则需在式（1-65）的基础上加三项修正因子，改为

$$g=\frac{4\pi L}{T^2}\left(1+\frac{\rho_0}{\rho-\rho_0}\right)\cdot\left(1+\frac{1}{2}\sin\frac{\theta_0}{2}\right)\cdot\left(1+\frac{\beta^2T^2}{4\pi^2}\right)\cdots \tag{1-66}$$

式中，ρ 为复摆的密度；ρ_0 为空气的密度；θ_0 为摆振动幅角；β 为摆的阻尼因素。

所以，利用式（1-65）进行此实验时就存在三项系统误差，为了精确测定重力加速度 g，就必须应用式（1-66）。

2）分析仪器所要求的条件是否达到了。如用测高仪测高差，要求支架铅直，望远镜水平，不然测出的结果不仅反映不出实际情况，而且还会得出错误的结果。

3. 分析数据的方法

这种方法发现系统误差的理论依据是：随机误差服从一定的统计分布规律，如果测量结果不服从这种规律，则说明存在系统误差。

如，测量数据呈单向或周期性变化，说明存在固定的或周期性变化的系统误差。

又如，计算出来的标准误差不随测量次数的增加而减小，这说明测量结果不遵从随机误差的正态分布。有时从数据上也能看出，测量值与平均值之差，数值小的不比数值大的显著多。这些都说明可能有系统误差存在。

再如，对布朗粒子进行大量读数，按统计规律，最后一位估计为 0，1，2，…，9 的几率是一样的。但是对某个观察者来说，却显著地有很多“5”而很少有“7”，这里就存在个人误差。

以上只是从普遍意义上介绍了几种发现系统误差的途径。实际工作中，对结果有影响的系统误差的来源是多方面的。这就需要我们不断地了解分析经常接触到的理论方面、仪器方面及操作方面的主要系统误差的来源和大小。

三、如何消除系统误差的影响

从原则上说，要消除系统误差，首先是设法使它不产生，如果做不到，那么就修正它，或者在测量中设法抵消它的影响。实际上任何“标准”的仪器总是有缺陷的，任何理论模型也只是实际情况的近似，因此，对系统误差作修正也只能做到比较地接近实际，不能绝对消除系统误差。我们所说的“消除系统误差的影响”是指把它的影响减小到随机误差之下，只要使系统误差不影响测量结果有效数字的最后一位，就算完全消除它的影响了。下面简单介绍几种消除系统误差影响的方法。

1. 消除产生系统误差的根源

1）采用符合实际的理论公式。

2）保证仪器装置及测量满足规定条件。

3）用替代法可避免仪器的某些系统误差。如使用电桥时，用标准电阻代替待测电阻，这种方法可避免电桥的系统误差。

2. 找出修正值，对测量结果进行修正

校准仪器，用标准仪器校准一般仪器，得修正值或校准曲线。如对秒表用数字毫秒计进行校正，算得修正式。

3. 从测量方法上或仪器设计上抵消系统误差的影响

1）对称测量可以抵消某些系统误差。如测霍尔系数时，电流正、反向各测几次；读出分光计度盘两边相隔 180°处两组数据以消除偏心误差等。

2）保持实验或仪器条件一定，可抵消某些系统误差。如 $m=m_1-m_2$，测 m_1 时一个砝码不准确，则测 m_2 时也应把这一个不准的砝码用上，以抵消砝码不准引起的系统误差。如用两摆测重合周期时，保持摆角 θ 一样，可以抵消 $\theta\neq0$ 的误差。

3）线性观察法可抵消某种线性变化的系统误差。如电源的电动势随时间线性降低，则使用电位计时，可隔相等时间轮流测标准量和待测量。如第一次、第三次标准量将其平均与第二次所测的待测量相对应。

上述几种测量方法，还可以消除某些我们不知道的系统误差。以上仅举了几种方法，实际工作中有许多消除各类系统误差的方法，我们应该注意学习总结。

4. 估算排除法

对实验结果中存在的不可消除的系统误差，我们的任务不是消除它，而是像对待随机误差那样对它作出估算。一般在物理实验中，主要由所用仪表的误差确定。为了帮助大家对它们作出估计，附录将实验室中常用的一些仪器的等级与误差列出来，以供参考。

四、附录

1. 电表：其误差以满度的百分之几来表示。例如，0.5 级，满度为 150 的电表，其误差不大于 150 格×0.5％＝0.8 格。由于电表的等级表示的是绝对误差值，故当电表的读数越接近满度时其相对误差就越小。常用的电表分为 0.1 级、0.2 级、0.5 级、1.0 级、1.5 级、2.0 级及 2.5 级。其中 0.1 级及 0.2 级表一般用来校正用，不标等级的电表其精度低于 2.0 级。

2. 电阻箱：其误差以读数的百分之几来表示。例如一个 0.1 级的电阻箱，在取值为 3685Ω 时，$\Delta R=3685\times0.1\%=4\Omega$。有些电阻箱对不同的挡位标出不同的精度及接触电阻的大小，此时应分别算出各挡的误差，然后加起来。特别在所测的阻值很小时，不可忽略接触电阻的影响。电阻箱常分为 0.02 级、0.05 级、0.1 级、0.5 级及 1.5 级几种。不标等级的电阻箱其精度低于 2.0 级。

3. 电桥：其误差的定义及所分的等级与电阻箱相同。对电桥的各个比例挡来讲，其精度是不同的。一般在“×1”挡精度最高，而在其他挡位精度相应降低。例如 JQ—23 型惠斯登电桥，×1、×10 与×0.1 这三挡的精度为 0.1%，在×100 和×0.01 这两挡的精度为 0.5%，而在×1000 与×0.001 这两挡的精度只有 1%了。

4. 电势计：其误差的定义与电阻箱相同。它从 0.005 级到 0.05 级分成若干等级。

5. 标准电池：其误差的定义与电表相同。它分为 0.001 级（I 级）及 0.005 级（II 级），不饱和的标准电池为 0.01 级。

6. 其他量具：

游标尺：误差与最小的游标分度相当。例如，50 分格的游标，每格游标表示 0.02mm，则其误差也为 0.02mm。游标尺精度有 0.1mm，0.05mm，0.02mm 及 0.01mm 几种。

螺旋测微器：一般精度为 0.002mm。

钢板米尺：以绝对误差的大小来表示等级。例如 0.1 级的米尺误差为 0.1mm。不标等级的米尺精度为 0.5mm。

金属卷尺：误差为 1～3mm。

练 习 题

1. 在 Δ 表示的误差公式中，σ、$\sigma_{\bar{x}}$分别是什么误差？它们的物理意义是什么？在残差表示的误差公式中，若测量次数 $n=10$，则 σ、$\sigma_{\bar{x}}$的物理意义又是什么？

2. 用复摆公式 $T=2\pi\sqrt{\dfrac{L}{g}}$，通过测 T 求等值摆长 L，已知 g 的标准值，并测得 $T\approx2$s，$\Delta T\approx0.1$s，问要使 L 的误差小于千分之一，测周期时至少应数多少个周期？

3. 利用公式 $V=\dfrac{\pi}{4}L\left(D_1^2-D_2^2\right)$ 测圆管体积，管长 $L\approx10$cm，外径 $D_1\approx3$cm，内径 $D_2\approx2$cm。问：

(a) 哪个量的测量误差对结果影响最大？

(b) 如果用同一把游标尺进行测量，每次测量的标准误差为 0.005cm。问要使测量结果的误差小于 0.3%，应如何安排测量次数？(应列式计算说明)

4. 对某液体的温度重复测量 10 次，测得数据如下（单位℃）：

20.80、20.34、20.41、20.38、20.39、20.40、20.37、20.38、20.36、20.40 试用列表法对以上直接测量的数据进行处理，并求得测量结果。

5. 用拉伸法测金属丝的杨氏弹性模量公式为

$$Y=\frac{LD\Delta F}{\pi d^2 b\Delta n}$$

现测得数据如下：$L=69.50$cm，$D=129.7$cm，$b=7.38$cm，$d=0.806$cm

ΔF/kg	1	2	3	4	5	6	7	8	9	10
Δn/cm	0.35	0.67	0.99	1.28	1.55	1.89	2.24	2.58	2.95	3.32

(a) 试用图解法，求出金属丝的弹性模量 Y。

(b) 用最小二乘法求出金属丝的弹性模量 Y，并与（a）中的结果加以比较，作出评价。

第二章 综合实验

实验1 随机误差统计分布规律的研究

一、实验目的

1. 学习绘制统计直方图和几率密度曲线，了解等精度测量中随机误差的正态分布规律。

2. 学习统计检验法，用正态概率纸图线法验证等精度测量值的分布规律。

3. 通过统计计算，进一步明确算术平均值 $\overline{X}$，标准误差 σ，以及真值落在 $\overline{X}\pm t$ 几率 $p(t)$ 的统计意义。

二、实验原理和方法

随机误差服从正态分布规律的理论依据是概率统计中的中心极限定理。在消除了系统误差并在相同的实验条件下，对某一物理量进行 N 次等精度测量，得到一系列测量值 X_1，X_2，X_3，…，X_N，当测量次数趋向无穷大时，各个测定值出现的概率密度分布函数 $y(X)$ 为

$$y(X)=\frac{1}{\sqrt{2\pi}\sigma}\exp[-(X-X_0)^2/2\sigma^2] \tag{2.1-1}$$

而各测定值误差的概率密度分布函数 $y(\Delta)$ 为

$$y(\Delta)=\frac{1}{\sqrt{2\pi}}\exp\left(-\frac{\Delta^2}{2\sigma^2}\right) \tag{2.1-2}$$

以上两式中，X_0 为测定值的真值；σ 是以误差 $\Delta_i=X_i-X_0$ 表示的上述测量列的标准误差，即

$$\sigma=\sqrt{\frac{\sum_{i=1}^{N}(X_i-X_0)^2}{N}} \tag{2.1-3}$$

$y(X)$-X 或 $y(\Delta)$-Δ 图线为一单峰、对称的分布曲线，称为正态分布曲线或高斯分布曲线。

为了计算测量值的误差落在某一范围(如 $-l$-l)内的概率，我们用 $p(-t,t)$ 来表示，则

$$p(-t,t)=\sqrt{\frac{2}{\pi}}\int_0^t\exp\left(-\frac{Z^2}{2}\right)\mathrm{d}Z \tag{2.1-4}$$

式中，$t=l/\sigma$；$Z=\Delta/\sigma$。对于不同 t 值时的 $p(-t,t)$ 值可在附表一中查得。

由于在实验中真值无法求得，实际计算时常用算术平均值 $\overline{X}$ 代表真值 X_0，用以残差 $V_i=X_i-\overline{X}$ 表示的测量列的标准误差代替式(2.1-3)中的 σ，其表达式为

$$\sigma=\sqrt{\frac{\sum_{i=1}^{N}(X_i-\overline{X})^2}{N-1}} \tag{2.1-5}$$

于是得到实验室中常用来计算概率密度的函数式

$$y(X)=\frac{1}{\sqrt{2\pi}\sigma}\exp[-(X-\overline{X})^2/2\sigma^2] \tag{2.1-6}$$

大量实验证明，对某一物理量进行重复多次等精度测量，其结果大多数服从正态分布。但正态分布并不能适用于实验中的一切情况。要确定某一等精度测量中的随机误差是否服从正态分布，最好的方法是用统计检验法。常用的统计检验方法有正态图线法和正态概率纸法。

1. 统计直方图和概率密度分布曲线

将测量数据由小到大按顺序排列并按一定的间隔 ΔX 分成若干的区间，落在第 i 个区间内的实验数据个数 n_i，称为频数，相对频数 n_i/N 叫做测定值在该区间内出现的频率，$\sum n_i/N$ 叫做累计频率，而把 $n_i/N\cdot\Delta X$ 叫做频率密度。以频率密度 $n_i/N\cdot\Delta X$ 为纵坐标，测定值 X 为横坐标，可画出测定值的统计直方图。

利用公式(2.1-6)求出各区间中点的正态概率密度值 $y(X)$，在同一图上作 $y(X)$-X 图线。若该曲线和统计直方图具有中间高两边低，且左右对称，并且曲线与统计直方图上端基本一致，就可以认为测定值大体上符合正态分布。

2. 正态概率纸法

这是用来检验测定值是否服从正态分布最简单直观和有效的方法，由此还能估计 $\overline{X}$ 和 σ 的数值。

为了说清楚正态概率纸的构造原理，我们引入正态分布函数 $Y(X)$

$$Y(X)=\int_{-\infty}^{X}y(X)\mathrm{d}X \tag{2.1-7}$$

表示概率密度函数在横轴上一点 X 左侧曲线下的阴影面积，即测量值落在 $-\infty\sim X$ 之间区域内的概率，如图 2.1-1 所示。

对式(2.1-7)作变量代换，令 $t=(X-\overline{X})/\sigma$，则

$$Y(t)=\frac{1}{\sqrt{2\pi}}\int_{-\infty}^{t}\exp(-t^2/2)\mathrm{d}t \tag{2.1-8}$$

当 $t=0$，$X=\overline{X}$，根据正态分布的对称性 $Y(0)=50\%$，比较式(2.1-8)和式(2.1-4)，可以看出两者十分相似，事实上，利用式(2.1-4)所依据的附表一，完全可算得不同 t 值下的 $Y(t)$ 值。举例如下：若 $t=1$，查附表一得 $P(1)=68.269\%$，所以 $Y(1)=50\%+68.269\%/2=84.134\%$；再如 $t=-1.5$，查附表一 $t=1.5$ 时，$P(1.5)=86.639\%$，所以 $Y(-1.5)=50\%-86.639\%/2=6.680\%$，等等。要注意在式(2.1-4)中的 t 值都是正的，而在式(2.1-8)中的 t 可正可负。

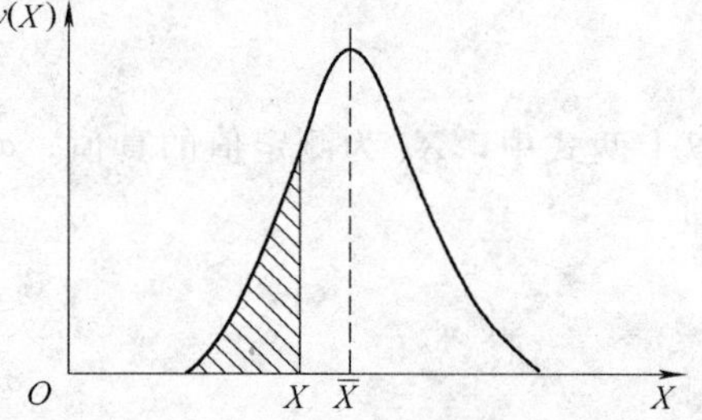

图 2.1-1 概率密度分布曲线

现在考虑 $t=(X-\overline{X})/\sigma$，在$(X,t)$平面上，这是一条通过$(\overline{X},0)$，斜率为 $1/\sigma$ 的直线。将纵坐标 t 取成 -3，-2.5，-2.0，…，3 并且等间隔标度，依次算得对应的 $Y(t)$ 值标在纵轴上，于是 $Y(t)$-X 曲线在该图上就被拉成一条直线了。换句话说，若测量数据服从式(2.1-6)的正态分布，则其 $Y(t)$-X 图线是一条严格的直线。这就是正态概率纸的制作过程(主要是纵轴的定标问题)。

在正态概率纸上，我们以测定值为横坐标，累计频率 $\sum n_i/N$ 为纵坐标(因为 $\sum n_i/N$ 与 $Y(t)$ 的统计意义是相同的，所以可以用 $\sum n_i/N$ 代替 $Y(t)$)。把描绘在正态概率纸上的实验点连接起来，如果连线是一条直线，就可断定测定值服从正态分布。当然，实验点允许与直

线有不大的偏差，两端的点可能偏差大些。过纵坐标 50% 的水平线与直线的交点对应的横坐标应是 $\overline{X}$，纵坐标 84.1% 和 15.9% 对应的 X 与 $\overline{X}$ 之差应是 σ 的绝对值。据此，可由绘制的正态概率纸图估算 $\overline{X}$ 和 σ 值，应该和实际计算得到的值相符合。

三、实验仪器

计时器，如电子秒表、数字毫秒计(机控)等；FF411 频率计或某种稳定的振动装置，如单摆、复摆等(提供恒定的时间间隔信号)。

四、实验内容

1. 在无系统误差的条件下，对某一物理量进行多次等精度测量。若测单摆的周期，维持摆幅一定，测量次数在 400 以上。

2. 整理数据，确定区间数、区间宽度、各区间的频数、频率密度、累计频率，并计算 $\overline{X}$，σ，$y(X)$。

3. 在同一图上绘制统计直方图 $n_i/(N\cdot\Delta X)$-X 和概率密度曲线图 $y(X)$-X。检验测量值的分布是否服从正态分布。

4. 制作正态概率纸，绘制正态概率纸图线，检验测量值是否服从正态分布。估算 $\overline{X}$ 和 σ 值与计算结果进行比较，两者是否一致?

5. 利用统计直方图计算在 $(-\sigma, \sigma)$、$(-2\sigma, 2\sigma)$、$(-3\sigma, 3\sigma)$ 内的概率并与理论值加以比较，两者是否接近?

五、测量数据与结果

用电子秒表测定单摆的振动周期 T，数据个数 $N=460$，区间宽度 $\Delta T=0.02\text{s}$，区间数 12 个。数据处理见表 2.1-1、表 2.1-2 和表 2.1-3。

表 2.1-1　测量单摆周期的原始数表

T/s	n	T/s	n
2.07	1	2.19	60
2.08	1	2.20	52
2.09	3	2.21	35
2.10	5	2.22	31
2.11	4	2.23	22
2.12	5	2.24	12
2.13	19	2.25	7
2.14	18	2.26	10
2.15	22	2.27	3
2.16	39	2.28	0
2.17	51	2.29	1
2.18	58	2.30	1

表 2.1-2 $Y(t)$数表

t	$Y(t)(\%)$	t	$Y(t)(\%)$
3.0	99.9	−0.5	30.9
2.5	99.4	−1.0	15.9
2.0	97.7	−1.5	6.68
1.5	93.3	−2.0	2.28
1.0	84.1	−2.5	0.62
0.5	69.1	−3.0	0.14
0	50.0		

表 2.1-3 测量单摆周期的统计数表

区间 j	区间范围 x_j-x_{j+1}	频数 n_i	频率 (n_i/N)	频率密度 $(n_i/N\cdot\Delta T)$	区间中点 T/s	概率密度 $y(T)$	累计频率 $\sum n_i/N(\%)$
1	2.065～2.085	2	0.0043	0.20	2.075	0.09	0.43
2	2.085～2.105	8	0.0174	0.85	2.095	0.44	2.17
3	2.105～2.125	9	0.0196	1.00	2.115	1.57	4.13
4	2.125～2.145	37	0.0804	4.00	2.135	4.11	12.17
5	2.145～2.165	61	0.133	6.65	2.155	7.81	25.47
6	2.165～2.185	109	0.237	11.85	2.175	10.80	49.17
7	2.185～2.205	112	0.243	12.15	2.195	10.85	73.47
8	2.205～2.225	66	0.143	7.15	2.215	7.93	87.77
9	2.225～2.245	34	0.0739	3.70	2.235	4.21	95.16
10	2.245～2.265	17	0.0370	1.85	2.255	1.62	98.86
11	2.265～2.285	3	0.0065	0.35	2.275	0.45	99.51
12	2.285～2.305	2	0.0043	0.20	2.295	0.09	99.94

注：$y(T)=\frac{1}{\sqrt{2\pi}\sigma}\exp[-(T-\overline{T})^2/2\sigma^2]$

$\overline{T}=\sum_{i=1}^{N}T_i/N=2.1853\text{s}$，单摆长 $L=119.6\text{cm}$，于是

$$g=4\pi^2L/\overline{T}^2=4\times3.14159^2\times119.6/2.1853^2=989\text{cm}\cdot\text{s}^{-2}$$

实验中 g 值偏大于公认值 $979.4\text{cm}\cdot\text{s}^{-2}$，说明存在系统误差。

$$\sigma=\sqrt{\frac{\sum_{i=1}^{N}(T_i-\overline{T})^2}{N-1}}=\sqrt{\frac{0.5748}{459}}\text{s}=0.0354\text{s}$$

根据表 2.1-3 数据作出统计直方图及概率密度分布曲线(图 2.1-2)及正态概率纸图线(图 2.1-3)。从 $n_i/(N\cdot\Delta T)$-T 及 $y(T)$-T 图线可以看出，两者基本一致，并且中间高两边低左右对称。说明 T 的测量值服从正态分布。从 $\sum n_i/N$-T 图线看出，数据点基本在一条直线上，进一步验证了 T 值服从正态分布。

根据统计直方图，求得 $\overline{T}\pm\sigma$ 所对应的频率和为 69.3% 接近于标准值 68.3%，$\overline{T}\pm2\sigma$ 所

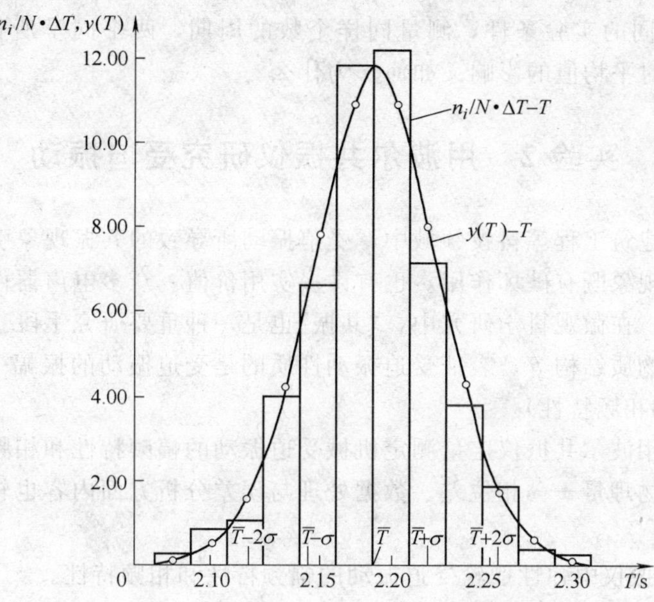

图 2.1-2 统计直方图与概率密度分布曲线

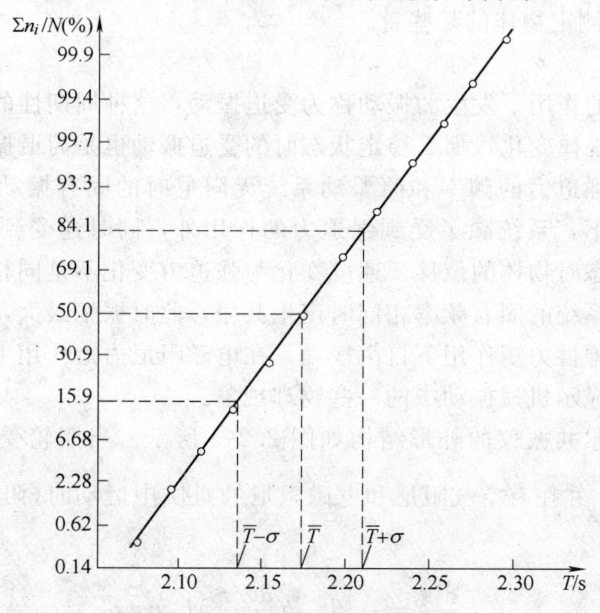

图 2.1-3 正态概率纸图线

对应的频率和为 94.11%，与标准值 95.45% 略有偏差。从 $\sum n_i/N$-T 图线中得到 $\overline{T}=2.175\text{s}$，$\sigma=0.0362\text{s}$，与实际计算略有差异，是因纵轴非均匀定标、使数据点不易标准确而造成的作图误差之故。

六、思考题

1. 用于统计规律研究的数据必须是无系统误差情形下的等精度多次测量值。但是从 g 的计算中发现存在系统误差，对此问题你如何认识？是否还有更好的测量值作为研究对象？

2. 某同学在周期测量中，有几次自己明显感觉到秒表按动不准时，从而使该测量值偏离平均值很多，而把它舍弃，你认为这种做法是否妥当？为什么？

3. 对于完全相同的实验条件，测量同样个数的周期，两个同学所得的 σ 值差异很大，说明什么问题？而对平均值的影响又如何？为什么？

实验 2 用波尔共振仪研究受迫振动

在机械制造和建筑工程等科技领域中，受迫振动所导致的共振现象引起工程技术人员极大注意。这种共振现象既有破坏作用，也有许多实用价值。众多电声器件，是运用共振原理设计制作的。此外，在微观科学研究中，“共振”也是一种重要研究手段。例如，利用核磁共振和顺磁共振研究物质结构等。表征受迫振动性质的是受迫振动的振幅-频率特性和相位-频率特性(简称幅频和相频特性)。

本实验中，采用波尔共振仪定量测定机械受迫振动的幅频特性和相频特性，并利用频闪方法来测定动态的物理量——相位差。数据处理与误差分析方面内容也较丰富。

一、实验目的

1. 研究波尔共振仪中弹性摆轮受迫振动的幅频特性和相频特性。

2. 研究不同阻尼力矩对受迫振动的影响，观察共振现象。

3. 学习用频闪法测定物体的某些量。

二、实验原理

物体在周期外力的作用下发生的振动称为受迫振动，这种周期性的外力称为强迫力。如果外力是按简谐振动规律变化，那么稳定状态时的受迫振动也是简谐振动。此时，振幅保持恒定，振幅的大小与强迫力的频率和原振动系统无阻尼时的固有振动频率以及阻尼系数有关。在受迫振动状态下，系统除了受到强迫力的作用外，同时还受到回复力和阻尼力的作用。所以，在稳定状态时物体的位移、速度变化与强迫力变化不是同相位的，存在一个相位差。当强迫力频率与系统的固有频率相同时产生共振，此时振幅最大，相位差为 90°。

实验采用摆轮在弹性力矩作用下自由摆动，在电磁阻尼力矩作用下受迫振动来研究受迫振动特性，可直观地显示机械振动中的一些物理现象。

实验所采用的波尔共振仪的外形结构如图 2.2-3 所示。当摆轮受到周期性强迫外力矩 $M=M_0\cos\omega t$ 的作用，并在有空气阻尼和电磁阻尼的媒质中运动时(阻尼力矩为 $-b\dfrac{\mathrm{d}\theta}{\mathrm{d}t}$)其运动方程为

$$J\frac{\mathrm{d}^2\theta}{\mathrm{d}t^2}=-k\theta-b\frac{\mathrm{d}\theta}{\mathrm{d}t}+M_0\cos\omega t \tag{2.2-1}$$

式中，J 为摆轮的转动惯量；$-k\theta$ 为弹性力矩；M_0 为强迫力矩的幅值；ω 为强迫力的角频率。

令
$$\omega_0^2=\frac{k}{J},\quad 2\beta=\frac{b}{J},\quad m=\frac{M_0}{J}$$

则式(2.2-1)变为

$$\frac{\mathrm{d}^2\theta}{\mathrm{d}t^2}+2\beta\frac{\mathrm{d}\theta}{\mathrm{d}t}+\omega_0^2\theta=m\cos\omega t \tag{2.2-2}$$

上式中，当 $m\cos\omega t=0$ 时，式(2.2-2)即为阻尼振动方程。当 $\beta=0$，即在无阻尼情况时式(2.2-2)变为简谐振动方程，ω_0 即为系统的固有频率。

方程(2.2-2)的通解为

$$\theta = \theta_1 e^{-\beta t}\cos(\omega_f t + \alpha) + \theta_2\cos(\omega t + \varphi_0) \tag{2.2-3}$$

由式(2.2-3)可见，受迫振动可分成两部分：第一部分，$\theta_1 e^{-\beta t}\cos(\omega_f t + \alpha)$表示阻尼振动，经过一定时间后衰减消失。第二部分，说明强迫力矩对摆轮做功，向振动体传送能量，最后达到一个稳定的振动状态。式中，振幅为

$$\theta_2 = \frac{m}{\sqrt{(\omega_0^2 - \omega^2)^2 + 4\beta^2\omega^2}} \tag{2.2-4}$$

强迫力与振动体的相位差为

$$\varphi = \arctan\frac{2\beta\omega}{\omega_0^2 - \omega^2} = \arctan\frac{\beta T T_0^2}{\pi(T^2 - T_0^2)} \tag{2.2-5}$$

由式(2.2-4)和式(2.2-5)可看出，振幅θ_2与相位差φ的数值取决于强迫力矩m、频率ω、系统的固有频率ω_0和阻尼系数β四个因素，而与振动起始状态无关。

由$\frac{\partial}{\partial\omega}\left[(\omega_0^2 - \omega^2)^2 + 4\beta^2\omega^2\right] = 0$极值条件可得出，当强迫力的角频率$\omega = \sqrt{\omega_0^2 - 2\beta^2}$时，产生共振，$\theta$有极大值，若共振时角频率和振幅分别用$\omega_r$、$\theta_r$表示，则

$$\omega_r = \sqrt{\omega_0^2 - 2\beta^2} \tag{2.2-6}$$

$$\theta_r = \frac{m}{2\beta\sqrt{\omega_0^2 - \beta^2}} \tag{2.2-7}$$

式(2.2-6)和式(2.2-7)表明，阻尼系数β越小，共振时角频率越接近于系统固有频率，振幅θ_r也越大。图 2.2-1 和图 2.2-2 所示为不同β时受迫振动的幅频特性和相频特性。

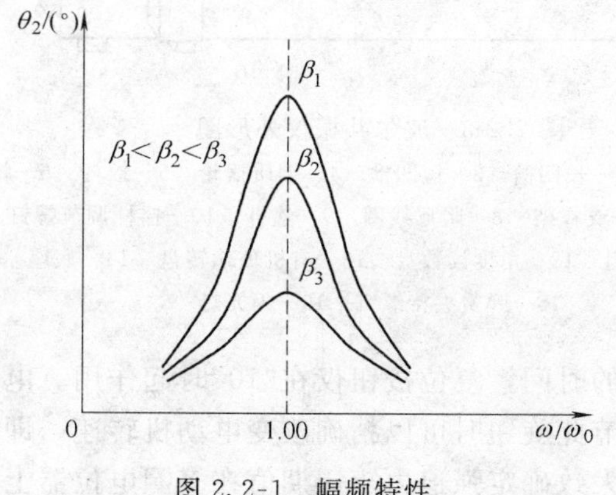

图 2.2-1　幅频特性

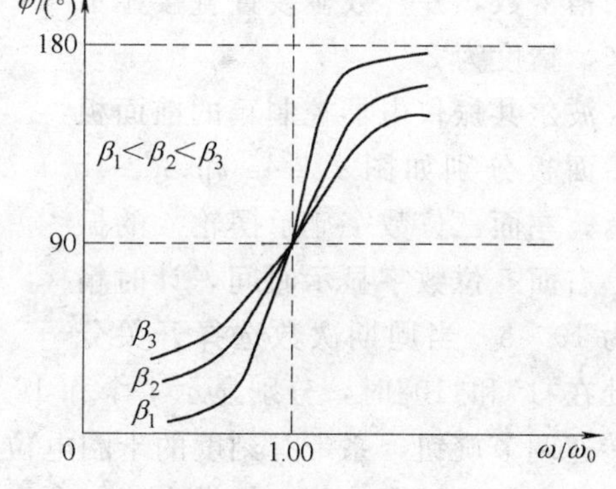

图 2.2-2　相频特性

实验中，可以直接在仪器中测出在不同阻尼、不同驱动频率下摆轮的振幅θ_2、周期T以及驱动力与摆轮的相位差φ值。因此，可以用逐点法画出幅频特性和相频特性曲线。公式(2.2-5)是相位差的理论值，实验中，T、T_0可以直接测得，而阻尼系数β，只要当摆轮在阻尼振动时，测得一系列的连续振幅θ_0，θ_1，θ_2，…，θ_n值及周期T，即可根据公式

$$\beta = \frac{1}{nT}\ln\frac{\theta_0}{\theta_n} \tag{2.2-8}$$

求得。

三、实验仪器

BG—2 型波尔共振仪由振动仪与电器控制箱两部分组成。振动仪部分如图 2.2-3 所示。由铜质圆形摆轮 4 安装在机架上，弹簧 6 的一端与摆轮 4 的轴相连，另一端可以固定在机架支柱上，在弹簧弹性力的作用下，摆轮可绕轴自由往复摆动。在摆轮的外围有一圈槽型缺口，其中一个长凹槽比其他凹槽长出许多。在机架上对准长凹槽处有一个光电门 1，它与电气控制箱相连接，用来测量摆轮的振幅(角度值)和摆轮的振动周期。在机架下方有一对带有铁心的线圈 8，摆轮 4 恰巧嵌在铁心的空隙。利用电磁感应原理，当线圈中通过电流后，摆轮受到一个电磁阻尼力的作用，改变电流的数值即可使阻尼大小相应变化。为使摆轮 4 作受迫振动，在电动机轴上装有偏心轮，通过连杆机构 9 带动摆轮 4。在电动机轴上装有带刻线的有机玻璃转盘 13，上面装有两个挡光片，它随电动机一起转动。在角度读数盘 12 中央上方也装有光电门 11，并与控制箱相连，以测量强迫力的周期。

受迫振动时摆轮与外力矩的相位差利用小型频闪灯来测量。闪光灯受摆轮信号光电门 1 控制，每当摆轮上长凹槽通过平衡位置时，光电门 1 被挡光，引起闪光。在稳定情况时，由闪光灯照射下可以看到有机玻璃转盘指针好像一直“停在”某一刻度处，这一现象称为视觉暂留，可以方便地直接读出相位差数值，误差不大于 2°。摆轮振幅是利用光电门 1 测出摆轮 4 上凹槽个数，并有数显装置直接显示出来，精度为 2°。

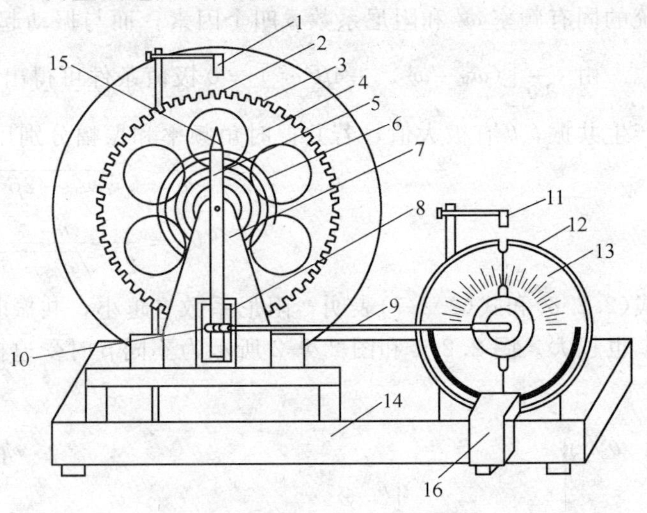

图 2.2-3　波尔共振仪外形图

1—光电门　2—长凹槽　3—短凹槽　4—铜质摆轮　5—摇杆　6—蜗卷弹簧　7—支撑架　8—阻尼线圈　9—连杆　10—摇杆调节螺钉　11—光电门　12—角度读数盘　13—有机玻璃转盘　14—底座　15—弹簧夹持螺钉　16—闪光灯

波尔共振仪电器控制箱的前面板和后面板分别如图 2.2-4a 和 2.2-4b 所示。左面三位数字显示摆轮 4 的振幅。右面 5 位数字显示时间，计时精度为 10^{-3}s。当周期次数选择开关分别处在“1”和“10”时，分别显示 1 个和 10 个周期的时间，复位按钮仅在“10”时起作用。电动机转速调节旋钮，系带有刻度的十圈电位器，调节此旋钮时可以精确改变电动机转速，即改变强迫力矩的周期。刻度仅供实验时参考，以便大致确定强迫力矩周期值在多圈电位器上的相应位置。阻尼电流选择开关可以改变通过阻尼线圈内直流电流的大小，达到改变摆轮系统的阻尼系数。选择开关可分 6 挡，“0”处阻尼电流为零，“5”处阻尼电流最大，实验时选用位置根据实际情况来定。闪光灯开关用来控制闪光与否，当扳向接通位置时，当摆轮长缺口通过平衡位置便产生闪光，由于频闪现象，可从相位差读数盘上看到刻度线似乎静止不动的读数(实际上有机玻璃盘 13 上刻度线一直在匀速转动)。从而读出相位差数值。为使闪光灯管不易损坏，平时将此开关扳向“关”处，仅在测量相位差时才扳向接通。电机开关用来控制电动机是否转动，在测定阻尼系数和摆轮固有周期与振幅关系时，必须将电机关掉。电气控制箱与闪光灯和波尔共振仪之间通过各种专用电缆相连接。不会产生接线错误之弊病。

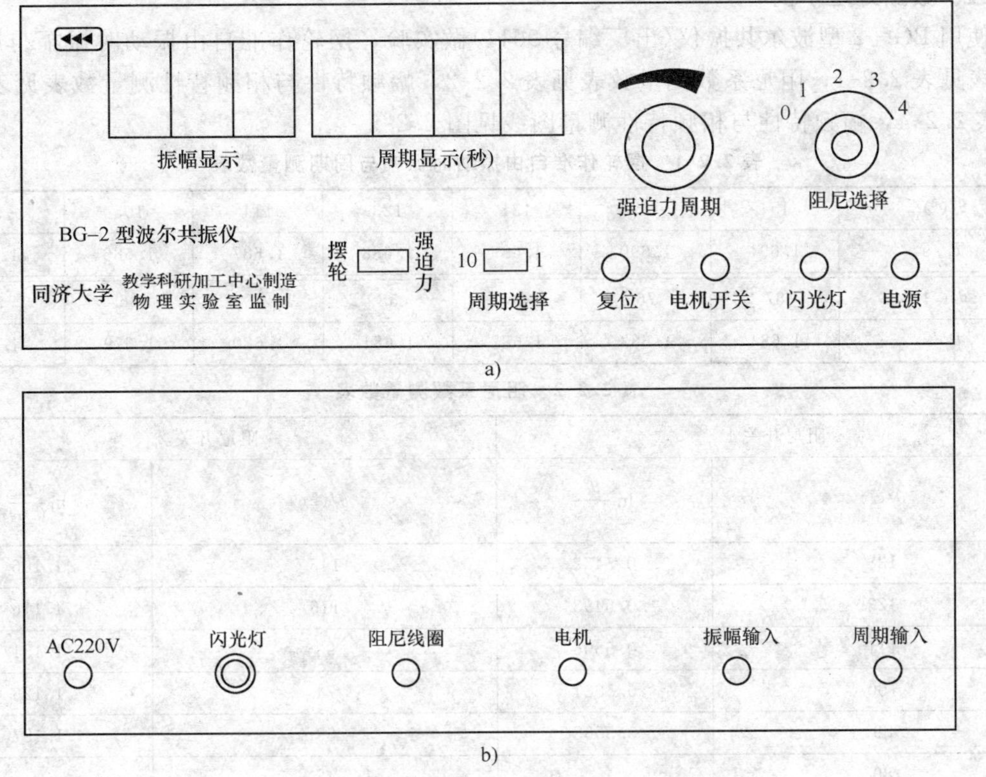

图 2.2-4　前后面板面板图
a)前面板面板图　b)后面板面板图

四、实验内容

1. 测量摆轮振幅 θ_0 与准自由振动周期 T_0 的关系

(1)“阻尼选择”开关置 0，“周期选择”开关置 1，“摆轮、强迫力”扳向摆轮，电机开关处于关闭状态，有机玻璃转盘 13 指针放在 0°。

(2) 将摆轮扭转 150°左右，松手后随着摆轮不停地来回摆动，在显示窗口不停地显示其摆动的振幅和周期值，记下不同的周期值 T_0 和其对应的振幅 θ_0(θ_0 取值范围为 150°～30°)。

2. 测定阻尼系数 β 以及相应阻尼情形下的幅频特性和相频特性

(1) 将“阻尼选择”开关拨向 1，“周期选择”开关扳到 10，电机开关处于关闭状态，有机玻璃转盘 13 指针放在 0°，将摆轮扭转 150°左右，按下复位键后松开摆轮。从振幅显示窗连续读出并记录摆轮作阻尼振动时的振幅数值 θ_1，θ_2，…，θ_{10}，最后记下 10 个周期的时间值，利用公式(2.2-8)求出 β 值。

(2) 保持阻尼选择开关在原位置，打开电机开关，改变电动机的转速，使得利用闪光灯测定的相位差约为 30°。当受迫振动稳定后，读取摆轮振幅值 θ，周期 T，并利用闪光灯测定受迫振动位移与强迫力矩的相位差 φ(若实验中发现连续两次读得的 φ 值一大一小，则两个都记下然后取平均值)。改变电动机转速使 φ 增加 10°左右进行同样测量，直至 φ 为 150°左右。在共振点附近由于曲线变化较大，此时电动机转速极小变化会引起 $\Delta\varphi$ 很大改变，因此，测量数据要相对密集些。

五、数据处理示例

使用 BG—2 型波尔共振仪(出厂编号 9011)做实验，摆轮作准自由振动时振幅与周期测量数表见表 2.2-1，阻尼系数测量数表见表 2.2-2，幅频特性与相频特性测量数表见表 2.2-3 和表 2.2-4，幅频特性与相频特性测量图线见图 2.2-5。

表 2.2-1　摆轮作准自由振动时振幅与周期测量数表

θ/(°)	154	139	131	123	114	105	97
T_0/s	1.691	1.690	1.689	1.688	1.687	1.686	1.685
θ/(°)	87	76	68	58	47	36	30
T_0/s	1.684	1.683	1.682	1.681	1.680	1.679	1.678

表 2.2-2　阻尼系数测量数表

阻尼开关 1		阻尼开关 2	
θ/(°)	$\ln\frac{\theta_i}{\theta_{i+5}}$	θ/(°)	$\ln\frac{\theta_i}{\theta_{i+5}}$
138	0.5452	145	1.106
123	0.5495	116	1.116
111	0.5506	93	1.131
100	0.5621	74	1.126
89	0.5568	59	1.187
80	平均值＝0.5528 $10T$＝16.835s	48	平均值＝1.133 $10T$＝16.786s
71		38	
64		30	
57		24	
51		18	

$$\beta_1 = \frac{1}{5T_1}\ln\frac{\theta_i}{\theta_{i+5}} = \frac{0.5528}{5\times 1.6835}\mathrm{s}^{-1} = 0.0657\mathrm{s}^{-1}$$

$$\beta_4 = \frac{1}{5T_4}\ln\frac{\theta_i}{\theta_{i+5}} = \frac{1.133}{5\times 1.6786}\mathrm{s}^{-1} = 0.135\mathrm{s}^{-1}$$

表 2.2-3　幅频特性与相频特性测量数表(阻尼 1)

电机刻度	θ_2/(°)	T/s	T_0/s	φ/(°)	$\varphi_{计}$/(°)	T_0/T
7.06	64	1.748	1.682	24.0	24.5	0.9622
6.81	88	1.726	1.684	35.5	35.6	0.9757
6.65	115	1.714	1.686	48.5	46.9	0.9837
6.55	135	1.705	1.689	62.0	61.9	0.9906
6.46	145	1.698	1.690	75.0	75.0	0.9953
6.41	151	1.693	1.691	86.5	86.2	0.9988
6.35	150	1.689	1.691	95.0	93.8	1.001

（续）

电机刻度	θ_2/(°)	T/s	T_0/s	φ/(°)	$\varphi_{计}$/(°)	T_0/T
6.26	142	1.681	1.690	108.0	106.8	1.005
6.15	127	1.673	1.689	121.0	118.3	1.010
6.02	111	1.663	1.687	131.0	129.1	1.014
5.83	90	1.649	1.684	142.0	140.0	1.021
5.53	68	1.629	1.682	152.0	151.2	1.033

表 2.2-4　幅频特性与相频特性测量数表（阻尼 4）

电机刻度	θ_2/(°)	T/s	T_0/s	φ/(°)	$\varphi_{计}$/(°)	T_0/T
7.34	44	1.773	1.680	31.0	33.8	0.9475
7.00	56	1.742	1.681	42.5	45.4	0.9650
6.74	66	1.720	1.682	56.0	58.3	0.9779
6.52	74	1.701	1.683	71.5	73.6	0.9894
6.41	77	1.693	1.683	80.5	80.7	0.9941
6.31	78	1.685	1.683	88.5	88.1	0.9988
6.24	78	1.679	1.683	95.0	93.8	1.002
6.12	76	1.670	1.683	104.5	102.1	1.008
5.98	72	1.658	1.682	114.0	111.7	1.014
5.75	63	1.642	1.681	126.5	123.0	1.024
5.48	52	1.621	1.680	137.0	134.7	1.036
5.00	38	1.586	1.679	150.0	147.7	1.059

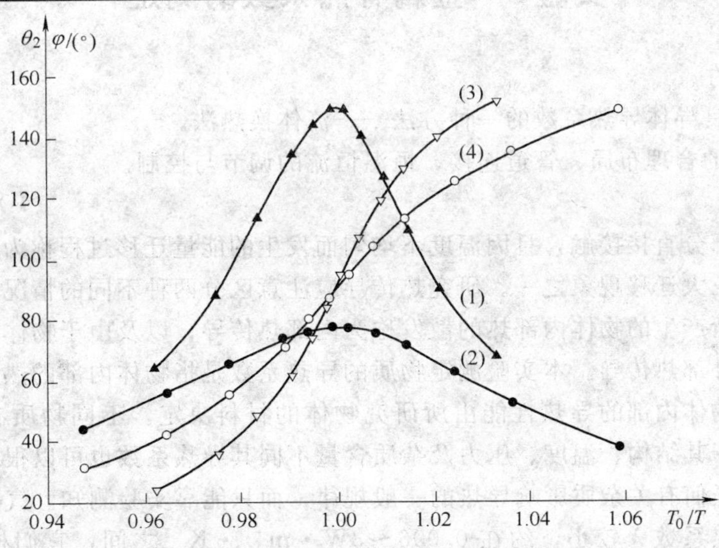

图 2.2-5　幅频特性与相频特性测量图线

六、注意事项

1. 为使测量准确，在进行上述两项内容之前，都应将有机玻璃转盘 13 指针放在 0 位置上。

2. 阻尼开关置于 0 位置时，切忌开启电机开关，以免产生强烈的共振而损坏仪器。

3. 阻尼开关置于 1 或 4 位置后，在实验过程中不能任意改变，或将整机电源切断。否则，由于电磁铁剩磁现象将引起 β 变化，必须将阻尼系数测定、幅频特性和相频特性测定都做完以后才可以改变。

七、思考题

1. 从摆轮的幅频特性曲线中可说明哪些规律？这些规律还体现在哪些实例中？

2. 上述 3 项注意事项如果有所违反，轻则增加测量误差，重则损坏实验仪器，请说明其物理依据。

3. 闪光灯闪亮时，强迫力矩盘指针及摆轮盘长缺口槽的方向分别在什么位置？

4. 若实验中读数稳定后，相位差二次读数差值较大，主要原因是什么？

八、误差分析

因为本仪器中采用石英晶体作为计时部件，所以测量周期(角频率)的误差可以忽略不计，误差主要来自阻尼系数 β 的测定和无阻尼振动时系统的固有振动频率 ω_0 的确定。且后者对实验结果影响较大。

在前面的原理部分中我们认为弹簧的弹性系数 K 为常数，它与扭转的角度无关。实际上由于制造工艺及材料性能的影响，K 值随着角度的改变而略有微小的变化，因而造成在不同振幅时系统的固有频率 ω_0 有变化。如果取 ω 的平均值，则将在共振点附近使相位差的理论值与实验值相差很大。为此，可测出振幅与固有频率 ω_0 的相应数值，在公式(2.2-5)中 T_0 采用对应于某个振幅的数值代入，这样可使系统误差明显减小。表 2.2-3 和表 2.2-4 中的 T_0 数值就是根据振幅 θ_0 的大小从表 2.2-1 的相应数值中查得的。

实验 3　金属导热系数的测定

一、实验目的

1. 掌握测定良导体导热系数的一种方法——流体换热法。

2. 学习器具的合理布局、管道连接、恒温恒流的调节与控制。

二、引言

依靠物体各部分直接接触，且因温度不均匀而发生的能量迁移过程称为热传导，它是非平衡态过程中的三大迁移现象之一。研究热传导应注意区分两种不同的情况，即：由于物体自身温度不一致所产生的物体内部热的散发称为内部热传导；以及由于物体与周围介质温度不一致而产生的外部热传导。本实验测定物质的导热系数是指物体内部的热传导。

研究表明：物体内部的导热性能由所研究物体的材料决定。不同物质有不同的导热系数，同种物质由于其结构、温度、压力及杂质含量不同其导热系数也可以很不相同。而且目前尚不能建立起任何有关杂质影响导热的一般规律，而只能靠实验测知。气体、液体及非金属固体材料的导热系数 λ 较小，约在 $0.006 \sim 3\mathrm{W \cdot m^{-1} \cdot K^{-1}}$ 之间，它们构成热的不良导体；绝热材料的 λ 值小于 $0.23\mathrm{W \cdot m^{-1} \cdot K^{-1}}$，在高温设备及热量输送系统中有很重要的应用；纯金属材料的导热系数较大，约在 $2.3 \sim 420\mathrm{W \cdot m^{-1} \cdot K^{-1}}$ 之间。它们构成热的导体，在要求导热性能良好的场合，如：高速机具、热转换设备以及无线电中的大功率电子管或晶体管中都有广泛的应用。

可见，研究物质的热传导性能，不仅是研究物质组成、内部结构及其粒子之间相互作用的一种手段，而且在科技领域的应用中有很重要的实际意义。本实验所依据的物理理论是傅里叶定律。采用流体换热法以测定良导体铜的导热系数。

三、实验原理

傅里叶定律指出，单位时间内通过垂直于热量传播方向的单位截面所传递的热量(称为比热流)正比于温度的负梯度，即

$$q = -\lambda \nabla T \tag{2.3-1}$$

其中比例系数 λ 称为物质的导热系数，它表示单位时间、单位温度梯度时单位面积上所通过的热量。∇T 表示温度梯度，它是指温度函数沿等温面法线方向的偏导数，其方向系温度增加的方向。若以 $\boldsymbol{n}_0$ 表示法线方向的单位矢量，则

$$\nabla T = \frac{\partial T}{\partial n}\boldsymbol{n}_0 \tag{2.3-2}$$

一般地，物体各部分的温度是其位置坐标及时间的函数，即 $T=T(x, y, z, t)$ 称为温度场。由于此时

$$\nabla T = \frac{\partial T}{\partial x}\boldsymbol{i} + \frac{\partial T}{\partial y}\boldsymbol{j} + \frac{\partial T}{\partial z}\boldsymbol{k} \tag{2.3-3}$$

所以，在任意温度场中，欲由傅里叶定律所确定的偏微分方程直接求解待测样品的导热系数是相当困难的。因此，在研究导热问题时，总是希望造成一个温度不随时间变化的所谓稳定的温度场，而且总是设法使被研究物体的温度仅沿某单一的方向改变。

假定圆柱状样品两端维持固定不变的温度 T_1 及 T_2，且 $T_1>T_2$，并在圆柱样品的侧面围以绝热材料。由于认为侧面没有散热，所以温度仅沿 x 轴变化，其等温面为一组垂直与轴线的平行平面，其热流线平行于轴线且均匀分布，其温度梯度为$\frac{\mathrm{d}T}{\mathrm{d}x}$，方向与 x 轴反向平行，如图 2.3-1 所示。在这种情况下傅里叶定律简化为

$$q = -\lambda \frac{\mathrm{d}T}{\mathrm{d}x} \tag{2.3-4}$$

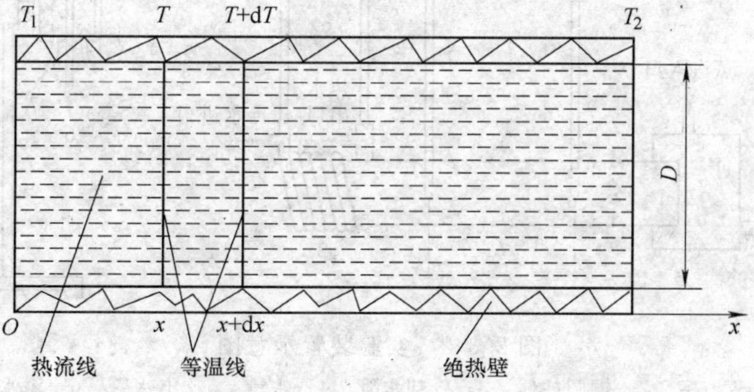

图 2.3-1 圆柱体截面示意图

分离变量后对上式积分，并将边界条件($x=0\sim L$，$T=T_1\sim T_2$)代入，得

$$q = \lambda \frac{T_1 - T_2}{L} \tag{2.3-5}$$

由式(2.3-5)很容易求得在 t 时间内穿过圆柱体任一等温面的热量为

$$Q = \frac{\pi D^2 \lambda}{4L}(T_1 - T_2)t \tag{2.3-6}$$

在实验过程中，稳定的热传导过程是这样形成的：在样品的热端通入恒定温度和恒定流量的蒸汽，随着热端温度的升高，温度梯度增大，单位时间导入的热量增加，另一方面单位时间向外界散失的热量也随之增加。当蒸汽的加热功率等于样品热传导与散热速率之和时，热端温度 T_1 趋于稳定。在冷端，以恒定温度稳定流量通以冷却水，流水带走热量的速率随冷端温度的升高而增加，而当流水带走热量的速率与样品的热传导速率相等时，冷端的温度 T_2 也达到稳定。因此，只要固定加热功率及冷水的流量，在足够长的时间以后，在样品内部就可以建立起一个稳定的温度场，因而就形成了一个稳定的热传导过程。

由于冷却水的温度保持不变，入水及出水温度 T_4 及 T_3 亦保持不变。所以可以这样认为：在 t 时间内流入（或流出）冷却水（设质量为 m）所获得的热量就是样品在同一时间内所传导的热量。则

$$\frac{\pi D^2 \lambda}{4L}(T_1 - T_2)t = mc_0(T_3 - T_4) \tag{2.3-7}$$

$$\lambda = \frac{4C_0 mL(T_3 - T_4)}{\pi D^2 t(T_1 - T_2)} \tag{2.3-8}$$

式中，$C_0 = 4.18 \times 10^3 \mathrm{J \cdot kg^{-1} \cdot K^{-1}}$ 为冷却水的比热容。

应当指出，由于物质的导热系数与温度有关，而且在热传导过程中物质各部分的温度不同。因此，必须明确所测结果究竟应该代表何种温度下样品的导热系数。可以证明，对任何形状的物体，在稳定热传导过程所求得的 λ，可以很好地代表物质两端温度平均值 $[(T_1 + T_2)/2]$ 下的导热系数。

四、实验仪器

导热仪、蒸汽发生器、电炉、温度计（0～100.00℃、0～50.00℃各两支）、物理天平、秒表、游标卡尺、水源、烧杯、水盆、皮管、夹子等。

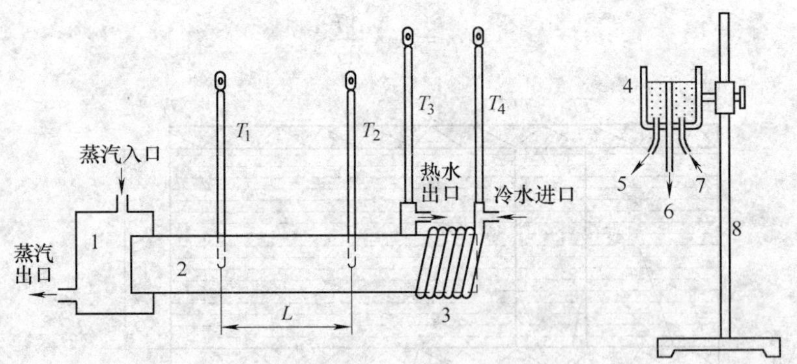

图 2.3-2 实验装置示意图

1—蒸汽室 2—铜圆柱体 3—冷却水管 4—水槽 5—出水管 6—溢水管 7—进水管 8—支架

实验装置如图 2.3-2 所示，待测铜圆柱体的一端置于蒸汽室中，另一端的表面紧密地绕以细铜管，由稳压水槽提供的冷却水从细铜管的一端流入，另一端流出，用温度计可分别测出其温度。用一定功率的电炉对蒸汽发生器加热，蒸汽发生器输出恒定流量的蒸汽注入蒸汽室。整个仪器装入一个表面白色的铁箱中，以空气作为绝热体。

五、实验内容

1. 测定铜圆柱体的直径 D 及有效长度 L。

2. 安装导热仪，连接各管道的皮管，在蒸汽发生器中注入适量的自来水等，做好一切准备工作，最后小心地插上温度计。

3. 通入蒸汽和冷却水，并保持合适的恒定流量。当达到热平衡时(至少两分钟)，测量必要的数据，然后再重复测量一、二次。

4. 改变冷却水流量，待重新达到热平衡后，再进行测量。

六、注意事项

1. 此实验器具较多。须合理布局，管道连接要牢固，防止漏气漏水。

2. 本实验的溢水管和热水出管都用盆具盛接，出水量都应调得小些，免得经常替换器具，影响正常实验。

3.4 支温度的安装要十分小心，实验过程中要避免碰到它们，否则很容易引起破裂或折断。

4. 有时会遇到冷却水受堵的情况，主要原因是温度计塞得太紧，将温度计稍作松动即可解决，若仍然不行，可用气囊对准管口吹几下，使其畅通。

七、思考题

1. 为了保证恒温恒流，在实验中应注意哪几点？

2. 冷却水流量的调节有几种方法？从实验公式中进行分析，在什么情况下冷却水的流量是合适的？

3. 本实验所用的方法能不能测量不良导体的导热系数(设该不良导体的导热系数 $\lambda = 0.20\mathrm{W \cdot m^{-1} \cdot K^{-1}}$)？为什么？

实验 4　液体在不同温度下粘滞系数的测定

一、实验目的

1. 观察液体的内摩擦现象，用流体力学的经验公式测定蓖麻油的粘滞系数。

2. 学习判断系统的热平衡状况，测定不同温度下液体的粘滞系数。

3. 进行实验结果的误差计算和误差分析。

二、实验原理

1. 内摩擦定律和粘滞系数

如图 2.4-1 所示，管的下部储白色甘油，上部储红色甘油，打开管下部的阀门(没有画出)，让甘油缓缓流出，一定时间后，两部分甘油的交界处呈现为“锥”形界面。可见沿管轴甘油的流速最大，距管轴越远，流速越小，在管壁上甘油附着，流速为零。管中流动的流体，可分成许多平行于管壁的圆筒状薄层，对任意两层来说，外层比内层流动得慢。这样，快层流体会受到慢层流体的阻力，而慢层流体受到快层流体的动力，这一对力就是流体的内摩擦力。

设流体在 X 方向分层作稳定流动，层面与 Z 轴正交，具有不同 Z 值的各层速度不同，(图 2.4-2)设 Z 层的流速为 v_1、$Z+\Delta Z$ 层的流速为 $v_2=v_1+\Delta v$，则 $\Delta v/\Delta Z$ 表示 z 轴方向 Z 和 $Z+\Delta Z$ 间的平均速度梯度。令 $\Delta Z \to 0$ 而求极限，得 $\mathrm{d}v/\mathrm{d}Z$，称为 Z 层流体的速度梯度。

由实验可知：内摩擦力 F 和它分布的面积 S 成正比，和该处的速度梯度成正比。即

$$F=\eta\frac{\mathrm{d}v}{\mathrm{d}Z}S \tag{2.4-1}$$

这个关系称为内摩擦定律，η 随流体的性质和温度而定，称为该流体的粘滞系数，在国际单位制中它的单位为帕·秒。

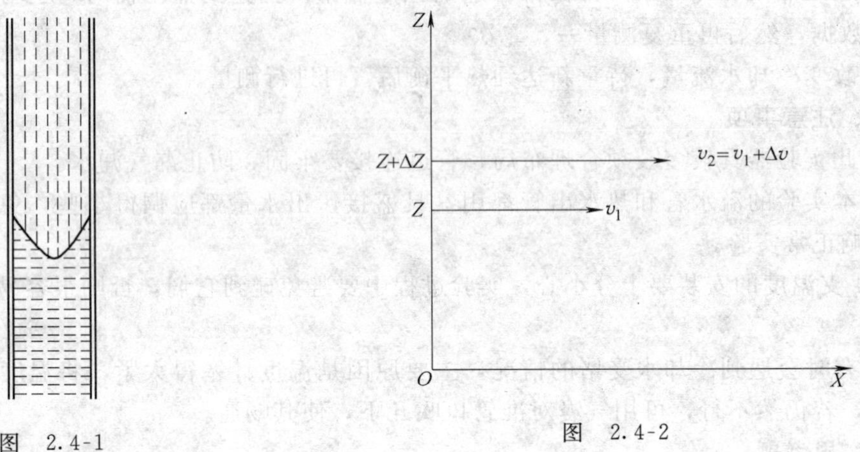

图 2.4-1　　图 2.4-2

2. 粘滞系数的实验公式

落针在液体中运动时，将受到与运动方向相反的内摩擦力(即粘滞阻力)的作用，它不是落针与液体之间的摩擦力，而是粘附在落针表面的液层与邻近液层的摩擦产生的。如果落针沿着盛有液体的管轴缓慢下落，根据流体力学的经验公式落针受到的粘滞阻力为

$$F=\frac{2\pi L\eta v}{\left(1+\frac{2}{3L_r}\right)\left(\ln\frac{R_1}{R_2}-\frac{R_1^2-R_2^2}{R_1^2+R_2^2}\right)} \tag{2.4-2}$$

式中，L 为落针长；v 是针的速度；R_1 为容器内筒半径；R_2 为针的外半径；$L_r=(L-2R_2)/R_1$。

针落入液体后受到重力、浮力和粘滞阻力的共同作用。这些力都作用在铅直方向上，重力向下，浮力和阻力向上。针刚落入液体时垂直向下的重力大于垂直向上的浮力与粘滞阻力之和，于是针作加速运动。随着速度的增加粘滞阻力也增加，当针的下落速度达到一定大小时，其所受的合力为零，于是针匀速下落。所以有

$$F=\pi R_2^2L(\rho-\rho_L)g \tag{2.4-3}$$

式中，ρ 为落针的密度；ρ_L 为被测液体的密度。

由式(2.4-2)、式(2.4-3)得

$$\eta=\frac{gR_2^2t}{2l}(\rho-\rho_L)\left(1+\frac{2}{3L_r}\right)\left(\ln\frac{R_1}{R_2}-\frac{R_1^2-R_2^2}{R_1^2+R_2^2}\right) \tag{2.4-4}$$

式中，l 为落针内两端磁极间的距离；t 为落针经过传感器的时间。

只要测得式(2.4-4)右边的各量，则粘滞系数 η 就可求得。

在变温条件下，还必须考虑被测液体的密度 ρ_L 随温度 t 变化的情况

$$\rho_L = \frac{\rho_0}{1+0.93\times10^{-3}(t-t_0)} \tag{2.4-5}$$

式中，ρ_0 是 $t_0=20$℃时的液体密度，对于蓖麻油 $\rho_0=950\text{kg}\cdot\text{m}^{-3}$。

三、实验仪器

实验中使用的是一台PH—Ⅲ型变温粘滞系数实验仪，它由实验仪主机和样品管装置两部分组成，实验仪器示意图见图2.4-3和图2.4-4。

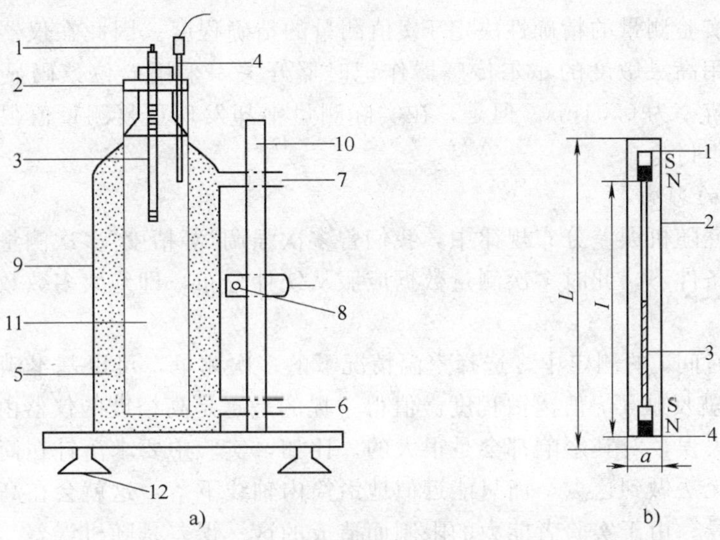

图2.4-3 样品管装置结构示意图

a)落针式动力粘度测定仪结构图 b)落针结构图

1—发射器 2—发射架 3—落针 4—温度传感器 5—可加温的循环水 6—进水口 7—出水口 8—霍尔传感器 9—圆筒容器 10—支架 11—被测液体 12—平衡调节

1—磁铁 2—有机玻璃管 3—铅条 4—磁铁

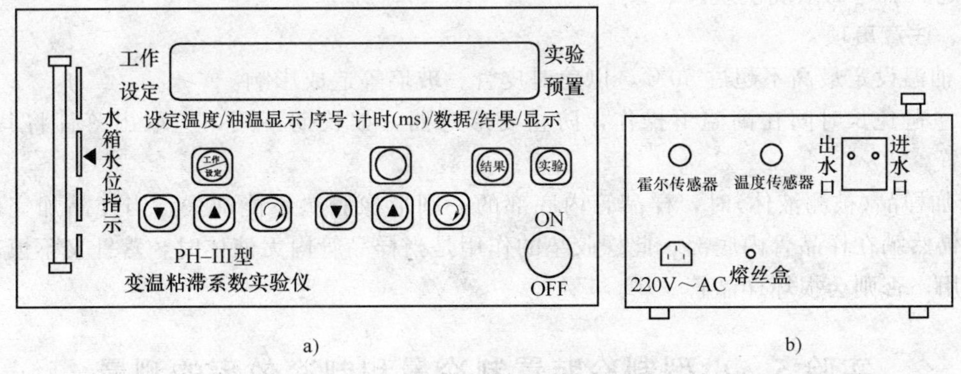

图2.4-4 实验仪主机前后板面示意图

a)前面板示意图 b)后面板示意图

四、实验内容

1. 在室温下用落针法测蓖麻油的粘滞系数，重复做10次并进行误差计算。（实验中所提供的参数都以有效位数最后一位的 1 作为各参数的绝对误差。)

2. 从低到高设定温度(最高到 50.0℃),测得各温度下液体的粘滞系数,共测 4～5 个不同的温度点,每个温度点测三次。

3. 画粘滞系数 η 随温度 t 变化的曲线。

五、问题讨论

关于落针下落时间 t 值的离散性分析

我们知道该实验测量的精确性决定于 t 值测量的精确程度。因此在仪器设计上采用了一系列手段,如利用高灵敏度的霍尔传感器作记时器开关,采用 6 位数码显示的单板机计时器,计时最小分辨率为 0.01ms。但是,在实际测量中却发现重复测量值很不一致,这里有两方面的问题值得讨论。

1. 随机误差的影响

在实验 1 研究随机误差分布规律中,我们曾多次强调“等精度”多次测量。所谓等精度即是在完全等同的条件下,此时多次测量数据应服从统计分布,即绝大多数数据应在其平均值周围。

在落针下落时间 t 的测定中,选择室温情况下的多次测量,可以基本满足上述条件。测量结果 σ_t 的大小就反映了 t 值离散程度。值得一提的是越是高精度的仪器由于外界环境干扰或操作者微小的失误,对其影响都会是很大的。比如,实验中要求落针在筒内轴线处铅直下落,实际操作中无法做到这点,而只能近似地沿筒内轴线下落,这就会在高灵敏的计时器中反映出明显的差异。由于实验者能力的限制而造成的这一误差是随机误差。

2. 系统误差的影响

在加温过程,如从 40～50℃,我们看到经过较短的时间,温度显示就从 40℃ 升到了 50℃。但是在连续三次 t 的测量中会发现 $t_1 > t_2 > t_3$,说明液体的粘滞系数还在不断减小,即油温还在上升并没有稳定。如果将这三次数据拿来计算,显然是十分错误的,因为数据中含有很大的系统误差。怎样才算不含有(或可忽略)系统误差了呢?严格地讲应该以上述 1 中讨论到的 σ_t 作为标准。若在 50℃时 t 测量中的 σ_t^1 近似等于 σ_t,则可认为已不存在由于油温的不稳定而引起的系统误差。

六、注意事项

1. 油温设定最高不超过 50℃,以免对皮管、玻璃等造成影响。

2. 量避免长时间在高温下操作,防止变形弯曲,如长期不用,应取出落针将其拭净,平躺放置。

3. 加样品(被测液体)时,样品管内底部的一圆形橡胶垫不能缺失,当样品加完后,橡胶垫应仍然躺在样品管内底部,此橡胶垫的作用是当样品管内无液体时,落针又不慎落下起缓冲作用,否则会损坏样品管。

实验 5　小型制冷装置制冷量和制冷效率的测量

引言

小型制冷装置通常指家用电冰箱、冷藏箱以及小型空调器等。利用半导体热电效应制冷的装置,因其制冷功率一般比较小,也可看做是小型制冷装置。由于小型制冷装置与人们的日常生活及工作密切相关，已经形成需求量很大的产业。另一方面，目前广泛用于小型制冷装置中压缩式制冷循环的制冷剂主要是卤化烃类(氟里昂)，这类制冷剂对大气层的臭氧层有破坏作用。特别是普遍用于家用电冰箱的氟里昂-12(R_{12})对大气臭氧层的破坏以及由之而产生的温室效应相当严重。为保护大气环境，1985 年 3 月，有关缔约国政府签订了《保护臭氧层维也纳公约》。1989 年 5 月，由联合国环境规划署召集有 56 个国家全权代表参加的会议上通过了《关于消耗臭氧层物质的蒙特利尔议定书》。随后，1990 年 6 月，在英国伦敦召开了有 55 个缔约国、41 个非缔约国、8 个国际组织以及 44 个非政府组织的代表参加的会议，对该议定书进行了全面修订，并于 1992 年 1 月 1 日生效。因此，从节能的角度看，小型制冷装置制冷功率和效率的测量，对其制冷性能的检测及改进无疑是至关重要的。而从各国为执行蒙特利尔议定书而努力探索新的制冷原理及寻求新的制冷剂这一发展趋势看，各种新型制冷循环的设计与制冷剂的开发，最终都离不开对不同条件下制冷机制冷功率及制冷效率的检测。

一、实验目的

1. 利用加热补偿法测量不同温度下小型制冷机模拟系统的制冷功率。

2. 通过对制冷系统压缩机排气口和回气口温度及压力的测量估测制冷效率。

3. 通过以上测量学习，掌握对不同制冷剂及不同灌注量的制冷剂对制冷功率与效率的影响进行研究的原理与方法。

二、实验原理

1. 热力学第二定律

在自然界中，热量是可以互相传递的。把两个温度不同的物体放在一起，原来温度高的物体，温度将逐渐下降，而原来温度低的物体，温度将逐渐升高，最终两物体的温度趋于相等。这就是说，热量能从温度较高的物体传给温度较低的物体，但是不能自发地由低温物体流向高温物体而不引起其他变化，这即是热力学第二定律的克劳修斯说法。这里我们只是说热量不能自发地反向流动，也就是说，要使热量能从低温物体流向高温物体，则必须对环境留下某些不能消除的影响，如外界对系统做功。例如，利用一台水泵可以把水从低处提升到高处。对于热量，道理也类似于水，消耗一定的能量，通过某种逆向热力学循环，就能使热量从低温的物体流向高温物体(图 2.5-1)。随着对这种循环的应用目的不同，可以把这样的过程称为热泵或制冷。如果是对系统热端的利用，就称之为热泵；反之对系统冷端进行利用，称之为制冷。

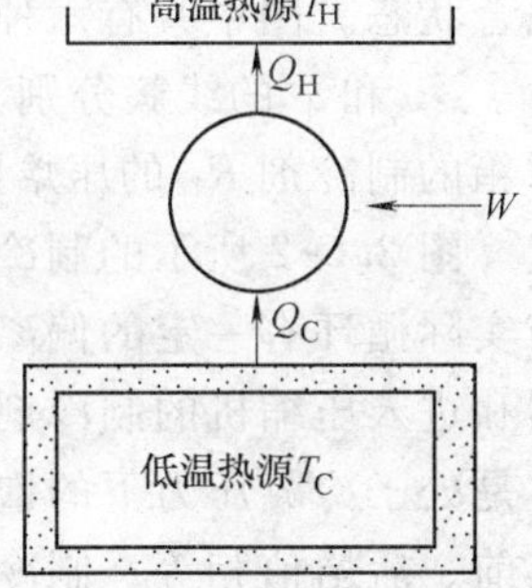

图 2.5-1　逆向热力学循环

2. 制冷原理

制冷的方法很多，常见的有液体汽化制冷、气体膨胀制冷、涡流管制冷和热电制冷等。其中液体汽化制冷的应用最为广泛，它是利用液体汽化时的吸热效应实现制冷的。蒸汽压缩式、吸收式、蒸汽喷射式和吸附式制冷都属于液体汽化制冷。其制冷循环的共同点是都由制冷剂汽化、蒸汽升压、高压蒸汽液化和高压液体降压 4 个过程组成。

图 2.5-2 所示为单级蒸汽式压缩制冷系统。它由压缩机、冷凝器、膨胀阀和蒸发器组成。目前市售的电冰箱、空调器等小型制冷机大多采用这种制冷模式。其工作原理如下：制

冷剂在压力 p_0、温度 t_0 下沸腾，t_0 低于被冷却物体的温度。压缩机不断地抽吸蒸发器中的制冷剂蒸汽，并将它压缩至冷凝压力 p_k，然后送往冷凝器，在压力 p_k 下等压冷凝成液体，制冷剂冷凝时放出热量 Q_k 传给冷却介质，与冷凝压力 p_k 相对应的冷凝温度 t_k 一定要高于冷却介质的温度，冷凝后的液体通过膨胀阀或节流元件进入蒸发器。当制冷剂通过膨胀阀时，压力从 p_k 降到 p_0，部分液体汽化，剩余液体的温度降至 t_0，于是离开膨胀阀的制冷剂变成温度为 t_0 的汽液两相混合物。混合物中的液体在蒸发器中蒸发，从被冷却的物体中吸取它所需要的蒸发热。混合物中的蒸汽通常称为闪发蒸汽，在它被压缩机重新吸入之前几乎不再起吸热作用。

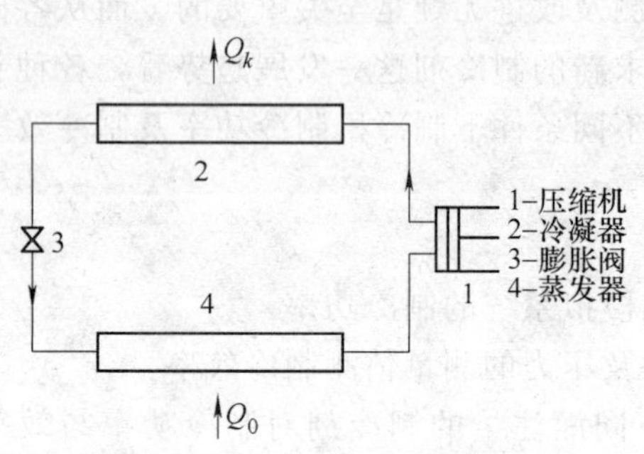

图 2.5-2　单级蒸汽压缩式制冷

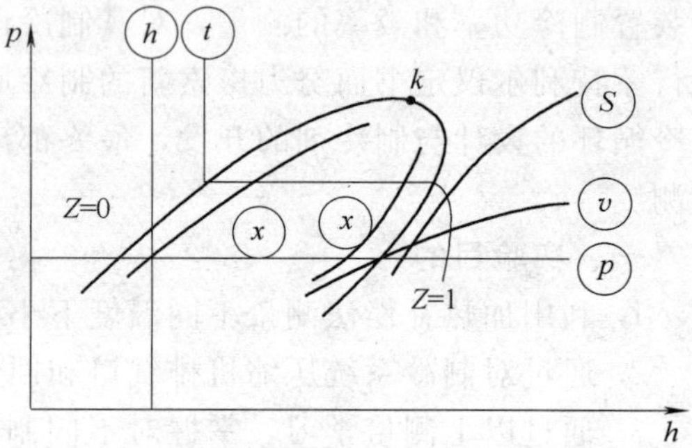

图 2.5-3　压焓图

在制冷循环的分析和计算中，压焓图起着十分重要的作用，如图 2.5-3 所示。图中临界点 k 左边的粗实线为饱和液体线，线上的任何一点代表一个饱和液体状态，干度 $x=0$。右边的粗实线为干饱和蒸汽线，线上任何一点代表一个饱和蒸汽状态，$x=1$。饱和液体线的左边为过冷液体区，该区域内的液体称为过冷液体，过冷液体的温度低于同一压力下饱和液体的温度；干饱和蒸汽线的右边是过热蒸汽区，该区域内的蒸汽称为过热蒸汽，它的温度高于同一压力下饱和蒸汽的温度；两条线之间的区域为两相区，制冷剂在该区域内处于汽、液混合状态。图中共有六种等参数线簇：等压线 p 为水平线，等焓线 h 为垂直线，其余标有 t、s、v 和 x 的线簇分别为等温线、等熵线、等容线和等干度线。图 2.5-4 为常用于家用电冰箱的制冷剂 R_{12} 的压焓图。

图 2.5-2 所示的制冷循环可以在压焓图上进行简化了的分析(图 2.5-5)，虽然这种分析与实际循环有一定的偏离，但是可以作为实际循环的基础进行修正。按此种分析，离开蒸发器和进入压缩机的制冷剂蒸汽是处于蒸发压力下的饱和蒸汽；离开冷凝器和进入膨胀阀的液体是处于冷凝压力下的饱和液体；压缩机的压缩过程为等熵压缩；制冷剂通过膨胀阀节流时其前、后焓值相等；制冷剂在蒸发和冷凝过程中没有压力损失；在各部件的连接处制冷剂不发生状态变化；制冷剂的冷凝温度等于外部热源温度，蒸发温度等于被冷却物体的温度。图 2.5-5中点 1 表示制冷剂进入压缩机的状态，它对于蒸发温度 t_0 的饱和蒸汽。该点位于与 t_0 相应的压力 p_0 的等压线与饱和蒸汽线的交点上。点 2 为制冷剂出压缩机的状态，1～2 为等熵过程压力由 p_0 增大至冷凝压力 p_k。点 3 表示制冷剂出冷凝时的状态，它是与冷凝温度 t_k 对应的饱和液体。2～2′～3 表示制冷剂在冷凝器内的冷却和冷凝过程，这是一个等压过程，等压线与饱和液体线的交点即为点 3 的状态。点 4 表示制冷剂出节流阀的状态，亦即进入蒸发器时的状态。3～4 表示等焓节流过程，制冷剂压力由 p_k 降至 p_0，相应地温度亦由 t_k 降为 t_0，这即是说由点 3 作等焓线与等压线 p_0 的交点即为点 4 的状态。过程线 4～1 表示制

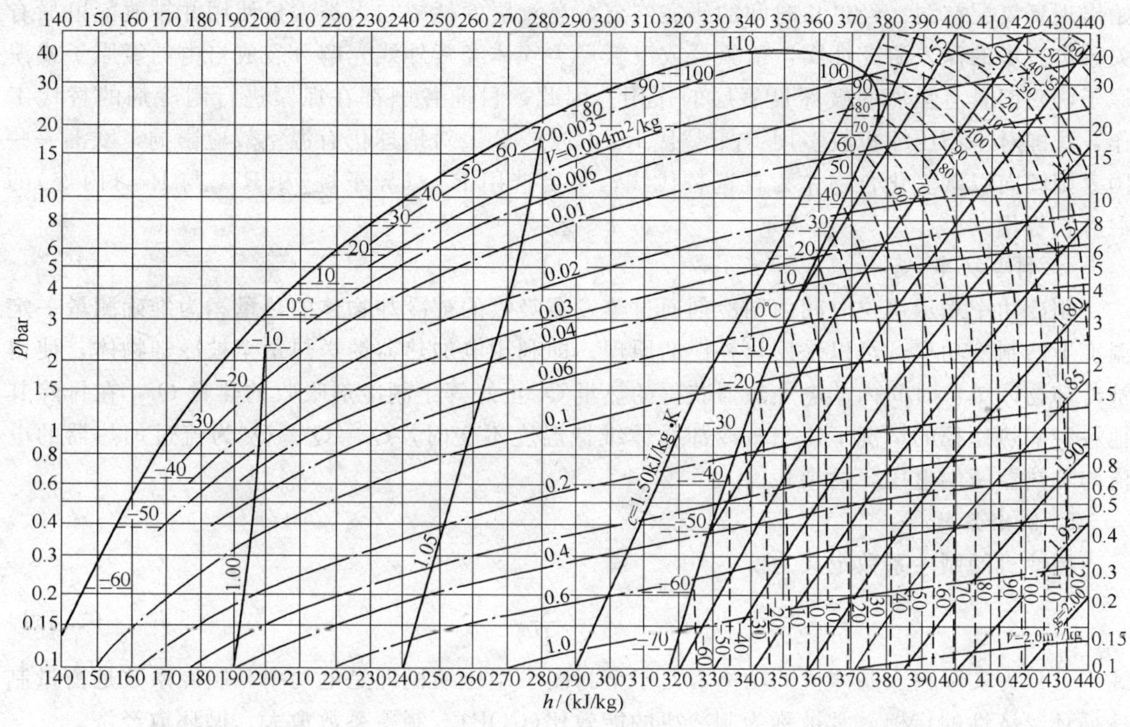

图 2.5-4 R_{12} 的 p-h 图

注：1bar＝10^5Pa

冷剂在蒸发器中的汽化过程，这是一个等温等压过程，液态制冷剂吸取被冷却物体的热量而不断汽化，最终又回到状态 1。

但在实际循环中与这一简化循环存在一定的偏离，最明显的偏离有四点：①1～2 并非严格的等熵线，因为压缩机的压缩过程只是近似的绝热过程。②2～3 并非严格的等压线，$p_3 < p_2$。③3～4 并非严格的等焓线，因为节流毛细管与进气管道构成了热交换器，从蒸发器回流压缩机的制冷剂温度较低，通过热交换器吸收了节流元件的热量，使得 $h_4 < h_3$。④状态 1 不一定处于饱和蒸汽线上，其原因也是热交换器的存在使得进气口的制冷剂温度进一步升高而进入过热蒸汽区。

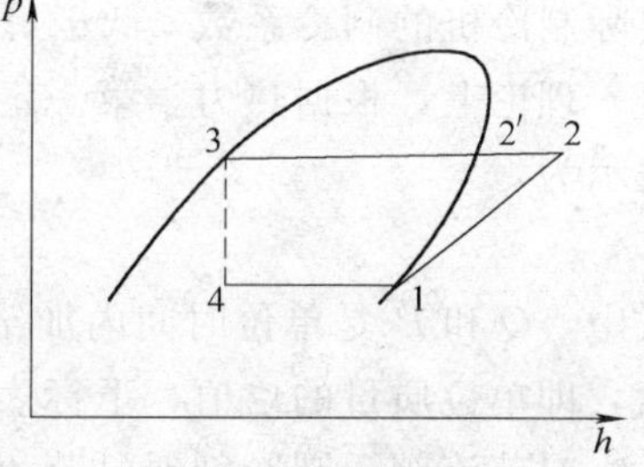

图 2.5-5 简化了的制冷循环

3. 制冷剂

许多化学物质可以被选作制冷剂。1834 年，美国人珀金斯发明的第一台制冷机选用乙醚作制冷剂，此后以二氧化碳和氨为制冷剂的压缩机相继出现。从 20 世纪 30 年代起，以美国杜邦公司 Freon 商标命名的氟里昂制冷剂逐渐在全世界占主导地位，有代表性的牌号如 R_{12}，R_{11}，R_{22}，R_{14} 等。这些制冷剂具有优良的热学性质，无毒、不燃，能适应不同条件的制冷要求。但是 1970 年代以来，科学界逐渐发现被称作地球生命“保护伞”的大气臭氧层浓度正在不断耗减，致使南极上空出现大片臭氧层空洞，太阳紫外线的直接辐照，威胁地球人类特别是南半球人类的健康，大量引发皮肤癌及其他疾病。最新的观察发现北极上空也已开始出现臭氧层空洞。经过长时间的研究判定，臭氧层的耗减与人类大量使用并排放氟里昂有关。进一步的深入研究证实，氯氟烃或溴氟烃类气体经紫外线光解分裂成自由的氯原子或溴原子，它们具有强烈的破坏臭氧层的作用。因此，目前各国都在抓紧进行制冷剂的替代工作，我国对小型压缩机较多用 R_{134a} 替代 R_{12}，但是 R_{134a} 对地球仍有温室效应影响，欧洲一些国家则倾向以碳氢化合物作为首选替代物，主要选用 R_{600a}(异丁烷)和 R_{600a} 与 R_{290}(丙烷)的混合物替代。

4. 制冷功率

制冷功率表示单位时间内制冷剂通过蒸发器吸收的被冷却物体的热量。为准确测量一定温度下的制冷功率，可以采用热补偿的原理。即利用电加热器馈送热量至被冷却物体，使得被冷却物体单位时间内从电加热器获得的热量 Q_e 正好等于制冷剂吸收的热量 Q_c，在排除其他各种漏热途径的情况下，当被冷却物体维持温度不变时，$Q_e=Q_c$。Q_e 为流过加热器的电流与加热器两端电压降的乘积。

5. 制冷系数

制冷机的制冷系数定义为

$$\varepsilon=\frac{Q_c}{P} \tag{2.5-1}$$

式中，P 为实际输入制冷机的功率，对于全封闭小型压缩机即是电功率。制冷系数是衡量制冷循环经济性的指标，常被称为制冷机的能效比(COP)。制冷系数愈大，循环愈经济。

如果把制冷机视作逆向的卡诺循环热机，并用 ε_c 表示其制冷系数，则

$$\varepsilon_c=\frac{T_c}{T_H-T_c}=\frac{1}{(T_H/T_c-1)} \tag{2.5-2}$$

该式表明，只要 T_H/T_c 的值小于 2，ε_c 即大于 1 而且随着 T_c 接近 T_H，ε_c 的数值迅速上升。实际制冷机的制冷系数 ε 低于 ε_c，但它们随 T_H、T_c 变化的趋势有一定的类似性。

理论上，根据热力学第一定律，如果忽略位能和动能的变化，稳定流动的能量方程可以表示为

$$Q+P=m(h_i-h_j) \tag{2.5-3}$$

式中，Q 和 P 是单位时间内加给系统的热量和机械功，m 是系统内稳定的质量流率，h 是比焓，即单位质量的焓值，下标表示状态点，分别对应于图 2.5-5 中各点。

对节流阀，制冷剂通过节流孔口时绝热膨胀，对外不做功，方程式(2.5-3)变为

$$0=m(h_4-h_3) \tag{2.5-4}$$

$$h_4=h_3$$

表明这是等焓过程。

对压缩机，如果忽略压缩机与外界环境所交换的热量，则式(2.5-3)变为

$$P_i=m(h_2-h_1) \tag{2.5-5}$$

式中，P_i 为压缩机对制冷剂作功的功率，它与输入压缩机的电功率、电动机效率、机械效率以及其他损耗因素有关，通常对小型家用电冰箱的压缩机 P_i 仅为电功率的 0.2～0.3。

对蒸发器，被冷却的物体通过蒸发器向制冷剂传递热量 Q_c，因蒸发器不做功，故有

$$Q_c=m(h_1-h_4)=m(h_1-h_3) \tag{2.5-6}$$

这样，理论上对可逆的绝热过程制冷系数可以表达为

$$\varepsilon_i = \frac{Q_c}{P_i} = \frac{h_1 - h_3}{h_2 - h_1} \tag{2.5-7}$$

因而，只要根据图 2.5-5 所示的简化了的制冷循环，测量出制冷剂在压缩机进气口和排气口的温度与压力，从制冷剂的压焓图上查出 h_1 和 h_2 值并由冷凝器末端的压力或温度按简化制冷循环推算出 h_3，即可得到理论上估算的制冷系数。当然，在实际的制冷循环中，节流元件与回气管道之间往往被设计成具有热交换功能，这样节流毛细管被冷却，$h_4 < h_3$，使得制冷系数 ε 增大。

三、实验仪器

图 2.5-6 表示实验的制冷装置和测量示意图。其中压缩机、冷凝器、过滤器、毛细管和进气管直接采用电冰箱的部件。这里的毛细管起着节流阀的作用，它的最后一段与压缩机的进气管组合成热交换器，使毛细管中即将流入蒸发器的液态制冷剂被进气管中的低温气态制冷剂进一步冷却，以达到提高制冷效率的目的。过滤器内填充了干燥的分子筛颗粒，用以吸附制冷机内可能存在的水分，避免在毛细管内或出口处出现冰堵现象。蒸发器用直径 6mm 壁厚 0.5mm 的紫铜管模拟电冰箱蒸发器管道的参数制成直径约 60mm 的盘管，放入绝热良好的真空杯内。真空杯内充灌适量的乙二醇、乙醇与水的三元溶液，以浸没蒸发器为宜。搅拌器是为了使乙二醇、乙醇与水的三元溶液在蒸发器内制冷液的吸热和加热器的放热之间迅速达到均匀的温度而设置的。压缩机的排气口、进气口以及冷凝器末端分别接有压力表以测量各相关点的压力。另外，三支铜－康铜热电偶分别接至排气口、进气口以及冷凝器末端测量这三点的温度。电加热器及其测量回路是为了产生焦耳热并通过电功率换算成单位时间馈送的热量，当此热量与制冷量相等时，杜瓦瓶内溶液维持温度不变。若电加热量大于制冷量，杜瓦瓶内升温，反之降温。监视和检测温度升降情况由插入真空杯内的铂电阻温度传感器及与之相连的测量电路完成。制冷机内充灌约 80g 左右 R_{12}（视具体情况作适当调整），它是目前电冰箱尚在使用的制冷剂，为无色无味透明的液体或气体，常温下无毒，高温下火焰呈蓝色并分解成有毒气体。（注：本实验装置用 R_{134a} 替代 R_{12} 的工作正在进行。）

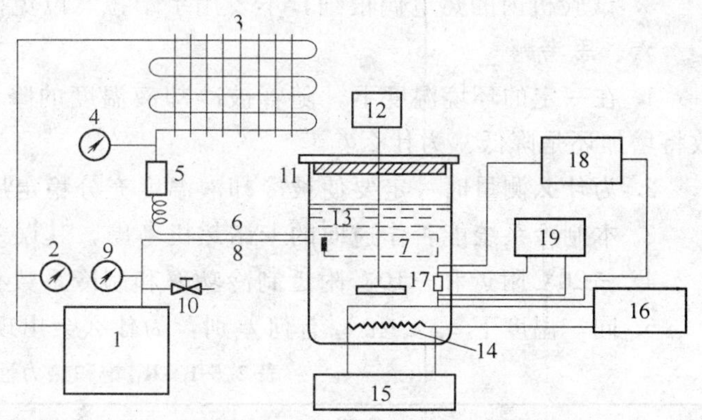

图 2.5-6 制冷装置和测量示意图

1—压缩机 2—排气压力表 3—冷凝器 4—冷凝器末端压力表 5—过滤器 6—毛细管 7—蒸发器 8—进气管 9—进气压力表 10—抽空灌液阀 11—真空保温杯 12—电动搅拌器 13—乙二醇、乙醇水溶液 14—加热器 15—数字电压表 16—大功率直流稳流电源 17—铂电阻传感器 18—恒流电源 19—数字电压表

四、实验步骤

1. 检查仪器，将制冷功率和制冷效率测量实验仪上的加热电流调节按逆时针旋至最小。

2. 接通实验仪的电源，观察制冷试验机蒸发器上方的微型搅拌电动机是否正常工作（一定要使电动机处于旋转状态），同时再次检查加热器电流是否为零。

3. 记录蒸发器内的温度值，同时观察并记录压缩机排气口、进气口及冷凝器末端的压力(压力表的读数为相对于大气压的值)。

4. 打开压缩机开关，压缩机启动，此时可观察到各压力点的变化。

5. 观察并记录蒸发器温度下降情况，按分钟记录，直至最低温度附近。

6. 调节加热器输出电流，使蒸发器升温至－20℃附近，微调输出电流使加热功率和制冷量相当，温度保持不变，记录此温度下的加热功率，即该温度下制冷机的制冷量。

7. 改变电流使得蒸发器内的温度平衡于－10℃附近。记录该温度点的制冷功率。

8. 在进行上述各点制冷功率的测量的同时，分别记录压缩机排气口、进气口及冷凝器末端的压力和温度，并利用 p-h 图查出 h_1、h_2 和 h_3。

9. 利用式(2.5-1)，式(2.5-2)和式(2.5-7)分别计算出上述两温度点附近的 ε、ε_c 和 ε_i 值。

10.(选做)如时间充分，可在－15℃、－5℃及 0℃附近增加测量点并作出制冷功率及制冷系数-温度响应曲线。

五、注意事项

1. 经常关注搅拌电动机是否正常工作。

2. 压缩机停机后 5min 内不要启动，以免启动电流太大。

3. 试验机内的热电偶很细，不要用手牵拉，以免损坏。

六、思考题

1. 在一定的环境温度下，随着被冷却液温度的降低，预计制冷机的制冷功率和制冷系数将增加还是降低？为什么？

2. 为什么测量时一定要使被冷却液温度充分稳定后才记录数据？

3. 本制冷系统能否作逆向的卡诺热机考虑，其误差主要来自何处？

4. －20℃附近和－10℃附近制冷功率和制冷系数有何差别，为什么会出现这种差别？

5. 同一温度下 ε、ε_c 和 ε_i 有何差别，为什么会出现这种差别？

表 2.5-1　R_{12} 饱和热力性质表

温度 t/℃	绝对压力 p /(kgf/cm²)	比容		焓		潜热 r /(kcal/kg)	熵	
		液体 v' /(L/kg)	蒸汽 v'' /(m³/kg)	液体 h' /(kcal/kg)	蒸汽 h'' /(kcal/kg)		液体 s' /(kcal/kg·K)	蒸汽 s'' /(kcal/kg·K)
－70	0.1251	0.6266	1.1273	85.15	128.56	43.41	0.93749	1.15117
－69	0.1334	0.9276	1.0617	85.85	128.67	43.32	0.93850	1.15067
－68	0.1422	0.6286	1.0007	85.56	128.78	43.22	0.93950	1.15018
－67	0.1514	0.6296	0.9438	85.77	128.90	43.13	0.94051	1.14970
－66	0.1611	0.6306	0.8907	85.97	129.01	43.03	0.94150	1.14923
－65	0.1713	0.6317	0.8427	86.18	129.12	42.94	0.94250	1.14876
－64	0.1821	0.6327	0.7949	86.39	129.23	42.84	0.94348	1.14831
－63	0.1934	0.6337	0.7517	86.59	129.34	42.75	0.94447	1.14787
－62	0.2052	0.6348	0.7112	86.80	129.45	42.65	0.94545	1.14743
－61	0.2176	0.6358	0.6734	87.01	129.56	42.56	0.94643	1.14701
－60	0.2307	0.6369	0.6379	87.21	129.67	42.48	0.94740	1.14659
－59	0.2443	0.6379	0.6047	87.42	129.78	42.36	0.94837	1.14618

（续）

温度 t/℃	绝对压力 p /(kgf/cm²)	比容 液体 v' /(L/kg)	比容 蒸汽 v'' /(m³/kg)	焓 液体 h' /(kcal/kg)	焓 蒸汽 h'' /(kcal/kg)	潜热 r /(kcal/kg)	熵 液体 s' /(kcal/kg·K)	熵 蒸汽 s'' /(kcal/kg·K)
−58	0.2587	0.6390	0.5735	87.63	129.90	42.27	0.94938	1.14578
−57	0.2736	0.6401	0.5443	87.83	130.01	42.17	0.95029	1.14549
−56	0.2893	0.6412	0.5168	88.04	130.12	42.08	0.95125	1.14500
−55	0.3057	0.6423	0.4910	88.25	130.23	41.98	0.95221	1.14463
−54	0.3228	0.6434	0.4667	88.46	130.34	41.88	0.95316	1.14446
−53	0.3407	0.6445	0.4439	88.67	130.45	41.79	0.95410	1.14390
−52	0.3594	0.6456	0.4224	88.87	130.56	41.69	0.95504	1.14384
−51	0.3789	0.6467	0.4022	89.08	130.68	41.59	0.95598	1.14320
−50	0.3992	0.6478	0.3831	89.29	130.79	41.49	0.95692	1.14286
−49	0.4204	0.6489	0.3651	89.50	130.90	41.40	0.95785	1.14252
−48	0.4425	0.6501	0.3481	89.71	131.01	41.30	0.95878	1.14220
−47	0.4655	0.6512	0.3321	89.92	131.12	41.20	0.95971	1.14188
−46	0.4894	0.6524	0.3170	90.13	131.23	41.10	0.96063	1.14157
−45	0.5143	0.6536	0.3027	90.34	131.34	41.00	0.96155	1.14126
−44	0.5402	0.6547	0.2898	90.55	131.45	40.91	0.96246	1.14096
−43	0.5672	0.6559	0.2764	90.76	131.56	40.81	0.96338	1.14067
−42	0.5951	0.6571	0.2642	90.97	131.67	40.71	0.96429	1.14038
−41	0.6242	0.6583	0.2528	91.18	131.79	40.61	0.96519	1.14010
−40	0.6544	0.6595	0.2419	91.39	131.90	40.51	0.96609	1.13982
−39	0.6857	0.6607	0.2316	91.60	132.01	40.41	0.96700	1.13955
−38	0.7182	0.6619	0.2218	91.81	132.12	40.31	0.96789	1.13929
−37	0.7519	0.6631	0.2126	92.02	132.23	40.21	0.96878	1.13903
−36	0.7868	0.6644	0.2038	92.23	132.34	40.10	0.96968	1.13877
−35	0.8230	0.6656	0.1954	92.44	132.45	40.00	0.97065	1.13852
−34	0.8605	0.6669	0.1875	92.66	132.56	39.90	0.97145	1.13828
−33	0.8993	0.6681	0.1799	92.87	132.67	39.80	0.97233	1.13804
−32	0.9394	0.6694	0.1727	93.08	132.78	39.70	0.97321	1.13781
−31	0.9870	0.6707	0.1659	93.29	132.89	39.59	0.97409	1.13758
−30	1.0239	0.6720	0.1594	93.51	133.00	39.49	0.97496	1.13736
−29	1.0688	0.6733	0.1582	93.72	133.10	39.39	0.97583	1.13714
−28	1.1142	0.6746	0.1473	93.93	133.21	39.28	0.97670	1.13692
−27	1.1617	0.6759	0.1416	94.14	133.32	39.18	0.97756	1.13671
−26	1.2107	0.6773	0.1363	94.36	133.43	39.07	0.97842	1.13651
−25	1.2612	0.6786	0.1312	94.57	133.54	38.97	0.97928	1.13631

（续）

温度 t/℃	绝对压力 p /(kgf/cm²)	比容		焓		潜热 r /(kcal/kg)	熵	
		液体 v' /(L/kg)	蒸汽 v'' /(m³/kg)	液体 h' /(kcal/kg)	蒸汽 h'' /(kcal/kg)		液体 s' /(kcal/kg·K)	蒸汽 s'' /(kcal/kg·K)
−24	1.3134	0.6800	0.1263	94.79	133.65	38.86	0.98014	1.13611
−23	1.3673	0.6813	0.1216	95.00	133.76	38.76	0.98100	1.13592
−22	1.4228	0.6827	0.1172	95.21	133.86	38.65	0.98185	1.13573
−21	1.4801	0.6841	0.1129	95.43	133.97	38.54	0.98270	1.13554
−20	1.5391	0.6855	0.1088	95.64	134.08	38.44	0.98354	1.13536
−19	1.5999	0.6869	0.1050	95.86	134.19	38.33	0.98439	1.13518
−18	1.6626	0.6883	0.1012	96.07	134.29	38.22	0.98523	1.13501
−17	1.7271	0.6897	0.09768	96.29	134.40	38.11	0.98607	1.13484
−16	1.7936	0.6912	0.09427	96.51	134.51	38.00	0.98691	1.13467
−15	1.8620	0.6926	0.09101	96.72	134.61	37.89	0.98774	1.13451
−14	1.9323	0.6941	0.08769	96.94	134.72	37.78	0.98867	1.13445
−13	2.0047	0.6955	0.08490	97.16	134.83	37.67	0.98940	1.13420
−12	2.0792	0.6970	0.08203	97.37	134.93	37.56	0.99023	1.13404
−11	2.1557	0.6985	0.07928	97.59	135.04	37.45	0.99106	1.13390
−10	2.2344	0.7000	0.07664	97.81	135.14	37.34	0.99188	1.13375
−9	2.3152	0.7016	0.07411	98.03	135.25	37.22	0.99270	1.13361
−8	2.3983	0.7031	0.07168	98.24	135.35	37.11	0.99352	1.13347
−7	2.4836	0.7047	0.06935	98.46	135.46	36.99	0.99434	1.13333
−6	2.5712	0.7062	0.06711	98.68	135.56	36.88	0.99515	1.13320
−5	2.6611	0.7078	0.06496	98.90	135.67	36.77	0.99597	1.13306
−4	2.7534	0.7094	0.06289	99.12	135.77	36.65	0.99678	1.13294
−3	2.8480	0.7110	0.06090	99.34	135.87	36.53	0.99759	1.13281
−2	2.9452	0.7126	0.05899	99.55	135.98	36.42	0.99839	1.13269
−1	3.0448	0.7142	0.05715	99.78	136.08	36.30	0.99920	1.13257
0	3.1469	0.7159	0.05538	100.00	136.18	36.18	1.00000	1.13245
1	3.2517	0.7176	0.05368	100.22	136.28	36.06	1.00080	1.13233
2	3.3590	0.7192	0.05204	100.44	136.38	35.94	1.00160	1.13222
3	3.4690	0.7209	0.05047	100.66	136.49	35.82	1.00240	1.13211
4	3.5816	0.7227	0.04804	100.89	136.59	35.70	1.00319	1.13200
5	3.6970	0.7244	0.04748	101.11	136.69	35.58	1.00399	1.13189
6	3.8152	0.7261	0.04607	101.33	136.79	35.46	1.00478	1.13179
7	3.9362	0.7279	0.04471	101.55	136.89	35.33	1.00557	1.13168
8	4.0600	0.7297	0.04340	101.78	136.99	35.21	1.00636	1.13159
9	4.1868	0.7315	0.04213	102.00	137.09	35.08	1.00715	1.13149

（续）

温度 t/℃	绝对压力 p /(kgf/cm²)	比容		焓		潜热 r /(kcal/kg)	熵	
		液体 v' /(L/kg)	蒸汽 v'' /(m³/kg)	液体 h' /(kcal/kg)	蒸汽 h'' /(kcal/kg)		液体 s' /(kcal/kg·K)	蒸汽 s'' /(kcal/kg·K)
10	4.3164	0.7333	0.04091	102.23	137.19	34.95	1.00798	1.13139
11	4.4491	0.7351	0.03973	102.45	137.28	34.83	1.00872	1.13130
12	4.5848	0.7370	0.03859	102.66	137.38	34.71	1.00950	1.13120
13	4.7236	0.7388	0.03749	102.99	137.48	34.58	1.01028	1.13111
14	4.8655	0.7407	0.03643	103.13	137.58	34.45	1.01106	1.13102
15	5.0106	0.7426	0.03541	103.36	137.67	34.32	1.01184	1.13093
16	5.1588	0.7445	0.03442	103.58	137.77	34.19	1.01262	1.13085
17	5.3103	0.7465	0.03346	103.81	137.87	34.06	1.01340	1.13076
18	5.4651	0.7485	0.03254	104.04	137.96	33.92	1.01417	1.13068
19	5.6232	0.7505	0.03164	104.27	138.06	33.79	1.01495	1.13060
20	5.7848	0.7525	0.03078	104.50	138.15	33.66	1.01572	1.13052
21	5.9497	0.7545	0.02994	104.73	138.25	33.52	1.01649	1.13044
22	6.1181	0.7565	0.02913	104.96	138.34	33.38	1.01726	1.13046
23	6.2900	0.7586	0.02834	105.19	138.43	33.25	1.01803	1.13029
24	6.4655	0.7607	0.02758	105.42	138.52	33.11	1.01880	1.13021
25	6.6446	0.7629	0.02685	105.65	138.62	32.97	1.01957	1.13013
26	6.8274	0.7650	0.02614	105.88	138.71	32.85	1.02033	1.13006
27	7.0138	0.7672	0.02545	106.11	138.80	32.69	1.02110	1.12999
28	7.2040	0.7694	0.02478	106.35	138.89	32.54	1.02187	1.12992
29	7.3980	0.7716	0.02413	106.58	138.98	32.40	1.02263	1.12985
30	7.5959	0.7739	0.02350	106.82	139.07	32.25	1.02340	1.12978
31	7.7976	0.7761	0.02289	107.05	139.16	32.10	1.02416	1.12971
32	8.0032	0.7785	0.02230	107.29	139.24	31.96	1.02492	1.12964
33	8.2129	0.7808	0.02173	107.53	139.33	31.81	1.02568	1.12957
34	8.4266	0.7832	0.02118	107.76	139.42	31.66	1.02645	1.12951
35	8.6443	0.7856	0.02064	108.00	139.50	31.50	1.02721	1.12943
36	8.8662	0.7880	0.02011	108.24	139.59	31.35	1.02797	1.12927
37	9.0922	0.7904	0.01960	108.48	139.67	31.19	1.02873	1.12930
38	9.3225	0.7929	0.01911	108.72	139.76	31.04	1.02949	1.12923
39	9.5571	0.7955	0.01863	108.96	139.84	30.88	1.03025	1.12917
40	9.7960	0.7980	0.01817	109.20	139.92	30.72	1.03101	1.12910
41	10.039	0.8006	0.01771	109.45	140.00	30.56	1.03177	1.12904
42	10.287	0.8038	0.01727	109.69	140.08	30.39	1.03253	1.12897
43	10.539	0.8059	0.01685	109.94	140.16	30.23	1.03329	1.12890

（续）

温度 t/℃	绝对压力 p /(kgf/cm²)	比容		焓		潜热 r /(kcal/kg)	熵	
		液体 v' /(L/kg)	蒸汽 v'' /(m³/kg)	液体 h' /(kcal/kg)	蒸汽 h'' /(kcal/kg)		液体 s' /(kcal/kg·K)	蒸汽 s'' /(kcal/kg·K)
44	10.796	0.8086	0.01643	110.18	140.24	30.06	1.03405	1.12884
45	11.057	0.8114	0.01603	110.43	140.32	29.89	1.03481	1.12877
46	11.323	0.8142	0.01563	110.68	140.40	29.72	1.03557	1.12870
47	11.593	0.8170	0.01526	110.92	140.48	29.55	1.03634	1.12864
48	11.869	0.8199	0.01488	111.17	140.55	29.38	1.03710	1.12857
49	12.149	0.8228	0.01452	111.42	140.63	29.20	1.03786	1.12850

① 1kgf＝9.80665N(1千克力＝9.80665牛)

② 1kcal＝4186.8J

实验6 *RLC*串联电路的暂态特性研究

在阶跃电压作用下，*RLC*串联电路由一个平衡态跳变到另一个平衡态，这一转变过程称为暂态过程。在此期间电路中的电流及电容、电感上的电压呈现出规律性的变化，称为暂态特性。*RLC*电路的暂态特性在实际应用中十分重要，例如在脉冲电路中经常遇到元件的开关特性和电容充放电的问题；在电子技术中常利用暂态特性来改善波形。暂态过程研究牵涉到物理学的许多领域，在电子技术中的电路分析、信号系统中也得到广泛的应用。

一、实验目的

1. 观测*RC*、*RL*及*RLC*电路的暂态过程，加深对电容、电感特性的认识和对时间常数RC、$\frac{L}{R}$、$\frac{2L}{R}$的理解。

2. 分别观测*RLC*串联电路三种阻尼暂态过程，掌握其形成和转化条件。

3. 学会用存储示波器观测暂态过程。

二、实验仪器

数字示波器、HG1030A低频信号发生器(用其中方波信号)、示波器、标准电感(0.1H)、标准电容(1μF)及电阻箱(ZX21)。

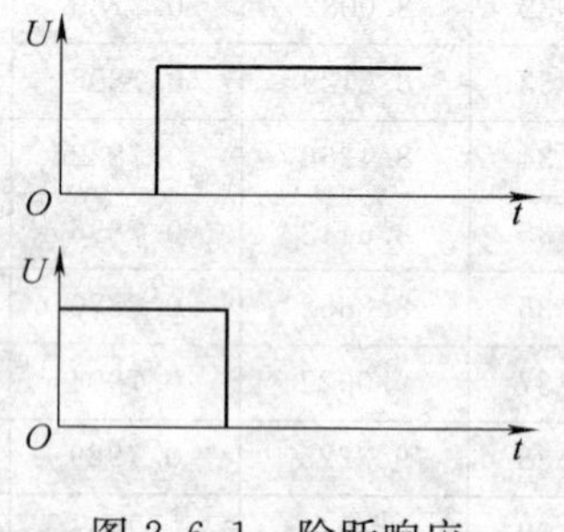

图2.6-1 阶跃响应

三、实验原理

电压由一个值跳变到另一个值时称为“阶跃电压”，如图2.6-1所示。如果电路中包含有电容、电感等元件，则在阶跃电压的作用下，电路状态的变化通常经过一定的时间才能稳定下来。电路在阶跃电压的作用下，从开始发生变化到变为另一种稳定状态的过渡过程称为“暂态过程”。这一过程主要由电容、电感的特性所决定。

1. *RC*串联电路的暂态过程

*RC*电路暂态过程可以分为充电过程和放电过程，首先研究充电过程。

图2.6-2所示为研究*RC*暂态过程的电路。当开关K接到“1”点时，电源E通过电阻R

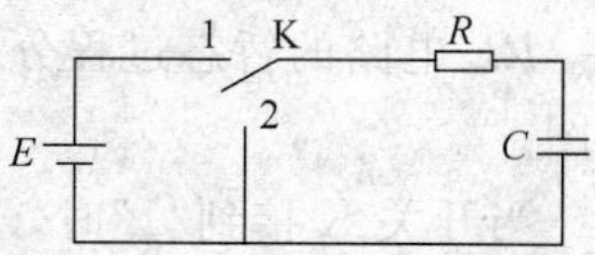

对 C 充电，此充电过程满足如下方程

$$R\frac{\mathrm{d}q}{\mathrm{d}t}+\frac{q}{C}=E \tag{2.6-1}$$

式中，q 是电容 C 上的电荷量，$\frac{\mathrm{d}q}{\mathrm{d}t}$是电路中的电流。考虑初始条件 $t=0$，$q_0=0$，便得到它的解为

图 2.6-2 RC 串联电路

$$q=CE(1-\mathrm{e}^{-t/RC}) \tag{2.6-2}$$

因而有

$$u_C=\frac{q}{C}=E(1-\mathrm{e}^{-t/RC}) \tag{2.6-3}$$

$$i=\frac{\mathrm{d}q}{\mathrm{d}t}=\frac{E}{R}\mathrm{e}^{-t/RC} \tag{2.6-4}$$

$$u_R=Ri=E\mathrm{e}^{-t/RC} \tag{2.6-5}$$

以上 4 式都是指数形式，我们只需观测电容电压 u_C 随时间的变化规律，就可以了解其余 3 个量随时间的变化规律。其中 $RC=\tau$ 称为电路的时间常数。充电和放电的快慢由 RC 决定。由式(2.6-3)可得，当 $t=\tau$ 时，$u_C=0.632E$。

图 2.6-3 即为 $u_C(t)$ 曲线。由图 2.6-3 可见：τ 越大，充电过程越慢。

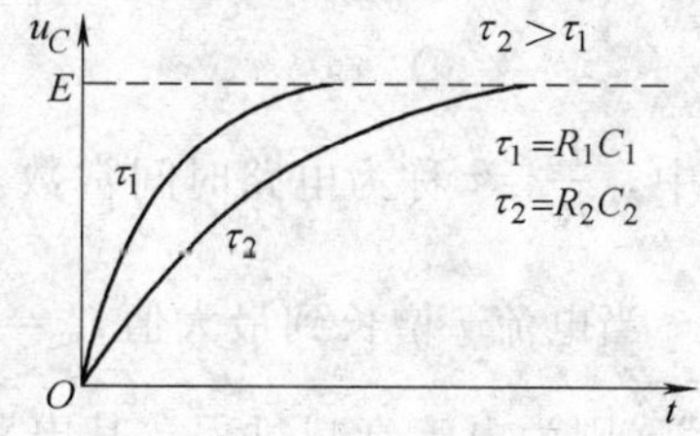

图 2.6-3 充电过程

当增大到 E 时，电路即达到了稳定状态，此后若将图 2.6-2中的开关 K 由“1”点迅速转接到“2”点，则电容 C 将通过 R 放电，此放电过程的微分方程为

$$R\frac{\mathrm{d}q}{\mathrm{d}t}+\frac{q}{C}=0 \tag{2.6-6}$$

考虑初始条件 $t=0$ 时，$q_0=CE$，于是得到它的解

$$q=CE\mathrm{e}^{-t/RC} \tag{2.6-7}$$

因而有

$$u_C=\frac{q}{C}=E\mathrm{e}^{-t/RC} \tag{2.6-8}$$

$$i=\frac{\mathrm{d}q}{\mathrm{d}t}=-\frac{E}{R}\mathrm{e}^{-t/RC} \tag{2.6-9}$$

$$u_R=Ri=-E\mathrm{e}^{-t/RC} \tag{2.6-10}$$

其中 i 与 u_R 两等式右边的负号表示放电电流方向与充电电流方向相反。由公式可知放电过程也是按指数形式变化的。当 $t=\tau$ 时，$u_C=0.368E$。u_C 随 t 的变化关系如图 2.6-4 所示。

2. RL 电路的暂态过程

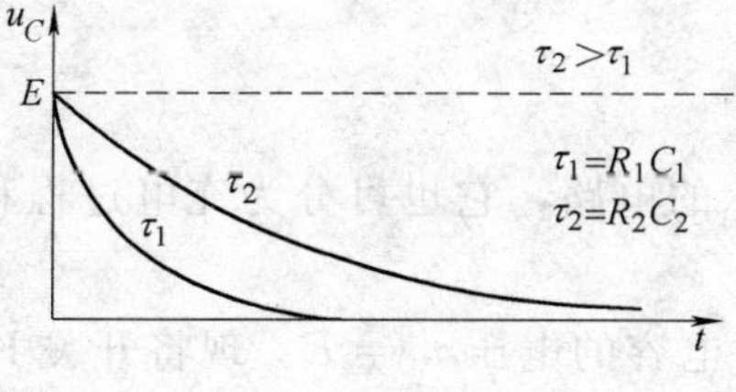

图 2.6-4 放电过程

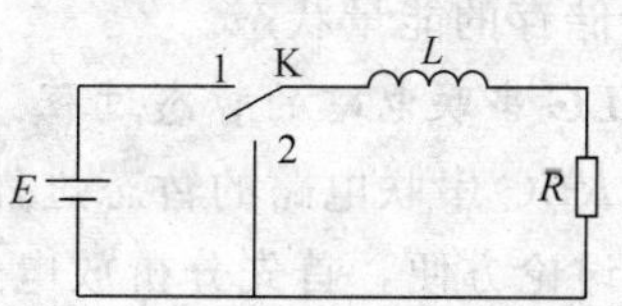

图 2.6-5 RL 串联电路

RL 电路的暂态过程分为电流增长和衰减两个过程。图 2.6-5 就是实现这两个过程的电路图。

当开关 K 接到"1"时，为电流增长过程。设 t 时刻的电流为 i，电感 L 上的感应电动势为 $\varepsilon=-L\dfrac{\mathrm{d}i}{\mathrm{d}t}$，则有电路方程

$$L\frac{\mathrm{d}i}{\mathrm{d}t}+Ri=E \tag{2.6-11}$$

由于 L 的影响，电流不能突变。因此初始条件为 $t=0$ 时，$i=0$。方程的解为

$$i=\frac{E}{R}(1-\mathrm{e}^{-\frac{R}{L}t}) \tag{2.6-12}$$

因而有

$$u_R=Ri=E(1-\mathrm{e}^{-\frac{R}{L}t}) \tag{2.6-13}$$

$$u_L=L\frac{\mathrm{d}i}{\mathrm{d}t}=E\mathrm{e}^{-\frac{R}{L}t} \tag{2.6-14}$$

式中，$\dfrac{L}{R}=\tau$ 称为电路时间常数。

当电流 i 增长到最大值 $i_{\mathrm{m}}=\dfrac{E}{R}$时，电路进入稳定状态。此时若将开关 K 由"1"迅速接到"2"，则为电流衰减过程，其电路方程为

$$L\frac{\mathrm{d}i}{\mathrm{d}t}+Ri=0 \tag{2.6-15}$$

考虑初始条件 $t=0$ 时，$i=\dfrac{E}{R}$，得到它的解为

$$i=\frac{E}{R}\mathrm{e}^{-\frac{R}{L}t} \tag{2.6-16}$$

因而有

$$u_R=Ri=E\mathrm{e}^{-\frac{R}{L}t} \tag{2.6-17}$$

$$u_L=L\frac{\mathrm{d}i}{\mathrm{d}t}=-E\mathrm{e}^{-\frac{R}{L}t} \tag{2.6-18}$$

式(2.6-18)右边的负号表示电流衰减时 L 上的自感电动势与电流的方向相反，其时间常数仍为$\dfrac{L}{R}=\tau$。

若将 RL 电路与 RC 电路的解作比较，可以看出：两者的电流、电压都同样按指数规律变化。

观察 RL 电路中 R 上的电压 u_R 的变化，就像观测 RC 电路的 u_C 变化一样，此时 u_R 反映了 L 所储存的能量状态。

3. *RLC* 串联电路的暂态过程

研究 RLC 串联电路的暂态过程可用图 2.6-6 所示的电路，它也可分为充电过程和放电过程。为讨论方便，首先分析放电过程。

设开关 K 已接在 1 并使电路达到稳定状态，此时电容的电压 $u_C=E$。现将开关 K 迅速由"1"转到"2"，电容 C 将通过 L 和 R 放电，其方程为

$$L\frac{\mathrm{d}^2q}{\mathrm{d}t^2}+R\frac{\mathrm{d}q}{\mathrm{d}t}+\frac{q}{C}=0 \qquad (2.6\text{-}19)$$

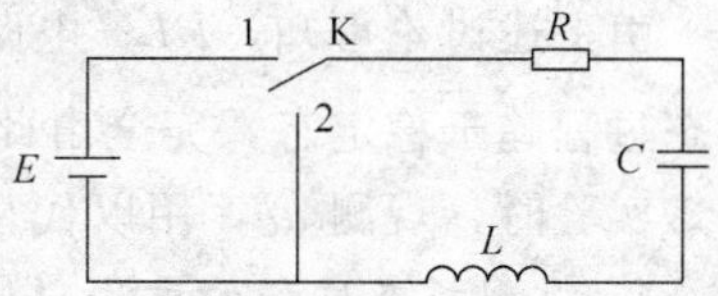

图 2.6-6 RLC 串联电路

式中，$\frac{\mathrm{d}^2q}{\mathrm{d}t^2}=\frac{\mathrm{d}i}{\mathrm{d}t}$是电流随时间的变化率，它的初始条件为 $t=0$，$q_0=CE$，$i_0=\left.\frac{\mathrm{d}q}{\mathrm{d}t}\right|_{i=0}=0$，此方程的求解可分以下三种情况讨论：

1）当 $R^2<\frac{4L}{C}$时，方程(2.6-19)的解为

$$q(t)=CE\mathrm{e}^{-\frac{t}{\tau}}\cos(\omega t+\varphi) \qquad (2.6\text{-}20)$$

其图形如图 2.6-7 中的曲线Ⅰ。图中振幅衰减的时间常数$\frac{2L}{R}=\tau$，振荡的角频率为

$$\omega=\frac{1}{\sqrt{LC}}\sqrt{1-\frac{R^2C}{4L}} \qquad (2.6\text{-}21)$$

此解表明：电路中电容器放电所余的瞬间电荷量 q 以欠阻尼振荡暂态过程趋于稳态($q=0$)。

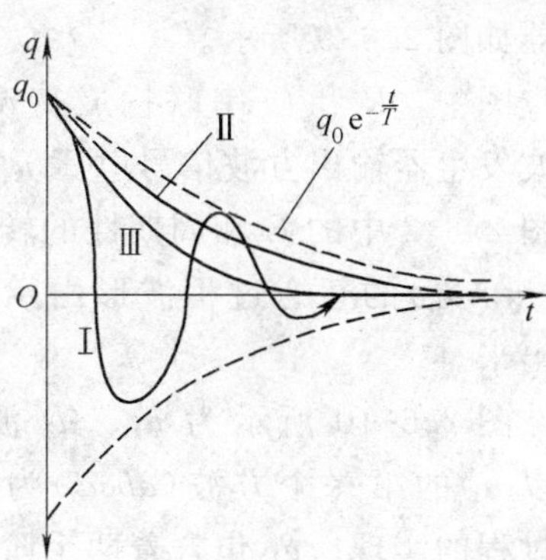

图 2.6-7 RLC 串联电路放电过程

2）当 $R^2>\frac{4L}{C}$时，此方程的解为

$$q(t)=CE\mathrm{e}^{-\frac{t}{\tau}}\cos(\omega t+\varphi) \qquad (2.6\text{-}22)$$

式中

$$\tau=\frac{2L}{R}$$

$$\omega=\frac{1}{\sqrt{LC}}\sqrt{\frac{R^2C}{4L}-1} \qquad (2.6\text{-}23)$$

由于双曲余弦函数与余弦函数具有完全不同的性质，因而尽管式(2.6-22)与式(2.6-20)在形式上相同，但式(2.6-22)中的 τ 和 ω 不能再理解为“时间常数”和“角频率”。式(2.6-22)的图形如图 2.6-7 中的曲线Ⅱ，为过阻尼暂态过程。

3）当 $R^2=\frac{4L}{C}$时，方程的解为

$$q(t)=CE\mathrm{e}^{-\frac{t}{\tau}}\left(1+\frac{t}{\tau}\right) \qquad (2.6\text{-}24)$$

其曲线如图 2.6-7 中的Ⅲ。它是欠阻尼和过阻尼间的临界阻尼的暂态过程。此时的电阻值 $R=2\sqrt{L/C}=R_{CP}$ 称为临界电阻。

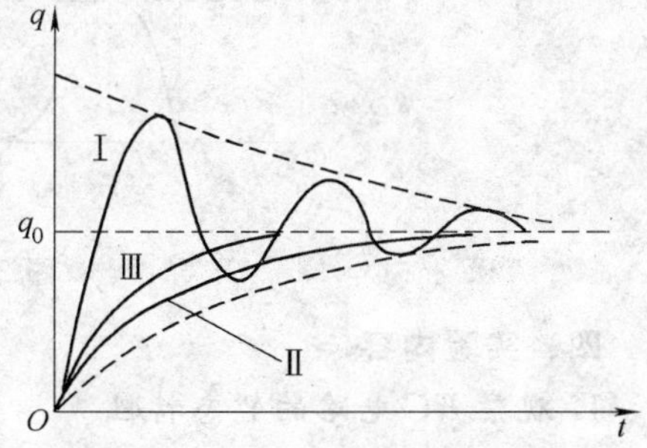

图 2.6-8 RLC 串联电路充电过程

RLC 串联电路的充电暂态过程可由图 2.6-8 中开关 K 从“2”转接到“1”来实现，充电暂态过程的方程应为

$$L\frac{\mathrm{d}^2q}{\mathrm{d}t^2}+R\frac{\mathrm{d}q}{\mathrm{d}t}+\frac{q}{C}=E \qquad (2.6\text{-}25)$$

和放电过程相比，其解仅差一个常数，相应的三种充电暂态过程曲线如图 2.6-8 所示。

由上述讨论可知，RLC 电路在充、放电过程中究竟以三种可能的暂态过程中的哪一种暂态过程趋于稳定态，完全由此电路具体的 R 和 $2\sqrt{L/C}$ 之值决定。

实验时，观测 u_C，用以代替 q。

4. 观测暂态过程的方法(以 RC 电路为例)

本实验所研究的电路，其参数的暂态过程非常短暂，用手动扳开关 K 记停表时间和读电压表数值这样的普通操作方法是无法观测的，因此这里采用的是“电子电路”法。其电路、仪器如图 2.6-9 所示。

图中，R 和 C 串联构成待测电路。方波发生器输出方波信号电压 u_1，相当于图 2.6-2 中的 E 和周期性的转换开关 K；$u_2(u_C)$ 的暂态过程波形由示波器显示出来。

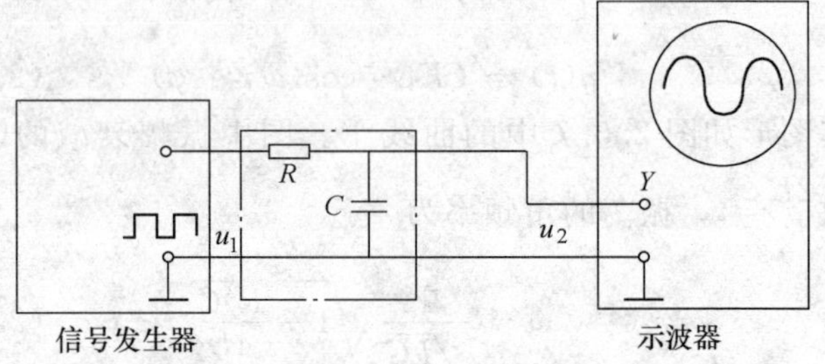

图 2.6-9 串联电路暂态特性测试装置

图 2.6-10 所示为 u_1、u_2 波形图。现以 u_1 的第一个方波($abcd$)为例来说明过程的实现。u_1 包含着两个阶跃：上升阶跃 ab，它对应的时刻为 t_1，t_2 为下降阶跃时刻(cd)。在 u_1 上升阶跃的“作用”下，产生了 u_2 的上升暂态过程，此过程经历了 t_1 至 t_1' 时间，这是电路的充电暂态过程。t_1' 至 t_2 是电路的稳态期间。同样分析可得，t_2 至 t_2' 是电路的放电暂态过程，t_2' 至 t_3 是电路的稳态期间。

示波器不但能显示 u_1、u_2 波形，而且能测出有关的时间间隔。

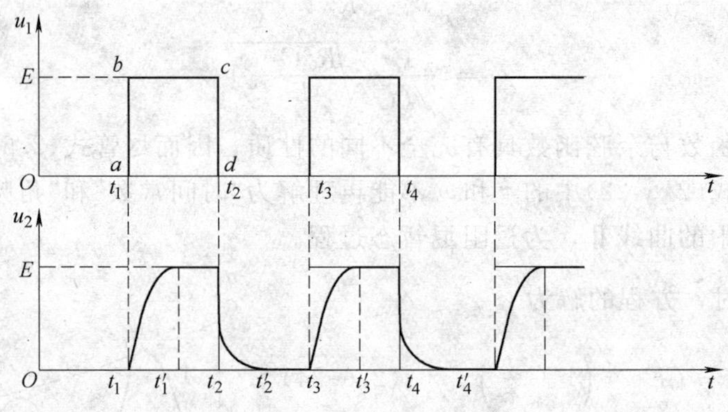

图 2.6-10 u_1、u_2 波形图

四、实验内容

1. 观察 RC 电路的暂态特性

参考图 2.6-9，连接电路。改变电阻箱的电阻 R，观察 $\tau=T/2$、$\tau\gg T/2$、$\tau\ll T/2$ 三种情况下的 $u_S(t)$，$u_C(t)$ 及 $u_R(t)$ 波形，并描绘出波形图。对于 $\tau=T/2$ 波形测出电容充电结束及放电结束时的 u_C 及 u_R 值。

2. 观察 RL 电路的暂态波形

观察并描绘 $2\tau=T/2$ 及 $\tau/2=T/2$ 时，$u_S(t)$，$u_C(t)$ 及 $u_R(t)$ 波形。

3. 观测 RLC 串联电路的三种阻尼暂态过程

自己确定实验电路。

(1) 观察阻尼振动波形。当电阻箱取值 $R=0$ 时(此时电路的总电阻是 R_S+R_L，$R_S=23.8\Omega$ 是信号源的内阻，R_L 是电感线圈的直流电阻)，即可获得阻尼波形，描绘 u_S、u_C 波形。

(2) 测定阻尼振动周期 T'。在一个方波周期内，若阻尼振动有 n 次，则 $T'=T/n$。

(3) 测定阻尼振动时间常数 τ。设阻尼振动经过 n 个周期后，振幅由 u_{C0} 衰减到 u_{Cn}，根据公式

$$\tau=\frac{(n-1)T}{\ln\dfrac{u_{C0}}{u_{Cn}}}$$

计算出时间常数。与理论值 $\tau=2R/L$ 比较。

(4) 计算电路的品质因数 Q

$$Q=\frac{1}{R}\sqrt{\frac{L}{C}}$$

(5) 观察临界阻尼和过阻尼时的电压波形，画出相应的 u_S、u_C 波形图。

五、思考题

1. 在 RC 电路中，当 τ 比方波的半个周期大得很多或小得很多时候(相差几十倍以上)各有什么现象?

2. u_C 的临界阻尼暂态过程的波形，与欠阻尼、过阻尼有何差异? 我们采用什么方法可使 u_C 逼近临界阻尼暂态过程?

3. 分别变化 R、C 值，它对 RLC 电路的欠阻尼振荡的 ω 和 τ 各产生什么影响?

实验 7 磁阻效应及磁阻传感器的特性研究

一、实验目的

1. 了解磁阻效应的基本原理及测量磁阻效应的方法。
2. 测量锑化铟传感器的电阻与磁感应强度的关系。
3. 学习用磁阻传感器测量磁场的方法。

二、实验原理

磁阻效应是指某些金属或半导体的电阻值随外加磁场变化而变化的现象。同霍尔效应一样，磁阻效应也是由于载流子在磁场中受到洛伦兹力而产生的。如图 2.7-1 所示，当半导体处于磁场中时，导体或半导体的载流子将受洛伦兹力发生偏转，在两端产生积聚电荷并产生霍尔电场。如果霍尔电场力作用和某一速度的载流子的作用刚好抵消，该载流子将不发生偏转，而小于此速度的电子则沿电场力方向偏转，大于此速度的电子则沿相反方向(即洛伦兹力)偏转，因而沿外加电场方向运动的载流子数量将减少，从而使电阻增加，这种现象称为磁阻效应。若外加磁场与外加电场垂直，称为横向磁阻效应；若外加磁场与外加电场平行，称为纵向磁阻效应。目前，磁阻效应广泛用于磁传感、磁力计、电子罗盘、位置和角度传感器、车辆探测仪、GPS 导航仪、仪器仪表、磁存储(磁卡、硬盘)等领域。

通常以电阻率的相对改变量来表示磁阻的大小，即用 $\Delta\rho/\rho(0)$ 表示。其中 $\rho(0)$ 为零磁场

时的电阻率，设磁电阻电阻值在磁感应强度为 B 时的电阻率为 $\rho(B)$，则 $\Delta\rho=\rho(B)-\rho(0)$。由于磁阻传感器电阻的相对变化率 $\Delta R/R(0)$ 正比于 $\Delta\rho/\rho(0)$，这里 $\Delta R=R(B)-R(0)$，因此也可以用磁阻传感器电阻的相对改变量 $\Delta R/R(0)$ 来表示磁阻效应的大小。

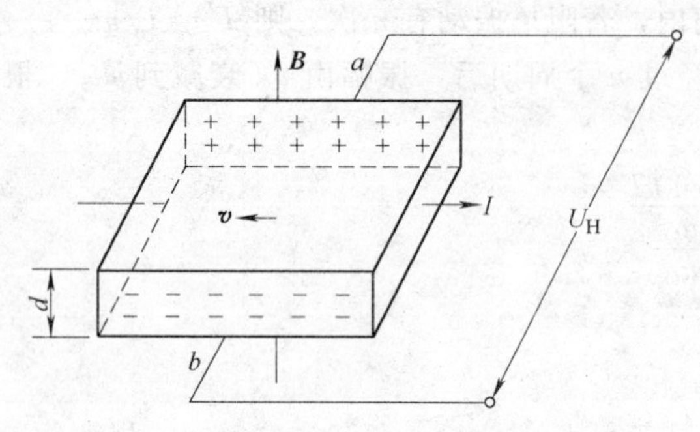

图 2.7-1　磁阻效应

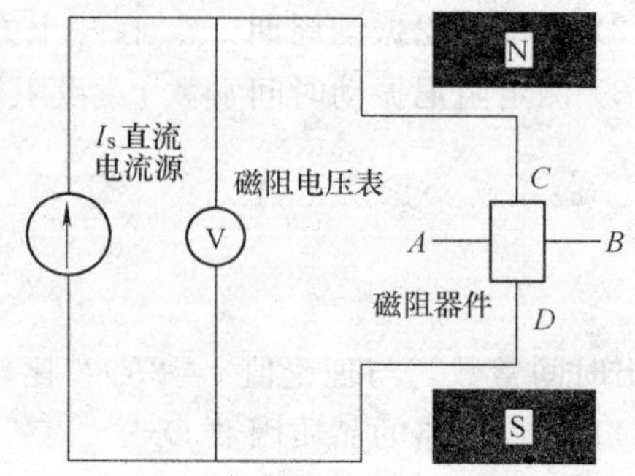

图 2.7-2　测量磁电阻实验装置

测量磁电阻电阻值 R 与磁感应强度 B 关系的实验装置及线路如图 2.7-2 所示。尽管不同的磁阻装置有不同的灵敏度，但其电阻的相对变化率 $\Delta R/R(0)$ 与外磁场的关系都是相似的。实验证明，磁阻效应对外加磁场的极性不灵敏，就是正负磁场的响应相同。一般情况下，外加磁场较弱时，电阻相对变化率正比于磁感应强度的二次方；随磁场的加强，$\Delta R/R(0)$ 与磁感应强度 B 成线性函数关系；当外加磁场超过特定值时，$\Delta R/R(0)$ 与磁感应强度 B 的响应趋于饱和。

三、实验仪器

实验采用磁阻效应实验仪来研究锑化铟磁阻传感器的磁阻特性。磁阻效应实验仪由信号源和测试架两部分组成。实验仪器包括可调直流恒流源、电流表、数字是磁场强度计(毫特计)和磁阻电压转换测量表(毫伏表)，控制电源等。测试架包括励磁线圈(含电磁铁)、锑化铟磁阻传感器、GaAs 霍尔传感器、转换继电器及导线等组成。

四、实验内容与步骤

仪器开机前须将 I_M 调解电位器、I_s 电流调解电位器逆时针方向旋到底。

1. 信号源的“I_M 直流源”端用导线接至测试架的“励磁电流”输入端，红导线与红接线柱相连，黑导线与黑接线柱相连，如图 2.7-3 所示。调节“I_M 直流调节”电位器可改变输入励磁线圈电流的大小，从而改变电磁铁间隙中磁感应强度的大小。

2. 将实验仪信号源背部的二芯话筒通过专用的二芯话筒线接至测试架的工作电压输入端，红的探头插接红接线柱，黑的探头插接黑接线柱。

3. 信号源上“I_S 直流恒流源”输出用导线接至工作电流切换继电器 K_1 接线柱的中间两端，红导线与红接线柱相连，黑导线与黑接线柱相连，如图 2.7-3 所示。

4. 信号源的“信号输入”两端用导线连至输出信号切换继电器 K_2 接线柱的中间两端，红导线与红接线柱相连，黑导线与黑接线柱相连，如图 2.7-3 所示。

5. 将继电器 K_1 接线柱的下面两端与继电器 K_2 接线柱的下面两端相连，红导线与红接线柱相连，黑导线与黑接线柱相连，如图 2.7-3 所示。

6. 将锑化铟磁阻传感器(蓝、绿引出线)的两端与工作电流切换继电器 K_1 接线柱的下端相连，蓝引出线接至红接线柱，绿引出线接至黑接线柱，如图 2.7-3 所示。

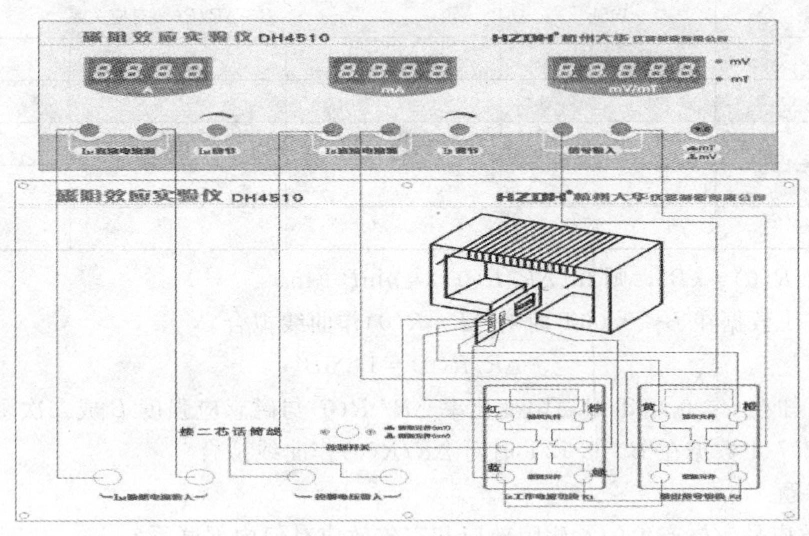

图 2.7-3 磁阻效应接线图

7. 砷化镓霍尔传感器的四引出线按线的长短已分为两组)，橙、灰为一组(为工作电流输入端)，红、黄为一组(为霍尔电压输出端)，橙、灰这一组线接至工作电流切换继电器 K_1 接线柱的上面两端，红、黄这一组线接至输出信号切换继电器 K_2 接线柱的上面两端，红的探头插接红接线柱，黑的探头插接黑接线柱，如图 2.7-3 所示。

8. 确认接线正确完成后，打开交流电源，将信号源及测试架的切换开关都处于按上状态，这时将测试架上取出的霍尔电压信号输入到信号源，经内部处理转换成磁场强度有表头显示。

9. 调节 I_S 调节电位器让 I_S 表头显示为 1.00mA，然后调节 I_M，是磁场强度显示为 10mT，记下励磁电流值的大小。

10. 按下信号源及测试架上的切换开关，测量并记录该磁场强度下对应的磁阻电压。这时的 I_S 表头显示应为 1.00mA。

11. 将信号源及测试架上的切换开关弹起，再调节 I_M 调节电位器，使磁场强度显示为 20mT，记下该磁场强度及对应的励磁电流值。测量并记录该磁场强度下对应的磁阻电压。

12. 参考表 2.7-1 所列的磁场强度，重复以上 10～11 步骤。

13. 根据表 2.7-1 数据，在 $B<0.06$T 时对 $\Delta R/R(0)$作曲线拟合，求出 R 与 B 的关系。

14. 根据表 2.7-1 数据，在 $B>0.12$ 时，对 $\Delta R/R(0)$作曲线拟合，求出 R 与 B 的关系。

15. 调节 I_M 电流，使电磁铁产生一个未知的磁场强度。测量磁阻传感器的磁阻电压，根据求得的 $\Delta R/R(0)$与 B 的关系曲线，求得磁场强度。

16. 用仪器所配的毫特计测量该磁场强度，将测得的磁场强度作为准确值与磁阻传感器测得的磁场强度值相比较，估算测量误差。

五、实验数据表格

表 2.7-1　　电流 $I_s=1\text{mA}$

电磁铁	InSb	$B\sim\Delta R/R(0)$对应关系		
I_M/mA	U_R/mV	B/mT	R/Ω	$\Delta R/R(0)$

1. 令 $\Delta R/R(0)=kB^n$，则 $\ln(\Delta R/R(0))=n\ln B+\ln k$

对表 2.7-1 数据在 $B<0.06\text{T}$ 时对 $\Delta R/R(0)$作曲线拟合。

$$\Delta R/R(0)=14.5B^2$$

由上面拟合可知在 $B<0.06\text{T}$ 时磁阻变化率 $\Delta R/R(0)$与磁感应强度 B 成二次函数关系；

2. 对表 2.7-1 数据在 $B>0.12\text{T}$ 时对 $\Delta R/R(0)$作曲线拟合。

六、思考题

1. 磁阻效应是怎样产生的？磁阻效应和霍尔效应有何内部联系？
2. 实验室为何要保持霍尔工作电流和流过磁阻元件的电流不变？
3. 不同的磁场强度时，磁阻传感器的电阻值与磁感应强度有何关系？
4. 磁阻传感器的电阻值与磁场的极性和方向有何关系？

实验 8　非线性电路混沌实验

非线性动力学以及与此相关的分岔混沌现象的研究是近二十多年来科学界研究的热门课题，从研究此学科的大量论文的发表可见一斑。混沌现象涉及物理学、数学、生物学、电子学、计算机科学和经济学等多领域，应用极为广泛。

一、实验目的

1. 用示波器观测 LC 振荡器产生的波形及经 RC 移相后的波形。
2. 用双踪示波器观测上述两个波形组成的相图(李萨如图)。
3. 改变 RC 移相器中可调电阻 R 的值，观察相图周期变化。记录倍周期分岔、阵发混沌、三倍周期、吸引子(周期混沌)和双吸引子(周期混沌)相图。
4. 测量由 TL072 双运放构成的有源非线性负阻“元件”的伏安特性，结合非线性电路的动力学方程，解释混沌产生的原因。

二、实验仪器

本实验使用 DH6501 非线性电路实验仪，如图 2.8-1 所示。

三、实验原理

1. 非线性电路与非线性动力学

实验电路如图 2.8-2 所示，图 2.8-2 中 R_2 是一个有源非线性负阻器件；电感器 L_1 与电容器 C_1 组成一个损耗可以忽略的谐振回路；可变电阻 R_1 与电容器 C_2 相联将振荡器产生的正弦信号移相输出。图 2.8-3 所示的是该电阻的伏安特性曲线，可以看出加在此非线性元件

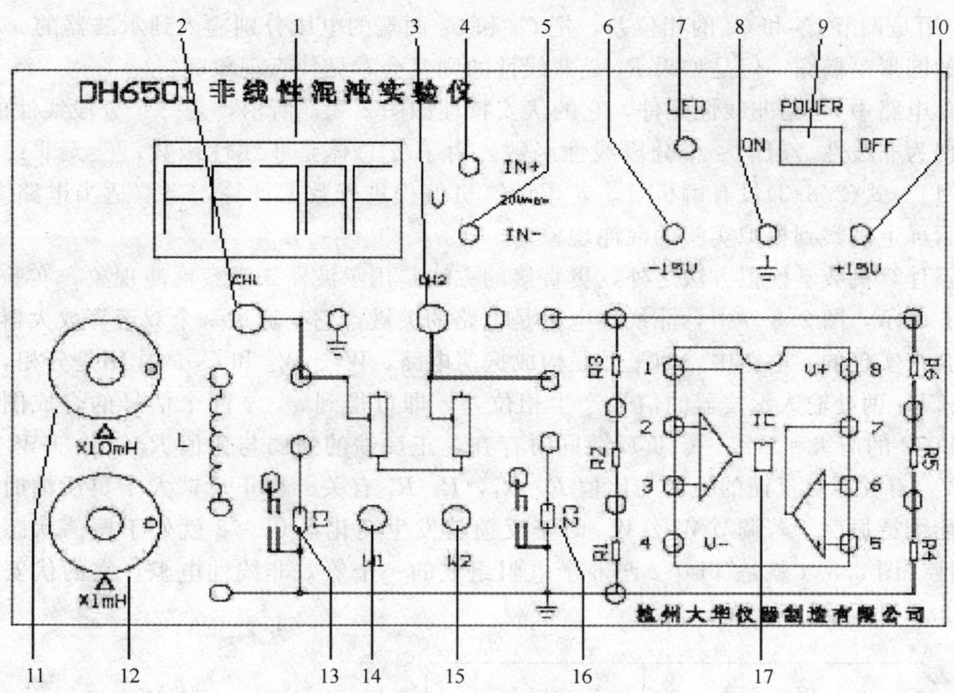

图 2.8-1 DH6501 非线性电路实验仪

1—20V 数字电压表 2—示波器 CH1 通道输入 3—示波器 CH2 通道输入 4—20V 数字电压正向输入端 5—20V 数字电压反向输入端 6—－15V 电源输出 7—电源指示灯 8—±15V 电源地 9—电源开关 10—＋15V 电压输出 11—电感“×10mH”挡波段开关 12—电感“×1mH”挡波段开关 13—*LC* 振荡电容 14—移相可调电阻 W_1 15—移相可调电阻 W_2 16—*RC* 移相电容 17—双运算放大器 TL072

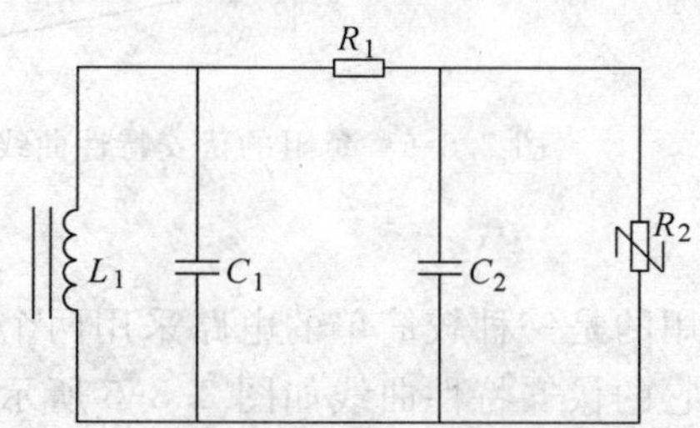

图 2.8-2 非线性电路图

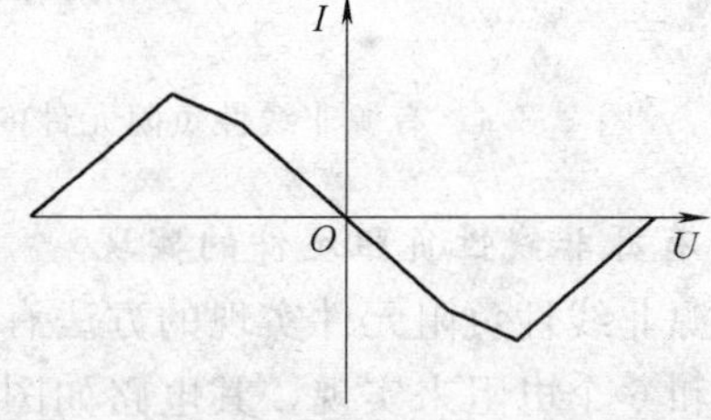

图 2.8-3 非线性电路的伏安特性曲线

上电压与通过它的电流极性是相反的。由于加在此元件上的电压增加时，通过它的电流却减小，因而将此元件称为非线性负阻元件。

图 2.8-1 所示电路的非线性动力学方程为

$$C_2\frac{\mathrm{d}U_{C2}}{\mathrm{d}t}=G(U_{C1}-U_{C2})-gU_{C2} \tag{2.8-1}$$

$$C_1\frac{\mathrm{d}U_{C1}}{\mathrm{d}t}=G(U_{C2}-U_{C1})+i_L \tag{2.8-2}$$

$$L\frac{\mathrm{d}i_L}{\mathrm{d}t}=-U_{C1} \tag{2.8-3}$$

式中，U_{C1}、U_{C2} 是 C_1、C_2 上的电压；i_L 是电感 L_1 上的电流；$G=1/R_1$ 电导；g 为 U 的函数。如果 R_2 是线性的，则 g 为常数，电路就是一般的振荡电路，得到的解是正弦函数，电

阻 R_1 作用是调节 C_1 和 C_2 的相位差，把 C_1 和 C_2 两端的电压分别输入到示波器的 x，y 轴，则显示的图形是椭圆。但是如果 R_2 是非线性的则又会看见什么现象呢？

实际电路中 R_2 是非线性元件，它的伏安特性如图 2.8-5 所示，是一个分段线性的电阻，整体呈现为非线性。gU_{C2}一个分段线性函数。由于 g 总体是非线性函数，三元非线性方程式(2.8-1)～式(2.8-3)没有解析解。若用计算机编程进行数据计算，当取适当电路参数时，可在显示屏上观察到模拟实验的混沌现象。

除了计算机数学模拟方法之外，更直接的方法是用示波器来观察混沌现象，实验电路如图 2.8-6 所示，图 2.8-6 中，非线性电阻是电路的关键，它是通过一个双运算放大器和 6 个电阻组合来实现的。电路中，LC_1 并联构成振荡电路，W_1、W_2 和 C_2 的作用是分相，使 CH_1 和 CH_2 两处输入示波器的信号产生相位差，即可得到 x，y 两个信号的合成图形，双运放 TL072 的前级和后级正、负反馈同时存在，正反馈的强弱与比值 $R_3/(W_1+W_2)$、$R_4/(W_1+W_2)$有关，负反馈的强弱与比值 R_2/R_1，R_5/R_4 有关。当正反馈大于负反馈时，振荡电路才能维持振荡。若调节 W_1、W_2 时正反馈就发生变化，TL072 就处于振荡状态而表现出非线性。图 2.8-4 就是 TL072 与 6 个电阻组成的一个等效非线性电阻，它的伏安特性大致如图 2.8-5 所示。

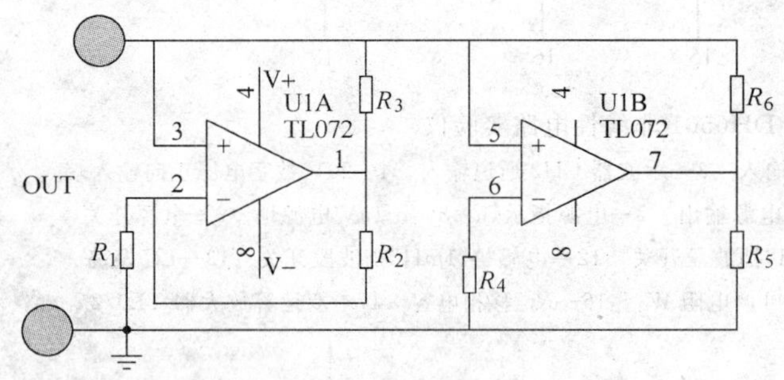

图 2.8-4　有源非线性负阻元件的电路图

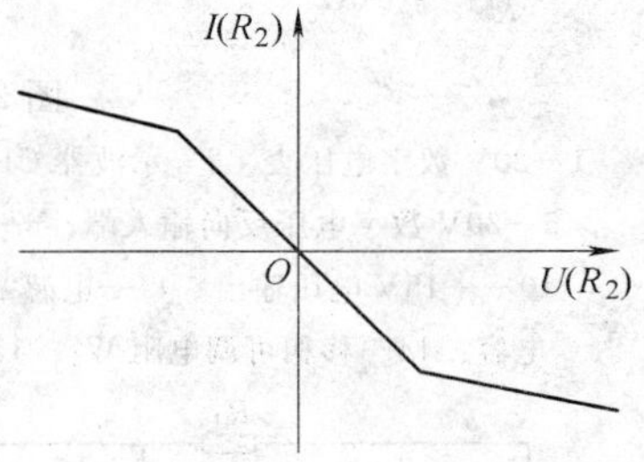

图 2.8-5　负阻的伏安特性曲线

2. 有源非线性负阻元件的实现

有源非线性负阻元件实现的方法有多种，这里使用的是一种较简单的电路采用两个运算放大器和 6 个电阻来实现，其电路如图 2.8-4 所示，它的伏安特性曲线如图 2.8-5 所示，实验所要研究的是该非线性元件对整个电路的影响，而非线性负阻元件的作用是使振动周期产生分岔和混沌等一系列非线性现象。

实际非线性混沌实验电路如图 2.8-6 所示。

3. 实验现象的观察

把图 2.8-5 中所示的 CH_1 和 CH_2 接入示波器，将示波器调至 CH_1—CH_2 波形合成挡，调节可变电阻器的阻值，就可以从示波器上观察到一系列现象。仪器刚打开时，电路中有一个短暂的稳态响应现象。这个稳态响应被称作系统的吸引子(attractor)，这意味着系统的响应部分虽然初始条件各异，但仍会变化到一个稳态。在本实验中对于初始电路中的微小正负扰动，各对应于一个正负的稳态。当电导继续平滑增大时，到达某一值时，我们发现响应部分的电压和电流开始周期性地回到同一个值，产生了振荡。这时，我们观察到了一个单周期吸引子(penod-one attractor)。它的频率决定于电感与非线性电阻组成的回路的特性。

再增加电导(这里的电导值为 $1/(W_1+W_2)$)时，就会观察到一系列非线性的现象，先是

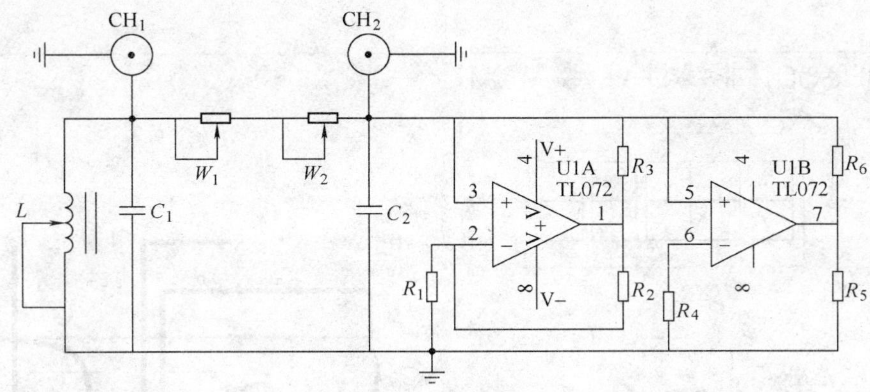

图 2.8-6　非线性混沌实验电路图

电路中产生了一个不连续的变化：电流与电压的振荡周期变成了原来的 2 倍，也称分岔(bifurcation)。继续增加电导，我们还会发现 2 周期倍增到 4 周期，4 周期倍增到 8 周期。如果精度足够，当我们连续地、越来越小地调节时就会发现一系列永无止境的周期倍增，最终在有限的范围内会成为无穷周期的循环，从而显示出混沌吸引(chaotic attractor)的性质。

需要注意的是，对应于前面所述的不同的初始稳态，调节电导会导致两个不同的但却是确定的混沌吸引子，这两个混沌吸引子是关于零电位对称的。

实验中，我们很容易地观察到 2 周期和 4 周期现象。再有一点变化，就会导致一个单漩涡状的混沌吸引子，较明显的是 3 周期窗口。观察到这些窗口表明了我们得到的是混沌的解，而不是噪声。在调节的最后，我们看到吸引子突然充满了原本两个混沌吸引子所占据的空间，形成了双漩涡混沌吸引子(double scroll chaotic attractor)。由于示波器上的每一点对应着电路中的每一个状态，出现双混沌吸引子就意味着电路在这个状态时，相当每一点对应着电路中的每一个状态，出现双混沌吸引子就意味着电路在这个状态时，相当于电路处于最初的那个响应状态，最终会到达哪一个状态完全取决于初始条件。

在实验中，尤其需要注意的是，由于示波器的扫描频率选择不符合的原因，可能无法观察到正确的现象。这样，就需仔细分析，可以通过使用示波器的不同的扫描频率挡来观察现象，以期得到最佳的扫描图像。

四、实验步骤

1. 混沌现象的观察

(1) 按照电路原理图 2.8-6 进行接线，注意运算放大器的电源极性不要接反，接好的线路图如图 2.8-7 所示。

(2)用同轴电缆将 Q_9 插座 CH_1 连接双踪示波器 CH_1 道(即 X 轴输入)；Q_9 插座 CH_2 连接双踪示波器 CH_2 通道(即 Y 轴输入)；可以交换 X、Y 输入，使显示的图形相差 90°。

a) 调节示波器相应的旋钮使其在 Y-X 状态工作，即 CH_2 输入的大小反映在示波器的水平方向；CH_1 输入的大小反映在示波器的垂直方向。

b) CH_2 输入和 CH_1 输入可放在 DC 态或 AC 态，并适当调节输入增益 V/DIV 波段开关，使示波器显示大小适度、稳定的图像。

(3) 检查接线无误后即可电开电源开关，电源指示灯点亮，此时电压表不需要接入电路。

(4) 非线性电路混沌的现象观测：

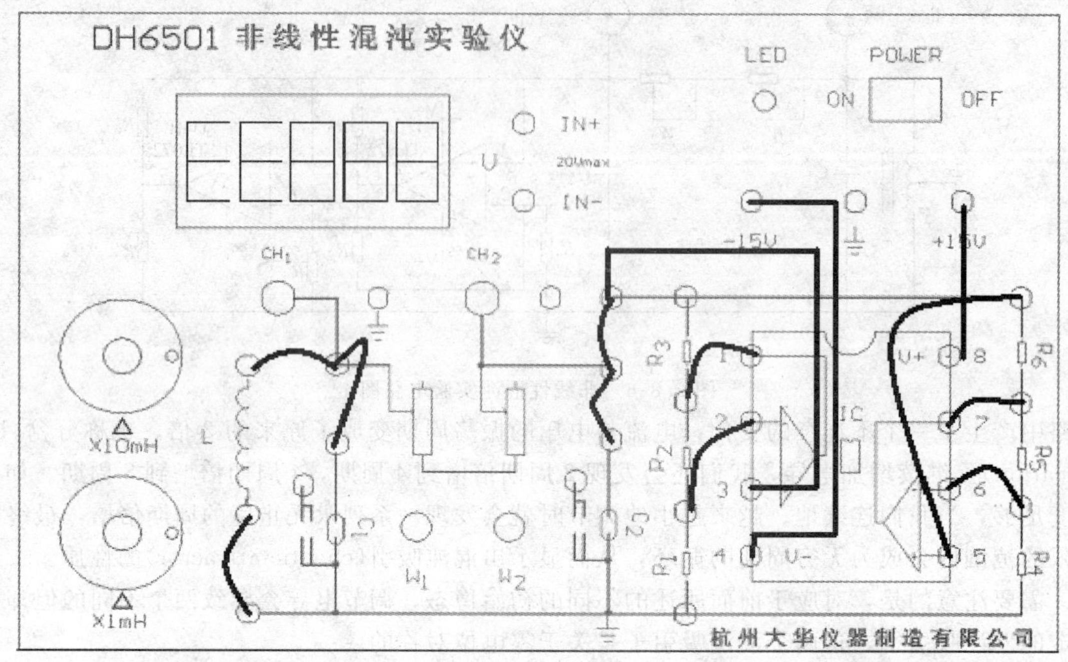

图 2.8-7 实验电路连接图

a) 首先先把电感值调到 20mH 或 21mH。

b) 右旋细调电位器 W_2 到底，左旋或右旋 W_1 粗调多圈电位器，使示波器出现一个圆圈，略斜向的椭圆，如图 2.8-8a 所示；

c) 左旋多圈细调电位器 W_2 少许，示波器会出现 2 倍周期分岔，如图 2.8-8b 所示；

d) 再左旋多圈细调电位器 W_2 少许，示波器会出现 3 倍周期分岔，如图 2.8-8c 所示；

e) 再左旋多圈细调电位器 W_2 少许，示波器会出现 4 倍周期分岔，如图 2.8-8d 所示；

f) 再左旋多圈细调电位器 W_2 少许，示波器会出现双吸引子（混沌）现象，如图 2.8-8e 所示。

g) 观测的同时可以调节示波器相应的旋钮，来观测不同状态下，Y 轴输入或 X 轴输入的相位、幅度和跳变情况。

h) 电感的选择对实验现象的影响很大，只有选择合适的电感和电容才可能观测到最好的效果。同学们有兴趣的话可以改变电感和电容的值来观测不同情况下的现象，并分析产生此现象的原因，并从理论的角度去认识和理解非线性电路的混沌现象。

2. 有源非线性电阻伏安特性的测量

(1) 测量原理如图 2.8-9 所示，具体按照图 2.8-10 进行接线，其中电流表用一般的 4 位半数字万用表，电阻箱可以选用大华公司的 ZX21a 或 ZX21b，注意数字电流表的正极接电压表的正极。

(2) 检查接线无误后即可开启电源。

(3) 将电阻箱电阻由 99999.9Ω 起由大到小调节，记录电阻箱的电阻，数字电压表以及电流表上的对应读数填入表 2.8-1 中。由电压、电流关系在坐标轴上描点作出有源非线性电

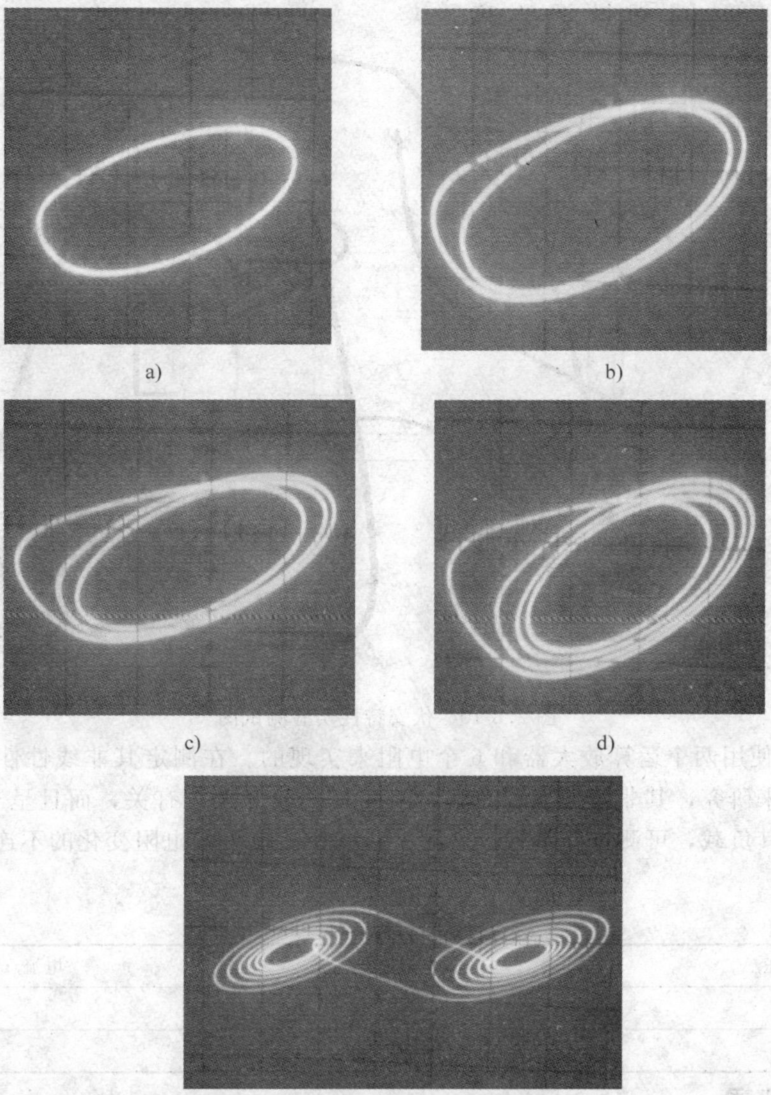

a)　　b)

c)　　d)

e)

图 2.8-8　非线性混沌现象

a) 1 倍周期分岔　b) 2 倍周期分岔　c) 3 倍周期分岔

d) 4 倍周期分岔　e) 双吸引子(混沌)现象

路的非线性负阻特性曲线(即 I-V 曲线，通过曲线拟合作出分段曲线)。从实验数据可以看出测量的电流和电压的极性始终是相反的，变化是非线性的，验证了非线性负阻特性。实验过程中，可能会出现电压电流曲线在二、四象限，这属于正常现象，由于元件的差异，非线性负阻特性曲线可能不一样，请同学们认真分析这种现象。

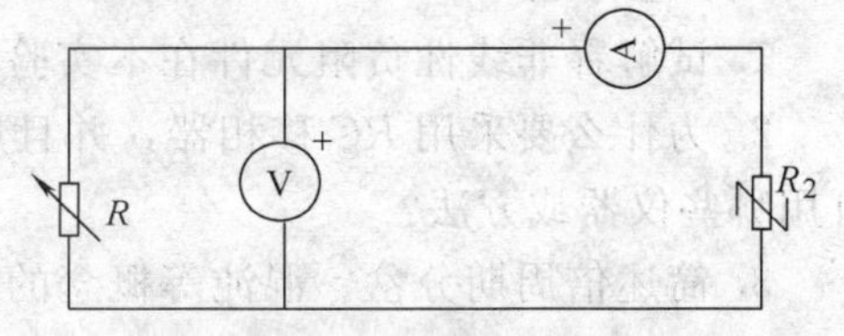

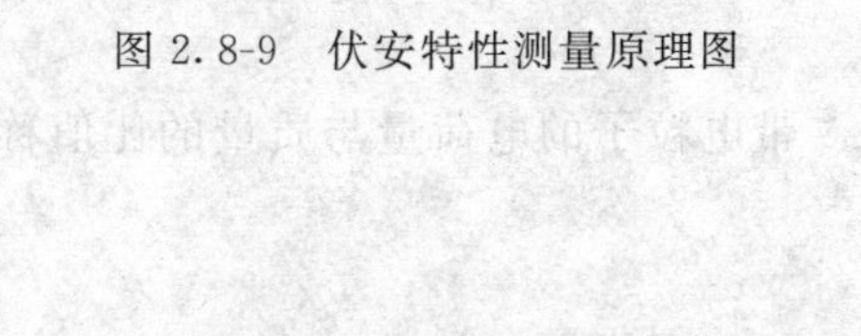

R 为可调电阻箱；V 为电压表；A 为电流表；R_2 为非线性负阻

图 2.8-9　伏安特性测量原理图

此有源非线性电阻，使用的是 Kennedy 于

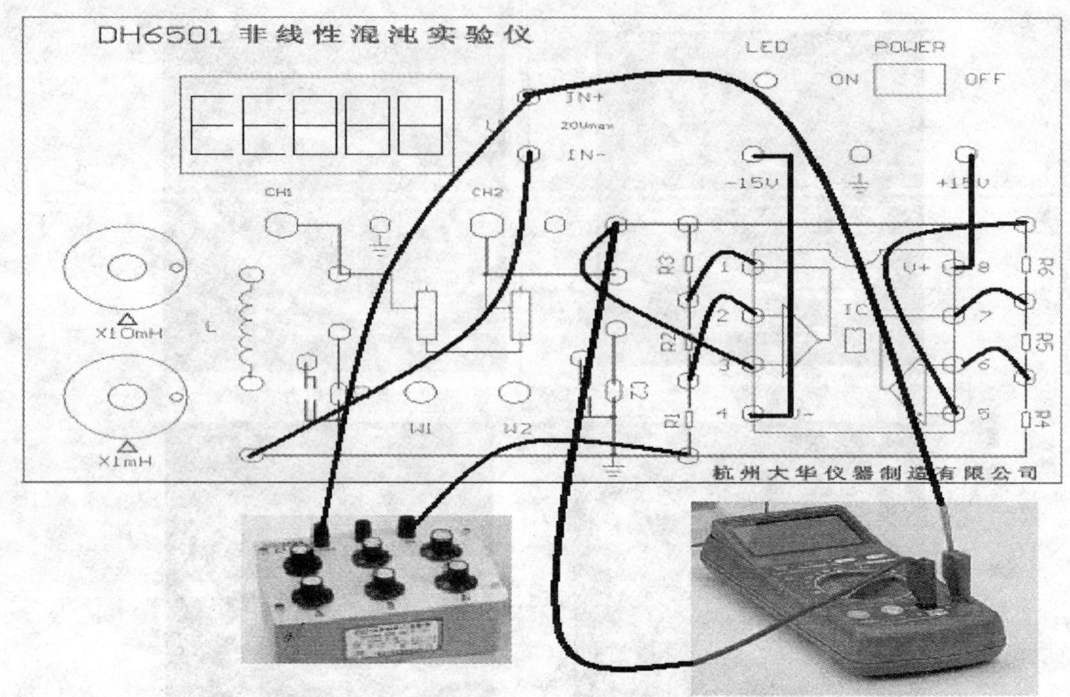

图 2.8-10　伏安特性实验测试图

1993 年提出的使用两个运算放大器和 6 个电阻来实现的。在测定其非线性性时，可将其作为一个黑匣子来研究，其非线性表现在其内阻和其负载的大小有关，而且呈非线性。因此，通过电阻箱作其负载，可测定其特性，方便实验操作。电阻箱电阻变化的不连续，对实验曲线影响甚小。

表　2.8-1

电压/V	电阻/Ω	电流/mA

五、注意事项

1. 双运算放大器的正负极不能接反，地线与电源接地点必须接触良好。

2. 关掉电源以后，才能拆实验板上的接线。

3. 使用前仪器先预热 10～15min。

六、思考题

1. 试解释非线性负阻元件在本实验中的作用是什么?

2. 为什么要采用 *RC* 移相器，并且用相图来观测 2 周期分岔等现象? 如果不用移相器，可用哪些仪器或方法?

3. 简述倍周期分岔、混沌等概念的物理含义。

实验 9　磁聚焦法测定电子荷质比

带电粒子的电荷量与质量的比值称为荷质比，是带电微观粒子的基本参量之一，它是由汤姆逊(J. J. Thomson)于 1897 年测得的，以后在 1911 年密立根用油滴法测得了电子的电荷量。这样由电子的荷质比而推算出了电子的质量。这两项杰出的成就，不仅证实了电子的客观存在，而且进一步说明了原子是具有内在结构的。因此，电子荷质比的测定在近代物理学的发展中具有重大的意义。测定荷质比的方法很多，汤姆逊所用的是磁偏转法，本实验采用纵向磁聚焦法测定电子荷质比。

一、实验目的

1. 了解电子在电场和磁场中的运动规律，掌握电聚焦和磁聚焦的原理和实验方法。

2. 学会用磁聚焦法测量电子的荷质比。

二、实验原理

1. 电聚焦原理

在示波管工作时，为使显示在屏幕上的亮点细小、清晰、明亮，需要对由阴极发射的电子束流进行聚焦加速，电子束的聚焦原理如图 2.9-1 所示。

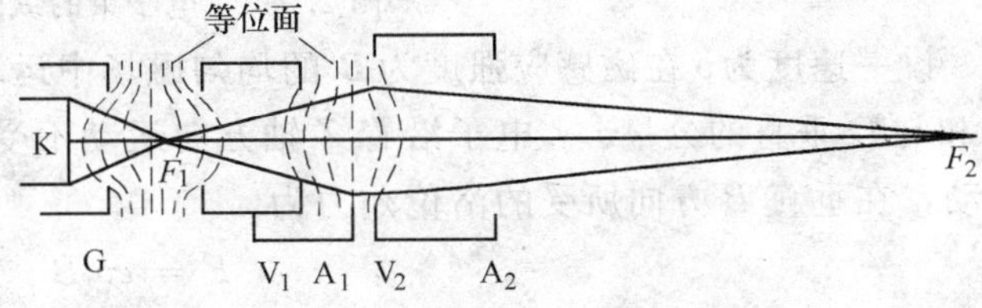

图 2.9-1 示波器的电子透镜聚焦

阴极 K 是一个表面涂有氧化物的金属圆筒，经灯丝加热后温度升高发射电子，栅极 G 为顶端开有小孔的圆筒，套于阴极之外，其电势比阴极低，栅极与阴极间的电场对阴极发射出来的电子起减速作用，只有初速度较大的电子可以穿过栅极小孔，当改变栅极电位时可控制穿越的电子数量，所以叫做控制栅极。电极 A_1，A_2 是由两个同轴的金属圆筒组成，分别称为第一阳极和第二阳极，相对于阴极为正电位，并且 A_2 的电位远高于 A_1。电子穿过栅极后，栅极与第一阳极之间产生的空间电场像一个聚光镜，使电子会聚在栅极前方的 F_1 点(实际上是一个小的圆截面)，然后又以发散的趋势进入 A_1，A_2 的加速电场空间。由于电场是对称的，取图 2.9-1 中 A_1，A_2 间的上面部分来讨论电子的受力情况，如图 2.9-2 所示。

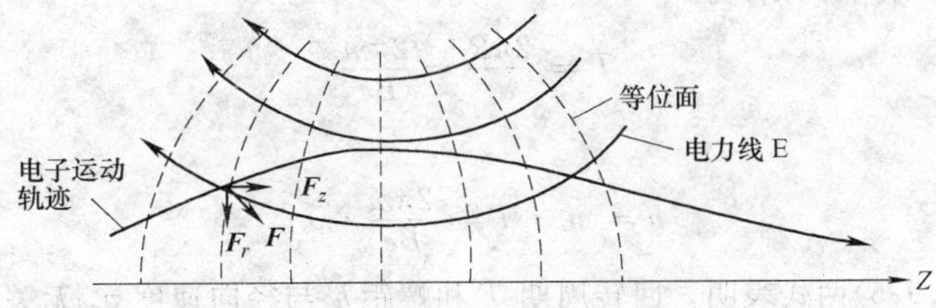

图 2.9-2 加速电场中电子的运动轨迹

电子在该区域中受电场力 $\boldsymbol{F}$ 与电场强度 $\boldsymbol{E}$ 方向相反且与电场线相切，$\boldsymbol{F}$ 可分解为轴向力 $\boldsymbol{F}_z$ 和径向力 $\boldsymbol{F}_r$。$\boldsymbol{F}_z$ 在整个电子透镜范围内，使电子沿 Z 轴正向运动加速。$\boldsymbol{F}_r$ 在电子透镜的前半部分作用后使电子运动轨迹向 Z 轴弯曲，使电子会聚；在后半部分作用是离开 Z 轴发散，但因为 $\boldsymbol{F}_z$ 的加速作用，电子运动在前半段的时间比后半段要长，因此径向力 $\boldsymbol{F}_r$ 的作用总效果使电子的运动轨迹向 Z 轴弯曲，电子透镜对电子束起会聚作用。电子束通过电子透镜能否会聚在荧光屏上，与第一阳极上电压 V_1 和第二阳极上电压 V_2 的单值大小无关，取决于他们之间的比值。改变 A_1，A_2 间的电位差相当于改变电子透镜的焦距，当调整 A_1，

A_2 上电压为适当值时，电子束正好会聚在荧光屏上，可实现电子束的聚焦。

2. 电子束的纵向磁聚焦原理

纵向磁场是指与示波管轴线平行的磁场，如将示波管置入一通电的长直螺线管中，可以认为示波管近似处于均匀磁场中，如图 2.9-3a 所示。

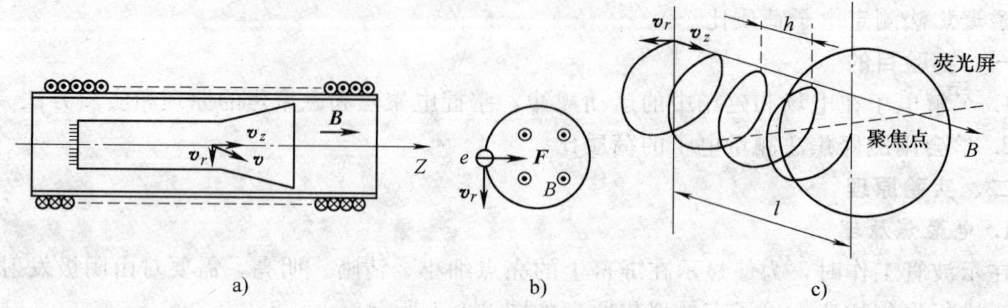

图 2.9-3　电子束的纵向聚焦

设一速度为$\boldsymbol{v}$在磁感应强度为 $\boldsymbol{B}$ 的均匀磁场中运动的电子，将$\boldsymbol{v}$分解为与 B 平行的分量 $\boldsymbol{v}_z$ 和与 B 垂直的分量$\boldsymbol{v}_r$。电子沿着 Z 轴方向运动不受力，故$\boldsymbol{v}_z$ 保持不变，沿着 Z 轴作匀速运动，在垂直 B 方向所受的洛伦兹力为

$$F = ev_rB \tag{2.9-1}$$

由于 $\boldsymbol{F}$ 的方向与$\boldsymbol{v}_r$ 垂直，故洛伦兹力只改变电子的运动方向，不改变电子的速度大小。结果使电子在垂直于 $\boldsymbol{B}$ 的平面内以半径为 R 的圆作匀速圆周运动，合成的轨迹是螺旋线，如图 2.9-3b、c 所示。螺线的回转半径根据牛顿第二定律得

$$F = ev_rB = \frac{mv_r^2}{R} \tag{2.9-2}$$

式中，m 为电子质量；R 为电子作圆周运动时的轨迹半径，有

$$R = \frac{mv_r}{eB} \tag{2.9-3}$$

电子旋转一周所需时间(周期)为

$$T = \frac{2\pi R}{v_r} = \frac{2\pi m}{Be} \tag{2.9-4}$$

而螺线的螺距为

$$h = v_z \cdot T = \frac{2\pi m}{Be} \cdot v_z \tag{2.9-5}$$

式(2.9-4)、式(2.9-5)两式表明，回转周期 T 和螺距 h 与径向速度 v_r 无关，对于示波管中从同一点出发的电子，虽然 v_r 各不相同(因而回转半径 R 不相同)，但是绕不同 R 一周所用的时间是相同的，只要它们的 v_z 相同，经过一个螺距 h 后又会会聚于一点。这样就实现了电子束的磁聚焦。

3. 电子荷质比的测定

由式(2.9-5)可导出

$$\frac{e}{m} = 2\pi \frac{v_z}{hB} \tag{2.9-6}$$

由式(2.9-6)可知，要测定 e/m，需要确定纵向速度 v_z、螺距 h 和磁感应强度 B。在电

子束实验仪中示波管处在通电长直螺线管的轴线中间一均匀分布的磁场中，B 可通过测量励磁电流后计算得出。对有限长螺线管的 B 值为

$$B = 4\pi \times 10^{-7} n_0 I \frac{L}{\sqrt{L^2 + D^2}} \tag{2.9-7}$$

式中，D 为螺线管直径；L 为螺线管长度；n_0 为螺线管单位长度的匝数；I 为流过螺线管的直流电流。

纵向速度 v_z，可由加速电压 V_2 确定。由能量关系可知

$$\frac{1}{2}mv_z^2 = eV_2$$

得

$$v_z = \sqrt{\frac{2eV_2}{m}} \tag{2.9-8}$$

由图 2.9-3 可知，如果要求电子束恰好在屏上聚焦，获得速度 v_z 后到荧光屏的距离必须等于螺距 h 或者是 h 的整数倍。可知，如果 V_2 确定(即 v_z 不变)螺距 h 将取决于磁感应强度 B 的大小。当改变励磁电流 I 时将会出现一次、二次、三次聚焦。而电子在离开第二阳极时则可认为 v_z 已确定，因此，根据示波管第二阳极到荧光屏的距离 d 及聚焦情况就可以确定 h 的大小。

将式(2.9-8)代入式(2.9-6)得

$$h = \frac{2\pi m}{eB}\sqrt{\frac{2eV_2}{m}}$$

有

$$\frac{e}{m} = 8\pi^2 \frac{V_2}{h^2 B^2}$$

将式(2.9-7)代入得

$$\frac{e}{m} = \frac{V_2}{2h^2 n_0^2 I^2}\left(\frac{L^2 + D^2}{L^2}\right) \times 10^{14} \quad (\text{C/kg}) \tag{2.9-9}$$

三、实验仪器

THEB—1 电子束实验仪一套、300mm 游标卡尺、米尺、数字电压表(万用表)1 台。

四、实验步骤

1. 聚焦特性的测定

(1) 将实验仪面板“电聚焦/磁聚焦”选择开关置于“电聚焦”。

(2) 将电极开关中“A_1”置向上，其余均向下状态。

(3) 把励磁电流调节到零。调整螺线管方向，使其与地磁场平行。

(4) 调节第二阳极电压为某一数值(仪器数显表指示)值，适当调节辉度旋钮，使示波管出现光斑，调节聚焦电压旋钮，使光点出现最佳聚焦状态，用数字万用表的直流电压挡测量 A_1 和地之间的电压，记下 V_{A1} 和 V_{A2} 的值。

(5) 从小到大调节第二阳极 A_2 的电压，重复步骤(4)，至少测 3 组数据，作出示波管聚焦特性曲线。

2. 聚焦现象的观察

(1) 将实验仪面板“电聚焦/磁聚焦”选择开关置于“磁聚焦”。

(2) 将电板上的所有(8 个)开关均置于向下，连接成等电位。

(3) 调节第二阳极 A_2 的电压为 800V，适当调节辉度旋钮，可在荧光屏上观察到矩形光

斑。

(4) 缓缓调节“磁聚焦”旋钮，增加励磁电流，可以观察到电子束在纵向磁场的作用下旋转式聚焦的现象。

3. 电子荷质比的测定

(1) 在观察磁聚焦的工作状态下，调节“磁聚焦”旋钮，增加励磁电流，可以观察到矩形光斑，边旋转、边聚焦的现象。分别记录第一次聚焦、第二次聚焦、第三次聚焦时的励磁电流值 I_1、I_2、I_3，然后改变励磁电流的方向，记录反向聚焦时的各电流值。

(2) 改变第二阳极电压为 1000V，1200V，分别重复步骤(1)，将相关数据记录至表 2.9-1 中。

(3) 测量励磁线圈直径 D，长 L。计算螺线管单位长度匝数 n_0。测量示波管第二阳极电压到荧光屏距离 d，根据聚焦情况求出 h。

(4) 将实验数据代入式(2.9-9)，求出电子荷质比值。

(5) 将实验值与国际公认值 $e/m=1.75882\times10^{11}$C/kg 进行比较。

表 2.9-1

	$V_2=800$V			$V_2=1000$V			$V_2=1200$V		
	I_1	I_2	I_3	I_1	I_2	I_3	I_1	I_2	I_3
B 正向									
B 反向									
平均值									

五、注意事项

1. 示波管电路和励磁电路均存在高压，实验中应注意安全。

2. 不要将示波管的辉度开得很亮，以免灼伤荧光屏。

3. 在进行磁聚焦及荷质比测定时，应避免长时间施加励磁电流。

六、思考题

1. 请简要说明实现电聚焦与磁聚焦的原理，两种方法在聚焦过程中光点的收敛情况是否相同?

2. 在磁聚焦实验中，电子束从一次聚焦到二次、三次聚焦，屏上光斑如何运动？改变励磁电流方向后是否相同？试解释之。

3. 根据实验，分析有哪些主要因素会产生误差，如何减小测量误差？

实验 10 迈克耳逊干涉仪的调整和使用

迈克耳逊干涉仪是美国物理学家迈克耳逊根据光的干涉原理发明的，它是用分振幅法产生的双光束来实现光的干涉。用它测量长度及长度的微小变化有极高的精确度。著名的迈克耳逊-莫雷实验就是利用这种干涉仪企图测量地球相对“以太”的运动速度，实验结果证明了绝对参照系不存在，从而为狭义相对论提供了有力的实验证明。

迈克耳逊干涉仪是近代物理学中有重要影响的光学仪器，以它为基础发展了许多专用干涉仪器，如泰曼干涉仪、傅里叶干涉分光计、法布里-珀罗干涉仪等。该实验包含极为丰富的物理学思想和实验技巧，由于实验现象与实验原理紧密相连，实验前应结合实验原理阅读光学中薄膜干涉的有关内容，了解各种干涉现象的理论和规律。

一、实验目的

1. 了解迈克耳逊干涉仪的结构原理，掌握调节和使用的方法。
2. 学会测定激光的波长和钠光双线的波长差。
3. 考察非定域干涉、等倾干涉、等厚干涉的形成条件。

二、实验仪器

迈克耳逊干涉仪，氦氖激光器，钠光灯，毛玻璃，扩束镜，会聚透镜等。

三、实验原理

1. 仪器结构

图 2.10-1 是干涉仪的光路图，图 2.10-2 是其结构图。从光源 S 发出的光束射到分光板 G_1 上，G_1 板的前后两个面严格平行，后表面镀有铝或银的半反射膜，光被半反射膜分为两支，图中用(1)表示反射的一支，用(2)表示透射的一支，因为 G_1 和平面镜 M_1 和 M_2 均成 45°角，所以两束光分别近于垂直入射 M_1、M_2。两束光经反射后在 E 处相遇，形成干涉条纹。G_2 为一补偿板，其材料和厚度与 G_1 相同，它的作用是补偿光束(2)的光程，使光束(2)和光束(1)在玻璃中的光程相等。

反射镜 M_2 是固定的，M_1 可在精密导轨上前后移动以改变两束光之间的光程差。它的位置由仪器上的三个读数尺确定，主尺为毫米刻度尺，装在导轨的侧面，由拖板上的标志线给出毫米以上的读数，毫米以下的读数由两套螺旋测微器装置给出，第一套是直接固定在丝杠上的圆形刻度盘，圆周上有均匀的 100 条刻线，丝杠上的螺距是 1mm，所以从圆盘上可准确读到 0.01mm，这一读数可从读数窗看到。第 2 套螺旋测微装置是读数窗右侧的微动手

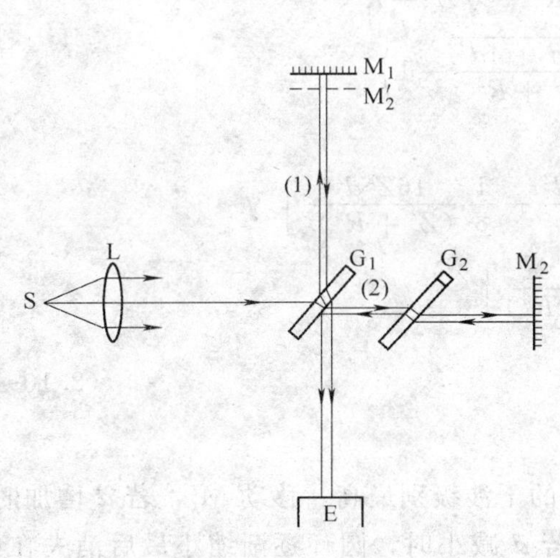

图 2.10-1　干涉仪光路

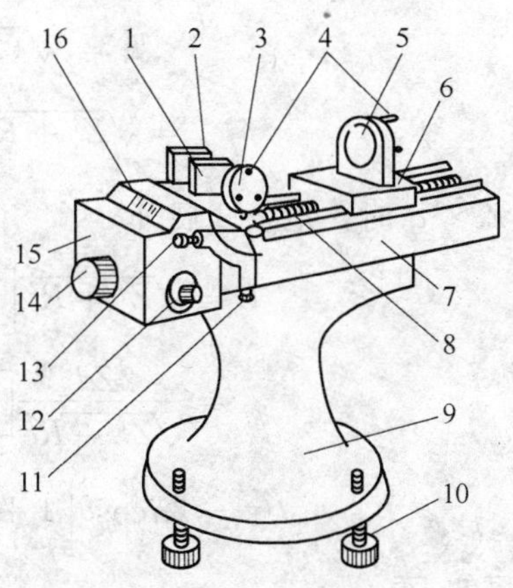

图 2.10-2　干涉仪结构

1—补偿镜 G_2　2—分光镜 G_1　3—固定反射镜 M_2　4—反射镜调节螺钉　5—移动反射镜 M_1　6—拖板　7—导轨　8—精密丝杆　9—底座　10—仪器水平调节螺钉　11—垂直拉簧螺钉　12—微调手轮　13—水平拉簧螺钉　14—粗调手轮　15—传动系统　16—读数窗口

轮，手轮上有百分度的圆刻度盘，微动手轮转一圈，丝杆移动 0.01mm。故微动手轮转一分格，则反射镜 M_1 移动 0.0001mm。可见干涉仪的整套测微装置可将反射镜 M_1 的位置读准到 10^{-4}mm，估读到 10^{-5}mm。

反射镜 M_1、M_2 的背面各有三个调节螺钉，用来调节反射镜面法线的方位。为便于更精密地调节固定镜 M_2，把 M_2 装在固定于仪器底座的悬臂杆上，杆端系有两个张紧的弹簧，弹簧松紧可用拉簧螺钉调节，从而达到极精细调节固定镜 M_2 的目的。

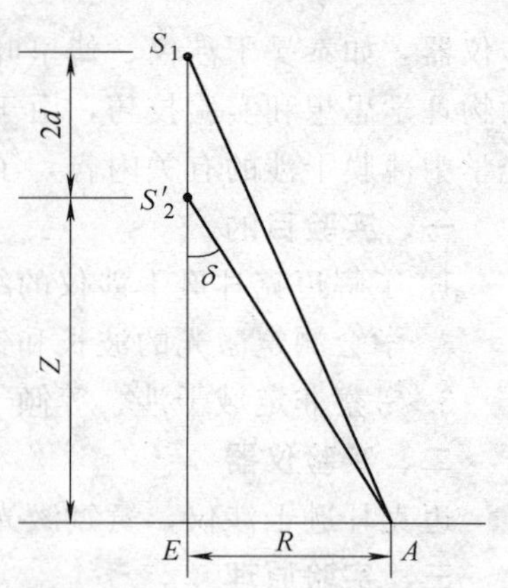

图 2.10-3　非定域干涉光路图

2. 干涉花纹的图像

迈克耳逊干涉仪所产生的两相干光束是从 M_1 和 M_2 反射而来的，因此可以先画出 M_2 被 G_1 反射所成的虚像 M_2'，研究干涉花样时，M_2' 和 M_2 完全等效，见图 2.10-1。

(1) 点光源产生的非定域干涉花样

用凸透镜会聚后的激光束，是一个线度小，强度很强的点光源。点光源经平面镜 M_1、M_2' 反射后，相当于两个虚光源 S_1、S_2' 发出的相干光束，见图 2.10-3。S_1 和 S_2' 的距离为 M_1 和 M_2' 距离 d 的 2 倍。虚光源 S_1、S_2' 发出的球面波在它们相遇的空间处处相干，因此是非定域的干涉花样。用平面的屏观察干涉花样时，不同的地点可以观察到圆、椭圆、双曲线、直线状的条纹。在迈克耳逊干涉仪的实际情况下，放置屏的空间是有限制的，只有圆和椭圆容易出现。通常，把屏放在垂直与 S_1、S_2' 的连线上，对应的干涉花样是一组同心圆，圆心在 S_1、S_2' 延长线和屏的交点 E。

由 S_1、S_2' 到屏上任一点 A 两光线的光程差 L 为

$$
\begin{aligned}
L &= \sqrt{(Z+2d)^2+R^2}-\sqrt{Z^2+R^2} \\
&= \sqrt{Z^2+R^2}\left(\sqrt{1+\frac{4Zd+4d^2}{Z^2+R^2}}-1\right)
\end{aligned}
$$

当 $Z \gg d$ 时，把上式展开

$$
\begin{aligned}
L &= \sqrt{Z^2+R^2}\left[\frac{1}{2}\frac{4Zd+4d^2}{Z^2+R^2}-\frac{1}{8}\frac{16Z^2d^2}{(Z^2+R^2)^2}\right] \\
&= \frac{2Zd}{\sqrt{Z^2+R^2}}\left[1+\frac{dR^2}{Z(Z^2+R^2)}\right] \\
&= 2d\cos\delta\left[1+\frac{d}{Z}\sin^2\delta\right] \qquad (2.10\text{-}1)
\end{aligned}
$$

由上式可知：

1) $\delta=0$ 时的光程差最大，即圆心 E 点所对应的干涉级别最高。移动 M_1，若 d 增加时，可以看到圆环一个个自中心生出而后往外扩张；若 d 减小时，圆环逐渐缩小最后消失在中心处。每“生出”或“消失”的圆环数目为 N，则

$$
\Delta d = \frac{1}{2}\Delta L = \frac{1}{2}N\lambda \qquad (2.10\text{-}2)
$$

从仪器上读出 Δd 及数出相应的 N，即可测出光波的波长 λ。

2) d 增大时，光程差 L 每改变一个波长 λ 所需的 δ 改变量减小，即两亮环(或两暗环)之间的间隔变小，看上去条纹变细变密。反之，d 减小时，条纹变粗变疏。

(2) 等倾干涉的花样

此时 M_1、M_2' 相互平行，入射角为 δ 的光线经 M_1、M_2' 反射成为(1)、(2)两支，如图 2.10-4所示。(1)、(2)两光线的光程差 L 计算如下：

$$L = AC + CB - AD$$

$$= \frac{2d}{\cos\delta} - 2d\tan\delta \cdot \sin\delta$$

$$= 2d\left(\frac{1}{\cos\delta} - \frac{\sin^2\delta}{\cos\delta}\right) = 2d\cos\delta \qquad (2.10\text{-}3)$$

可见，在 d 一定时，光程差只决定于入射角(出射角)。若用透镜 L_1 把光束会聚，则出射角相同的的光线在透镜 L_1 焦平面上发生干涉。干涉花样是一个以透镜光轴为圆心的一组明暗相间的同心圆。和非定域干涉花样类似，等倾干涉的花样中，干涉级别以圆心为最高，当 d 增加时，圆环从中心“生出”，条纹变细变密；当 d 减小时，圆环缩回中心，条纹变粗变疏。

再考虑一下产生等倾干涉需要什么样的光源问题。从图 2.10-4 中可知，自光源发出的光应该能够从不同方向入射到 M_1、M_2'，这样才能在 L_1 焦平面上形成完整的干涉图样。例如在靠近 M_2' 处放置一点光源，在采用点光源的情况下，等倾干涉实际上就是非定域干涉中屏放到无穷远的特例，在式(2.10-1)中，$Z\rightarrow\infty$ 时转化为式(2.10-3)式。但是等倾干涉并非一定要用点光源，它完全可以用扩展光源。而且扩展光源发光面上的各发光点之间可以不相干，这一特点使得等倾干涉比较容易实现。

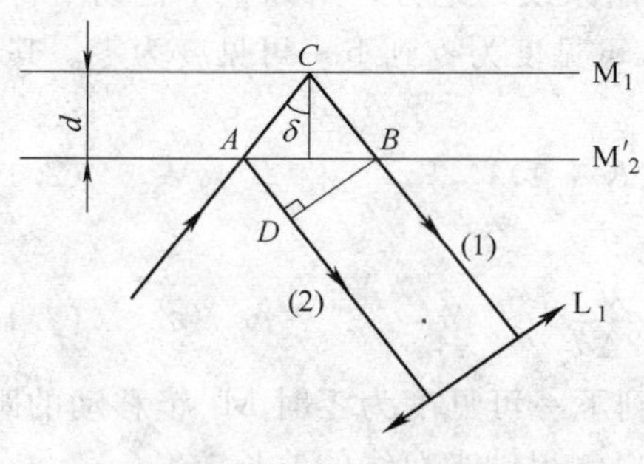

图 2.10-4 等倾干涉

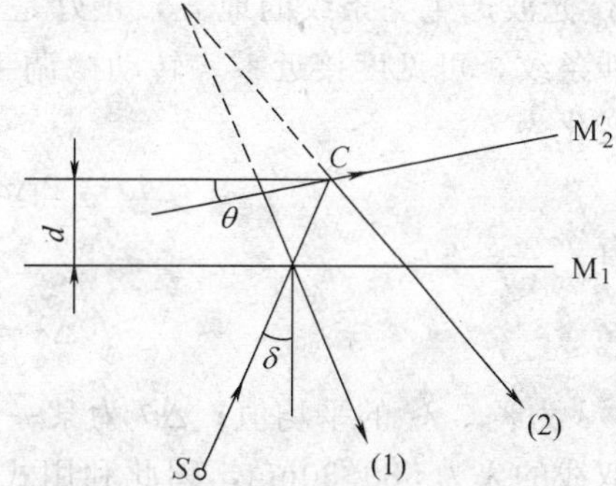

图 2.10-5 等厚干涉

(3) 等厚干涉花样

当 M_1、M_2' 有一很小的角度时，M_1、M_2' 之间形成楔形空气薄层，就会出现等厚干涉条纹。如图 2.10-5 所示，光源 S 发出的任一条光线，经 M_1、M_2' 反射后成为光线(1)和光线(2)两支，这两支光线在镜面附近相交，产生干涉。把眼睛聚焦在 M_2' 镜附近(也可用透镜)可以观察到干涉条纹。当夹角 θ 很小时，光线(1)和(2)的光程差仍然可以近似地用式(2.10-3)$L=2d\cos\delta$ 表示。其中 d 是 C 处的空气层厚度，δ 仍为入射角。在 M_1、M_2' 两镜相交处，$d=0$，光程差为零，应出现直线亮纹，称为中央条纹。如果入射角不大，则

$$L = 2d\cos\delta = 2d - d\delta^2 \qquad (2.10\text{-}4)$$

在中央条纹附近，干涉条纹是大体上平行于中央条纹的直线。随着视角 δ 的增大，花纹逐渐

发生弯曲，从式(2.10-4)可知，要保持同样的光程差 L，必须增大 d，即弯曲的方向是凸向中央花纹的。观察等厚干涉条纹时，光源应采用扩展光源，使得反射后能有各方向的光线，以便于观察到整个干涉图样。

(4) 非单色光产生的干涉图像

以上讨论的都是单色光(如 He-Ne 激光)的干涉情况，在此条件下，在相当大的范围内转动粗调手轮和微调手轮，均可看到清晰的同心圆干涉条纹，即可见度不发生变化。但是，对于含有一个波长以上的非单色光，例如钠光就有两个波长很接近的光所合成的。当用钠光面光源形成等倾干涉条纹时，如果不停地转动微调手轮，可以发现图像有时清晰、有时模糊，甚至完全看不到条纹。而当我们继续转动微调手轮时，条纹又会慢慢地清晰起来。也就是说，条纹的可见度在不断发生变化，有时为零，有时又有极大值，通常表示条纹明暗相间清晰程度的可见度定义为

$$r=\frac{I_{\max}-I_{\min}}{I_{\max}+I_{\min}} \tag{2.10-5}$$

当钠光通过迈克耳逊干涉仪，使反射光和透射光中波长为 λ_1 和 λ_2 光波的光程差各为 λ_1 和 λ_2 的不同整数倍，即

$$K_1\lambda_1=K_2\lambda_2$$

此时，λ_1 产生亮条纹的地方，也是 λ_2 产生亮条纹的位置，所以形成的条纹清晰，可见度接近 1。而当波长为 λ_1 的光程差为 λ_2 的半整数倍，即

$$K_1\lambda_1=\left(K_2+\frac{1}{2}\right)\lambda_2$$

此时 λ_1 光波产生亮条纹的地方，正好是 λ_2 光波产生暗条纹的地方，所以整个视场中将看不到干涉条纹，可见度接近零。转动微调手轮，从某一可见度为零到下一可见度为零。其光程差的变化为

$$\Delta L=2\Delta d=K\lambda_1=(K+1)\lambda_2 \tag{2.10-6}$$

所以有

$$\Delta\lambda=\lambda_1-\lambda_2\approx\frac{\lambda^2}{2\Delta d} \tag{2.10-7}$$

式中，λ 为 λ_1、λ_2 的平均值；Δd 为某一可见度为零到下一可见度为零时 M_1 镜移动的距离。钠光双线的 λ 为 589.30nm，因此利用式(2.10-7)可以测得钠光双线的波长差。

如果使用白炽灯光源，由于白光包含很多不同波长的光波，因此，在一般情况下看不到干涉条纹，只有在反射光和透射光的光程几乎相等的情况下，才能看到彩色的干涉条纹。

四、实验内容

1. 干涉仪的调整

(1) 水平调整：将水平仪置于干涉仪拖板上，调底脚螺钉使仪器达到水平。

(2) 近似等光程调整：调粗调手轮使两个反射镜 M_1、M_2 到分光镜 G_1 的距离大致相等。

(3) 读数系统的调整：因为转动微调手轮时粗调手轮随之转动，而转动粗调手轮时微调手轮不随之转动，因此为使读数指示正确需“调零”。调整方法是沿某一方向（如顺时针）转动微调整手轮，使之“0”刻线与准线对齐，然后沿同一方向转动粗调手轮，从读数窗内观察使某一1/100mm 刻线与其准线对齐。则此时从毫米刻度尺上读取 mm 数；从读数窗内读取 1/100mm 数；从微调手轮上读取 1/100mm 以下的数，这三者共同构成干涉仪的精确

读数。这里强调指出，在以后的测量中必须按上述方向转动，否则将引入不能允许的空程误差。如必须反转时，则必须按反方向重新"调零"。

(4) 光路的调整：用 He-Ne 激光器作光源，调节激光器的上下左右及光束方向，使光束方向与 M_2 镜面垂直，并使光点大致落在 G_1、M_1、M_2 镜的中心部位。

(5) M_1、M_2'平行的调整：调节 M_1、M_2 镜背面的三个螺钉，使反射后的光束准确地沿原路返回到激光器的出射窗。此时，M_1、M_2'已基本达到相互平行。

(6) 干涉条纹的调整：在激光器前放置一扩束镜，调节扩束镜的位置，使扩束后的光斑覆盖整个 G_1 镜面。若步骤 (5) 调得准确，则在 E 处的像屏上可观察到干涉条纹。(若无干涉条纹，则应微微调节 M_2 镜背面的螺钉，使出现干涉条纹。) 再调节水平拉簧螺钉和垂直拉簧螺钉，使干涉环的圆心落在视场中心。

2. 用非定域干涉测 He-Ne 激光的波长

按"调零"时的转动方向微调手轮，在观察屏上，干涉条纹的中心处会有条纹冒出（或缩进）。记录每冒出（或缩进）50 个时动镜的 M_1 位置 di，共测 500 条条纹。根据式（2.10-2）用逐差法处理数据，计算波长的平均值及其误差。

3. 用等倾干涉测量钠双线的波长差

(1) 等倾干涉的调整：在上一步基础上转动粗调手轮，使 M_1、M_2 与分光板 G_1 的距离大致相等，此时可在观察屏上看到粗而疏的干涉条纹。移去激光器和扩束镜，依次放置钠光灯、会聚透镜和毛玻璃，进行光路共轴调节（注意不能动干涉仪），使观察屏上亮度最大，移去观察屏，则可以直接在分光板 G_1 中看到干涉条纹。

(2) 定量测定：转动微调手轮，可以观察到干涉条纹可见度的变化情况：清晰→模糊→消失→模糊→清晰。对读数系统进行调整以后，记录干涉条纹从某一可见度为零到下一可见度零时动镜 M_1 对应的位置 d_1、d_2 则 $\Delta d = |d_1 - d_2|$。如此重复三次求得 Δd，即可算得钠双线的波长差 $\Delta\lambda$。

五、注意事项

1. 干涉仪属于精密仪器，调整前必须弄清步骤方法，且动作要轻缓。

2. 绝对不许用手碰触光学镜面，如有尘埃也不能用擦镜纸擦抹，要用吹气球或其他办法除去。

3. 切不可用眼睛直接看未经扩束的激光束。

六、思考题

1. 在非定域干涉中用扩束镜，而在等倾干涉中用会聚透镜和毛玻璃，这些器件的作用分别是什么？

2. 为了调出干涉条纹，先使用激光后使用钠光，其优点在哪里？如果一开始就用钠光，请叙述调出等倾干涉条纹的步骤和方法。

3. 用干涉仪产生等厚白光干涉彩色条纹的条件是什么？其干涉图像与牛顿环的白光干涉图像有何不同或相同？

4. 测钠双线波长差中，当动镜 M_1 达到某些位置时，不管如何转动微调手轮，都看不到干涉条纹，其原因何在？

实验 11　偏振现象的观察与研究

光的干涉及衍射现象无可辩驳地说明了光的波动性质，而光的偏振现象则直观地验证了光是横波。对于光偏振现象的研究在光学发展史中有很重要的地位。光的偏振现象使人们对光的传播(反射、折射、吸收和散射)规律有了新的认识。偏振光在国防、科研和生产中有着广泛的应用。海防前线用于瞭望的偏光望远镜、立体电影中的偏光眼镜、分析化学和工业中用的偏振计和糖量计等都与偏振光有关。偏振激光器是最强的偏振光源，高能物理中同步加速器是最好的 X 射线偏振源，随着科学技术的发展，偏振光已成为研究光学晶体、表面物理的重要手段。

一、实验目的

1. 观察光的偏振现象，熟悉偏振的基本规律。
2. 应用反射偏振的特性，测定玻璃的折射率。
3. 了解偏振片的作用，验证马吕斯定律。
4. 了解 1/2、1/4 波片的作用，掌握各种偏振光的产生及检验方法。

二、实验原理

(一)偏振光的基本概念

光是电磁波，它的电矢量 $\boldsymbol{E}$、磁矢量 $\boldsymbol{H}$、与其传播方向 $\boldsymbol{c}$ 三者相互垂直。通常用电矢量 $\boldsymbol{E}$ 代表光的振动方向，并将电矢量 $\boldsymbol{E}$ 和光的传播方向 $\boldsymbol{c}$ 所构成的平面称为光振动面。在传播过程中，电矢量的振动方向始终在某一确定方向的光称为平面偏振光(或线偏振光)，如图 2.11-1a 所示。单个原子或分子辐射的光是偏振光，而普通光源发射的光是由大量原子或分子辐射构成的，由于大量原子或分子的热运动和辐射的随机性，它们所辐射的光的振动面，出现在各个方向的几率是相同的。一般说，在 10^{-6} s 内各个方向电矢量的时间平均值相等。故这种光源发射的光对外不显现偏振性质，称为自然光，见图 2.11-1b。在发光过程中，有些光的振动面在某个特定方向上出现的几率最大，而与此方向相垂直方向上出现的几率最小，这样的光称为部分偏振光，如图 2.11-1c 所示。还有一些光，其振动面的取向和电矢量的大小随时间作有规律的变化，而电矢量末端在垂直于传播方向的平面上的轨迹呈椭圆或圆。这种光称为椭圆偏振光或圆偏振光。

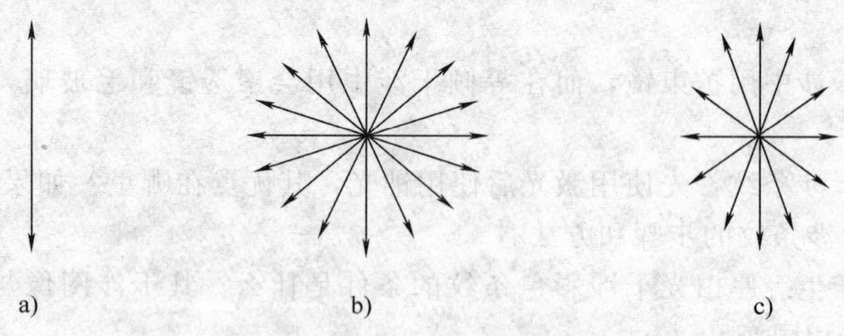

图 2.11-1　光的偏振状态

(二) 获得偏振光的常用方法

将非偏振光变成偏振光的过程称为起偏，起偏的装置称为起偏器。常用的起偏装置主要有：

1. **反射起偏器**(或透射起偏器)

当自然光在两种媒质的界面上反射或折射时，反射光和折射光将成为部分偏振光。逐渐增大入射角，当达到某一特定值 φ_B 时，反射光成为完全偏振光，其振动面垂直于入射面，见图 2.11-2，角 φ_B 称为起偏振角(或布儒斯特角)。由布儒斯特定律得

$$\tan\varphi_B=\frac{n_2}{n_1} \tag{2.11-1}$$

一般媒质在空气中的起偏振角在 53°～ 58°之间。例如，当光由空气射向 $n=1.54$ 的玻璃板时，$\varphi_B=57°$。

若入射光以起偏振角 φ_B 射到多层平行玻璃片上，经过多次反射最后透射出来的光也就接近于线偏振光，其振动面平行于入射面。由多层玻璃片组成的这种透射起偏器又称为玻璃片堆。

2. **偏振片**(分子型薄膜偏振片)

聚乙烯醇胶膜内含有刷状结构的链状分子。在胶膜被拉伸时，这些链状分子被拉直并平

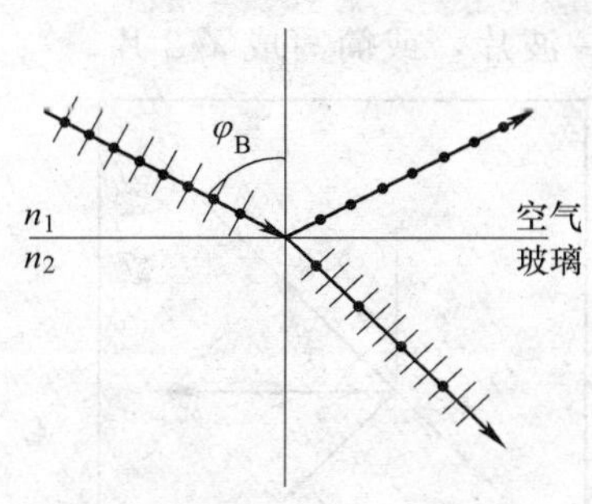

图 2.11-2　反射起偏

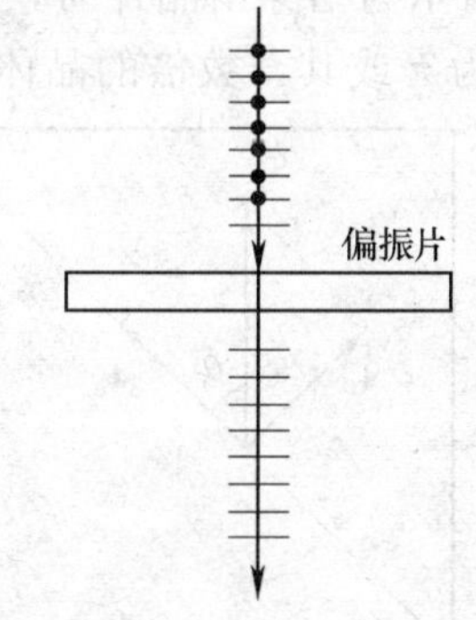

图 2.11-3　偏振片起偏

行排列在拉伸方向。由于吸收作用，拉伸过的胶膜只允许振动取向平行于分子排列方向(此方向为偏振片的偏振轴)的光通过，如图 2.11-3 所示。偏振片是一种常用的起偏元件，用它可获得截面积较大的偏振光束，而且出射偏振光的偏振程度可达到 98%。

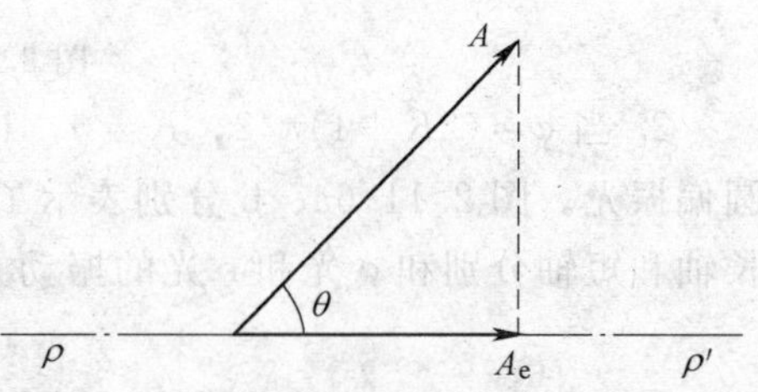

图 2.11-4　检偏原理

3. **晶体起偏器**

利用某些晶体的双折射现象来获得线偏振光，如尼科耳棱镜等。

(三) 偏振光的检测

鉴别光的偏振状态的过程称为检偏，它所用的装置称为检偏器。实际上，起偏器和检偏器是通用的。

按照马吕斯定律，强度为 I_0 的线偏振光通过检偏器后，透射光的强度为

$$I=I_0\cos^2\theta \tag{2.11-2}$$

式中，θ 为入射光偏振方向与检偏器偏振轴 $\rho\rho'$ 之间的夹角，见图 2.11-4。显然，当以光线传播方向为轴旋转检偏器时，透射光强度 I 将发生周期性变化。当 $\theta=0°$时，透射光强度最

大，当 $\theta=90°$ 时，透射光为极小值(消光状态)，接近于全暗；当 $0°<\theta<90°$ 时，透射光强度介于最大值和最小值之间。因此，根据透射光强度变化的情况，可以区别线偏振光、自然光和部分偏振光。

(四) 偏振光通过波片时的情形

当线偏振光垂直射到厚度为 L、表面平行于自身光轴的单晶片时，则寻常光(o 光)和非寻常光(e 光)沿同一方向前进，但传播速度不同。所以随着在晶体中路程的增加，两者的相位差也增大。这两偏振光通过晶片后，它们的相位差为

$$\varphi=\frac{2\pi}{\lambda}(n_o-n_e)L \tag{2.11-3}$$

式中，λ 为入射偏振光在真空中的波长；n_o、n_e 分别为晶片对 o 光和 e 光的折射率。

1. 当 $\varphi=(2K+1)\pi$，$K=0$，1，2，3，…时，则自晶片出来的两光所合成的光仍为平面偏振光，不过振动方向相对于原入射光的振动方向转了 2θ，此 θ 角为入射光的偏振方向与晶片光轴 ZZ' 之间的夹角。图 2.11-5a 所示为入射偏振光在晶体表面上分解为 e 光和 o 光，图 2.11-5b 所示为当穿出晶片时，e 光和 o 光所合成的平面偏振光。我们把能使 e 光和 o 光产生相位差为 π 或其奇数倍的晶体薄板，称为二分之一波片，或简写成 $\lambda/2$ 片。

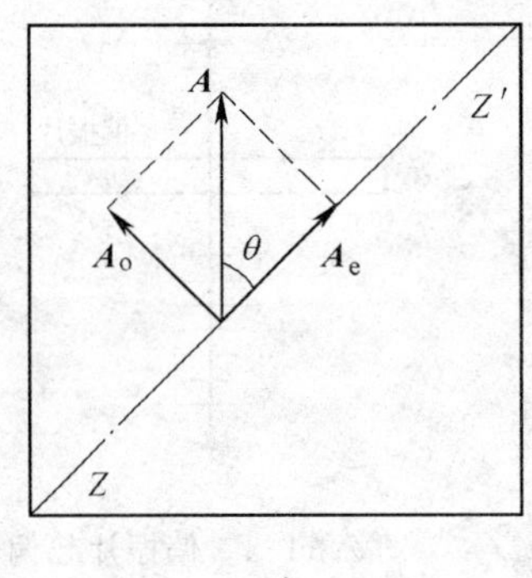

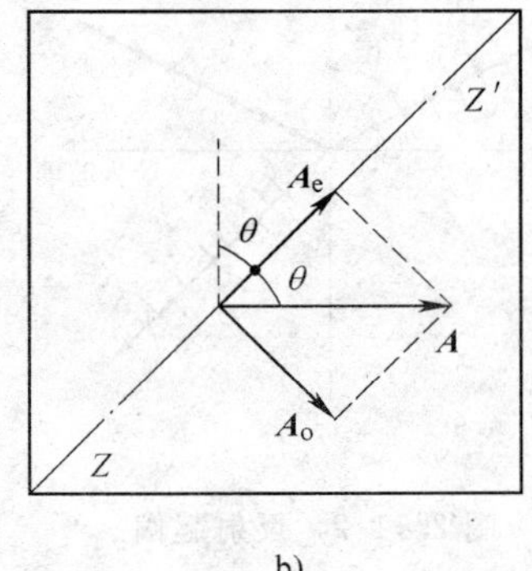

图 2.11-5 偏振光经过 $\lambda/2$ 片

2. 当 $\varphi=(2K+1)\pi/2$，$K=0$，1，2，3，…时，则从晶片出来的两光所合成的光为椭圆偏振光。图 2.11-6a、b 分别表示了 $\varphi=\pi/2$ 和 $\varphi=-\pi/2$ 时，所合成的椭圆偏振光，它的长轴和短轴分别和 o 光和 e 光的振动方向重合。图中具有相同数字的箭头表示同一瞬间 o 光

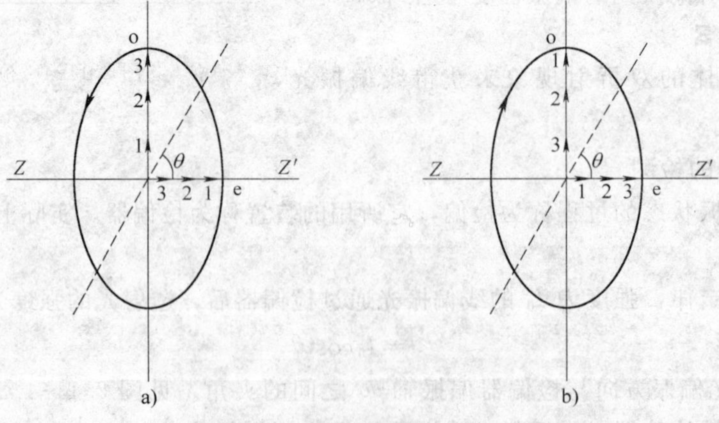

图 2.11-6 偏振光经过 $\lambda/4$ 片

和 e 光的光矢量的状态。当 $\theta=45°$ 时，两轴等长，得圆偏振光。我们把能使 o 光和 e 光产生的相位差为 $\pi/2$ 或其奇数倍的晶体薄板，称为四分之一波片，或简写成 $\lambda/4$ 片。

三、实验器材

WSZ—4A 型手动偏振光实验装置，包括：手动 X 轴旋转架、光源调整架、接收器架、1/2 波片、1/4 波片、半导体激光器、偏振片、光学测角台、透镜、白光源、光电接收单元、专用导轨(内置电控系统)。

四、实验内容

1. 观察反射偏振的特点，测定玻璃的折射率

按图 2.11-7 所示布置光路，调节激光器的方向，使激光束沿着与光具座平行方向出射。调节玻璃片方向，使其与入射光线垂直(使通过玻璃片反射的光线沿原路返回即可)。在保持玻璃片位置不变的情况下旋转玻璃片座上的角度盘，使角度指示为 0°，旋转玻璃片(并带动角度指针)某一角度 φ，当 φ 达到某一值 φ_B 时，会发现检偏器旋转一周光屏上会出现两次消光。记下 φ_B，重复测量三次，求得平玻璃的折射率(空气的折射率为 1.000)。

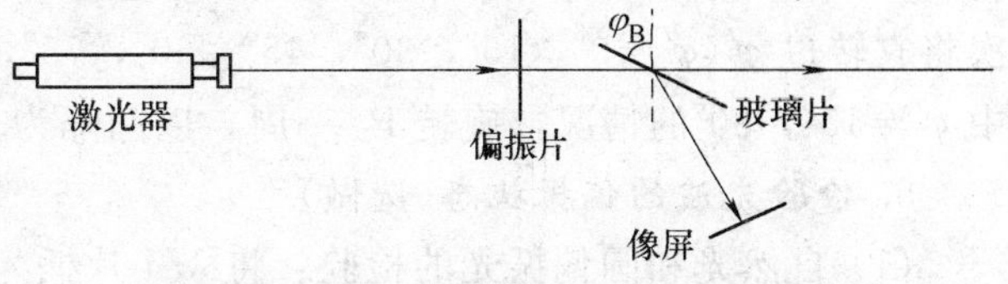

图 2.11-7 测定玻璃的布儒斯特角

2. 验证马吕斯定律

将激光器，偏振片 P_1 和 P_2 及光电池 P_c 共轴放置在光具座上，如图 2.11-8 所示。通过导轨上的电压表测量对应的电压值，注意选择合适的增益，以便得到较为准确的测量值。将 P_1、P_2 处于通光方向一致的方位(都置于 0°位置)，此时 $\theta=0°$，记录电压 V_0'，然后旋转 P_2 依次为 15°、30°、45°、60°、75°、90°，记下与之对应的电压 V'。由于光电压 V' 与光强 I 成正比关系，所以有 $V'=V_0'\cos^2\theta$，公式两边取对数得，$\ln(V'/V_0')=2\ln\cos\theta$，将测得的数据列表，验证 $\ln(V'/V_0')$ 与 $\ln\cos\theta$ 是否呈线性关系，并用最小二乘法求得其斜率 K，与理论值进行比较。

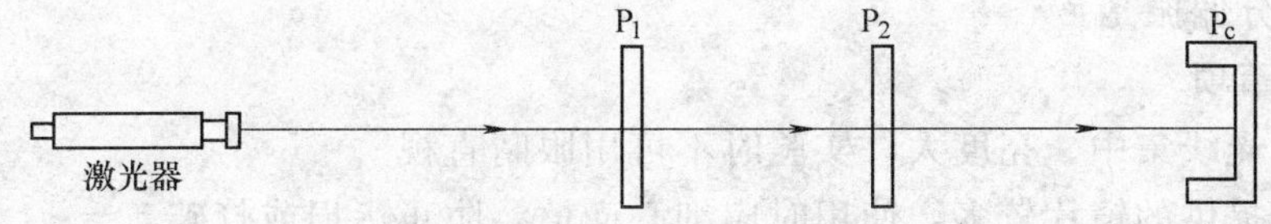

图 2.11-8 马吕斯定律验证

3. 考察线偏振光通过 λ/2 片时的现象

实验装置如图 2.11-9 所示，使 P_1 的透光方向竖直，P_2 的透光方向水平，在 P_1、P_2 之间放置 $\lambda/2$ 片，旋转 $\lambda/2$ 片一周，观察光屏上光点的亮度变化情况，记录观察到的现象。当旋转 $\lambda/2$ 片，光屏上出现消光时，记下 $\lambda/2$ 片及 P_2 的角位置值 ϕ_1、ϕ_2，然后将 $\lambda/2$ 片旋转 $\varphi_1(\varphi_1=15°)$，以同一方向旋转 P_2，使光屏上出现消光，转过的角度为 φ_2，依次是 $\varphi_1=0°$，15°，30°，45°，60°，75°，90°，记下使光屏消光时对应的 φ_2 值，从而得出线偏振光经过 $\lambda/2$ 片后的偏振规律，用列表法表示测量结果，并得出实验结论。

4. 考察线偏振光通过 λ/4 片时的现象

仪器装置与图 2.11-9 类同，使 P_1、P_2 的透光方向互为正交，中间插入 $\lambda/4$ 片，将它旋

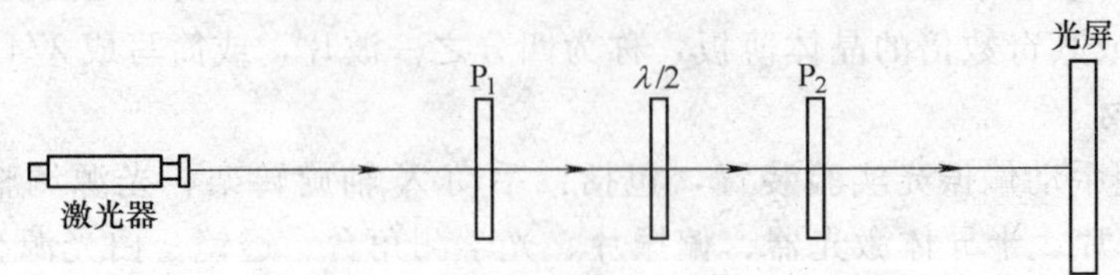

图 2.11-9　单晶波片的特性研究

转 360°，可看到光屏上有四次消光。当达到消光状态时，记下 $\lambda/4$ 片的角位置值 ϕ，然后依次将它转过 φ'($\varphi'=0°$，15°，30°，45°，60°，75°，90°)，判断各自的偏振光的性质，选择其中 $\varphi'=15°$，30°的情况，旋转 P_2 一周，以间隔为 10°测量对应的电压，并绘制极坐标图形。

5. 检验光波的偏振状态(选做)

(1) 自然光和圆偏振光的检验：将 $\lambda/4$ 片插入被检光波与检偏器之间，然后旋转检偏器 1 周，若出现两次消光，则被检光波为圆偏振光；若光强没有变化，则被检光波是自然光；若光强有变化，但不出现消光，则被检光波是圆偏振光与自然光的混合光。

(2) 椭圆偏振光与部分偏振光的检验：

1) 让入射光通过偏振片 P_1，转 P_1 至光强为最弱。此时，P_1 的透光方向便与椭圆光的短轴一致(先假设入射光是椭圆光)。

2) 在被检光与 P_1 之间加入偏振片 P_2，转 P_2 使消光。此时，P_2 的透光方向与椭圆光长轴一致。

3) 在已处于互为正交的 P_1、P_2 之间插入 $\lambda/4$ 片，转之使消光。这时 $\lambda/4$ 片的 o 轴或 e 轴必定平行于 P_2 的透光方向，即 $\lambda/4$ 片的光轴与椭圆光的短轴或长轴一致了。

4) 去掉 P_2，被检光对 $\lambda/4$ 片的 o、e 轴而言，为正椭圆光，故从 $\lambda/4$ 片透出来的光是线偏振光。

5) 转动检偏器 P_1，若出现消光，说明被检光是椭圆光；若仅有明暗变化而无消光，表明被检光是部分偏振光。

五、注意事项

1. 激光束光线集中、亮度大，实验时不可用眼睛直视。

2. 本实验提供的镜片较多，使用时应细心谨慎，防止污损或打破。

3. 本实验内容丰富，根据各人具体情况可适当取舍，最后一项为选做内容。

六、思考题

1. 汽车驾驶员在夜间行驶时，常常会受到对面车灯强光照射而影响行车安全。如果应用偏振光的技术可以解决这一问题，你能说出具体的方法吗?

2. 求下列情况下理想起偏器和理想检偏器通光方向之间的夹角 θ。

(1)透射光是最大透射光强的 1/4。

(2)透射光是入射自然光强的 1/4。

3. 圆偏振光有左旋和右旋之分，如何用实验的方法将它们区分开来?

4. 若本实验使用的二块偏振片其通光方向都是未知的，要求用实验方法将它们测出来。请简要说明测量方法。

实验 12 透明介质折射率的测定

一、实验目的

1. 掌握用掠射法测定液体的折射率。

2. 了解阿贝折射仪的工作原理，熟悉其使用方法。

二、实验仪器

分光仪，阿贝折射仪，三棱镜两块，钠灯，水、酒精等待测液体，读数小灯，毛玻璃。

三、实验原理

1. 用掠入射法测定液体折射率

将折射率为 n 的待测物质，放在已知折射率为 n_1（$n<n_1$）的直角棱镜的折射面 AB 上，若以单色的扩展光源照射分界面 AB，则入射角为 $\pi/2$ 的光线Ⅰ将掠射到 AB 界面而折射进入三棱镜内，其折射角 i_c 应为临界角。从图 2.12-1 可以看出应满足关系

$$\sin i_c=\frac{n}{n_1}$$

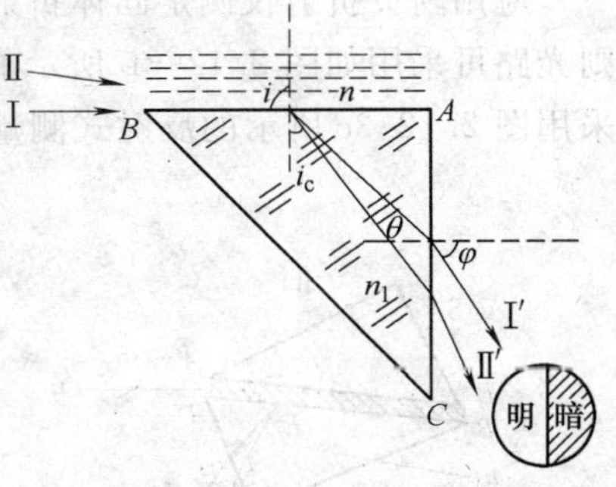

图 2.12-1 掠入射法测定液体折射率光路图

当光线Ⅰ射到 AC 面，再经折射而进入空气时，设在 AC 面上的入射角为 ϕ，折射角为 φ，则有

$$\sin\varphi=n_1\sin\phi \tag{2.12-1}$$

除入射光线Ⅰ外，其他光线如光线Ⅱ在 AB 面上的入射角均小于 $\pi/2$，因此，经三棱镜折射最后进入空气时，都在光线Ⅰ′的左侧。当用望远镜对准出射光方向观察时，在视场中将看到以光线Ⅰ′为分界线的明暗半荫视场，如图 2.12-1 所示。

当三棱镜的棱镜角 A 大于角 i_c 时，由图 2.12-2 可以看出，A、i_c 和角 φ 有如下关系：

$$A=i_c+\phi \tag{2.12-2}$$

将式(2.12-1)和式(2.12-2)消去 i_c 和 ϕ。若棱镜角 A 等于 90°，可得

$$n=\sqrt{n_1^2-\sin^2\varphi} \tag{2.12-3}$$

若棱镜角 A 不等于 90°，可得

$$n=\sin A\ \sqrt{n_1^2-\sin^2\varphi}-\cos A\cdot\sin\varphi \tag{2.12-4}$$

因此，当直角棱镜的折射率 n_1 为已知时，测出 φ 角后便可计算出该物质的折射率 n。上述测定折射率的方法称为掠入射法，是应用全反射原理的方法。

2. 用阿贝折射计测定透明介质的折射率

阿贝折射仪是测量固体和液体折射率的常用仪器，同时，还可测量出不同温度时的折射率。测量范围为 1.3～1.7，可以直接读出折射率的值，操作简便，测量比较准确，精度为 0.0003。测量液体时所需样品很少，测量固体时对样品的加工要求不高。

阿贝折射仪也是根据全反射原理设计的。它有两种工作方式，即透射式和反射式。阿贝折射仪中的折射棱镜 ABC 和照明棱镜 $A'B'C'$ 都是直角棱镜，由重火石玻璃制成。照明棱镜的 $A'B'$ 面经过磨砂，使透射式测量作漫射光源用。折射棱镜的 BC 面也经过磨砂，供反射式测量作漫反射光源用。

透射式测量光路如图 2.12-3a 所示。将折射率为 n 的待测物质放在折射率为 n_1 的直角棱镜的斜面上，其棱角为 A，并用光源 S 照明。如果介质的折射率 $n<n_1$，这时与图 2.12-1 相同，经棱镜 ABC 两次折射后，由 AC 面射出的光束，在望远镜视场中将观察到半荫视场，明暗分界线就对应于掠面入射光束，测出 AC 面上相应的临界出射角 φ，即可应用(2.12-4)式计算出 n。

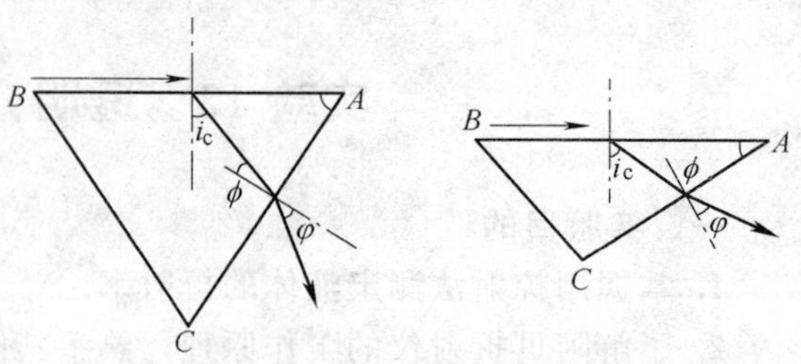

图 2.12-2　三棱镜的棱镜角 A 大于角 i_c 的情况

应用阿贝折射仪测定固体折射率时不用照明棱镜。对于加工有两个抛光面的固体样品，则光路可采用如图 2.12-3b 所示的透射式测量，对于加工只有一个抛光面的固体样品。则可采用图 2.12-3c 所示的反射式测量。

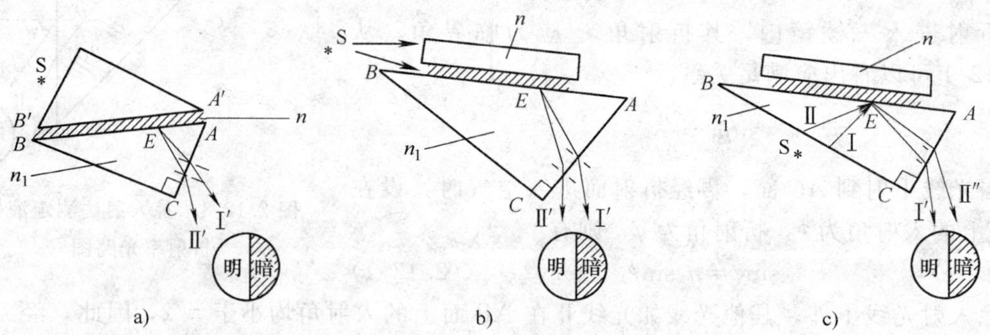

图 2.12-3　不同的对象物体的测量光路图

用光源 S(一般为自然光)照亮折射棱镜上的磨砂面 BC，使之成为一个扩展的平面光源，从面上各点发出的光线Ⅰ、Ⅱ射抵 AB 面上的 E 点时，入射角均不相同。其中入射角大于临界角 i_C 的，都发生在全反射后再由 AC 面射出，同样，在望远镜对准Ⅰ′观察时，亦可看到半荫视场，只是明暗分布恰与透射光的视场分布相反，其临界出射角 φ 为最大，而且视场中明暗的对比也不如透射光明显，这是由于照射在 AB 面上那些小于临界角的光线，也会在 AB 面上产生部分的反射。测出 AC 面上的临界出射角 φ，仍(2.12-4)式，计算待测固体的折射率。

测定时，将待测样品的抛光面与折射棱镜 AB 面紧密的叠合在一起，中间添加一层接触液，形成均匀的液膜，其折射率应大于样品的折射率(例如 α-溴代萘，$n_D=1.66$)，当折射率大于 1.66 时。可用二碘甲烷($n_D=1.74$)进行测量，可以证明接触液的加入，并不影响计算公式的适用性。

阿贝折射仪的光学系统由两部分组成：望远系统与读数系统如图 2.12-4 所示。

望远系统：光线经反射镜 1 反射进入照明棱镜 2 及折射棱镜 3，待测液体放置在棱镜 2 与 3 之间，经阿米西消色差棱镜组 4 抵消由于折射棱镜待测物质所产生的色散，通过物镜 5 将明暗分界线成像于分划板 6 上，再经目镜 7 和 8 放大成像后为观察者所观察。

阿米西消色差棱镜组由两个完全相同的直视棱镜组成，每一个直视棱镜又由三个分光棱镜复合而成。棱镜Ⅰ和Ⅲ的介质相同，与棱镜Ⅱ互为倒置，并使钠黄光(D线)能无偏向地通过，但对波长较长的红光(C线)、波长较短的紫光(F线)，因复合棱镜的色散，将产生相应的偏折，其主截面如图2.12-5所示。消色差棱镜组通过一个公用的旋钮调节，使之绕望远镜的光轴沿相反方向同时转动，转动的角度可从读数盘上读出。在平行于阿贝折射棱镜的主截面内，产生一个随转动角度改变的色散，色散的方向和数值的大小均可变化，以抵消由于折射棱镜和待测样品产生的色散，使半荫视场清晰、界线分明。从消色差棱镜组转动的角度，对照仪器的附表，便可查得样品的平均色散 $n_F \sim n_C$。

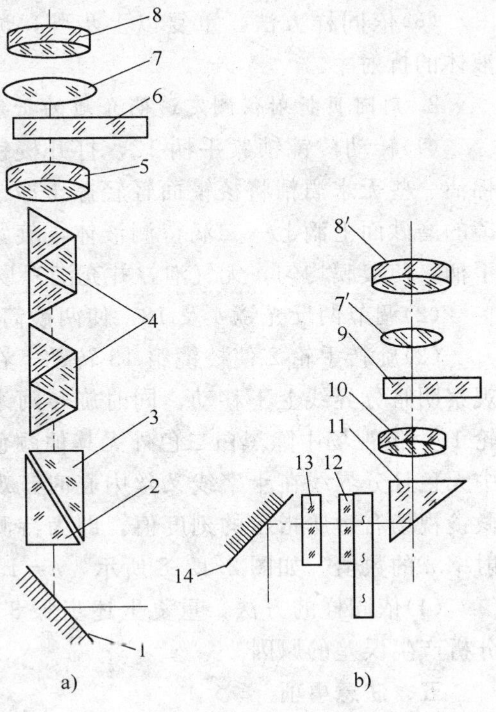

图2.12-4 望远系统与读数系统

读数系统：光线由小反光镜14经毛玻璃13照明刻度盘12，经转向棱镜11及物镜10将刻度成像于分划板9上，再经目镜7′、8′放大成像后为观察者所观察。

国产2W(WZS—1)型阿贝折射仪的外形如图2.12-6所示，图中13为阿贝棱镜组，下面的棱镜为辅助照明棱镜，上面的棱镜为折射棱镜，它们整个连结在一个可以旋转图的臂上。当旋转手轮2时棱镜组同时转动，可使明暗分界线位于视场中央，并与测量叉丝的交点对准。视场里的分度标尺上有两行刻度，一行可以直读折射率的数值，另一行刻有百分浓度，作为测定糖溶液浓度的专用标尺。

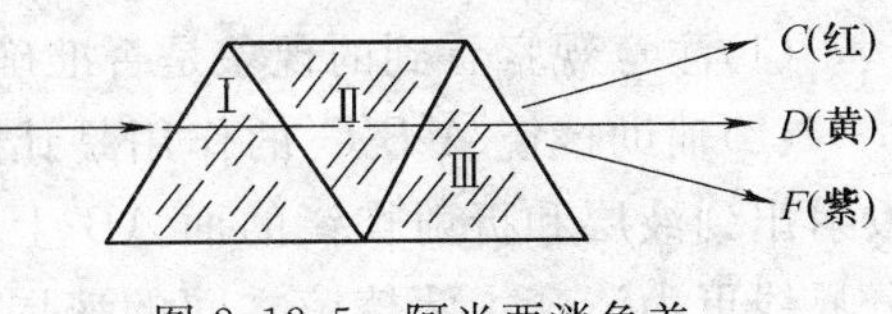

图2.12-5 阿米西消色差棱镜组主截面图

四、实验内容

1. 用掠入射法测定液体折射率

(1)调节好分光仪，用自准直法将望远镜对无穷远调焦，并使其光轴垂直于仪器的转轴；调节棱镜的主截面也和仪器的转轴垂直。

(2)按图2.12-7所示，将待测液体5滴一二滴在直角棱镜1的AB面上，用90°角作为棱镜顶角A，并用另一辅助棱镜2($A'B'C'$)的一个表面$A'B'$与AB面相合，使液体在两棱镜接触面间形成一均匀液层，然后置于分光仪载物台上，注意棱镜的放置方法。

(3)点亮钠灯3照亮毛玻璃屏4，将它放在折射棱B的附近，先用眼睛在出射光的方向观察半荫视场6。旋转载物台，改变光源和棱镜的相对方位，使半荫视场的分界线位于载物台近中心处，将载物台固定。转动望远镜，使望远镜叉丝对准分界线，记下两游标读数(θ_1^A、θ_1^B)，重复测量几次，分别取平均值。

(4)再次转动望远镜，利用自准直的调节方法，测出AC面的法线方向两游标读数(θ_2^A、θ_2^B)。由式(2.12-1)求出望远镜转过的角度φ，重复测量几次，取其平均值。

(5)将φ值代入式(2.12-3)，求出n。

如果棱镜角A不等于90°，则将φ值代入式(2.12-4)计算出n。

(6)依同样方法，重复以上步骤，测定另一种液体的折射率。

2. 用阿贝折射仪测定透明介质的折射率

(1)转动棱镜锁紧手柄 12，打开棱镜，用脱脂棉沾一些无水酒精将棱镜面轻轻擦干净。在照明棱镜的磨砂面上滴上一二滴待测液体，旋紧棱镜锁紧手柄，使液膜均匀，无气泡，并充满视场。

(2)调节两反光镜 4 及 18，使两镜筒视场明亮。

(3)旋转手轮 2 使棱镜组 13 转动，在望远镜中观察明暗分界线上下移动，同时旋转阿米西棱镜手轮 10，使视场中除黑白二色外无其他颜色，当视场中无色且分界线在十字线叉丝中心时，观察读数显微镜视场右边所指示的刻度值，即为待测液体的折射率 n 的数值。如图 2.12-8 所示，$n=1.330$。

(4)依同样的方法，重复上述步骤 3～5 次，并分析产生误差的原因。

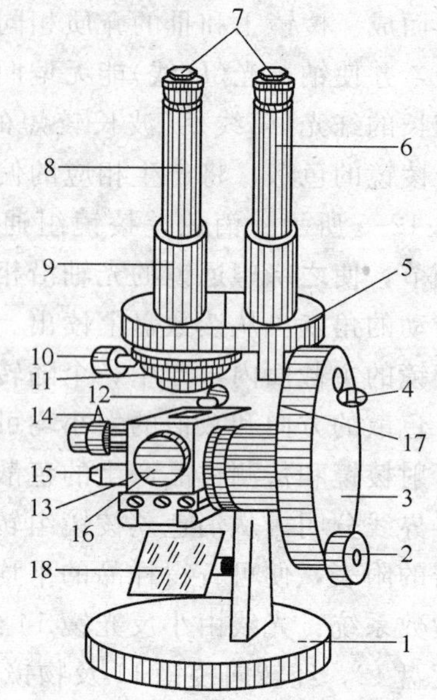

图 2.12-6 阿贝折射仪外形图

1—底座 2—棱镜转动手轮 3—圆盘组，内有刻度 4—小反光镜 5—支架 6—读数镜筒 7—目镜 8—望远镜筒 9—示值调节螺钉 10—阿米西棱镜手轮 11—色散值刻度圆 12—棱镜锁紧手柄 13—棱镜组 14—温度计座 15—恒温器接头 16—保护罩 17—主轴 18—反光镜

五、注意事项

1. 用掠入法测定液体折射率

(1)注意观察看到的现象是否准确。

(2)辅助棱镜 $A'B'C'$ 的作用是让较多的光线能投射出到液层和折射棱镜的面 AB 上，使观察到的分界线更为清楚。两棱镜之间的液层一定要均匀，不能有气泡。滴入液体不宜过多，避免大量液体渗漏在仪器上。

(3)改换另一种被测液体时，必须将棱镜擦拭干净。

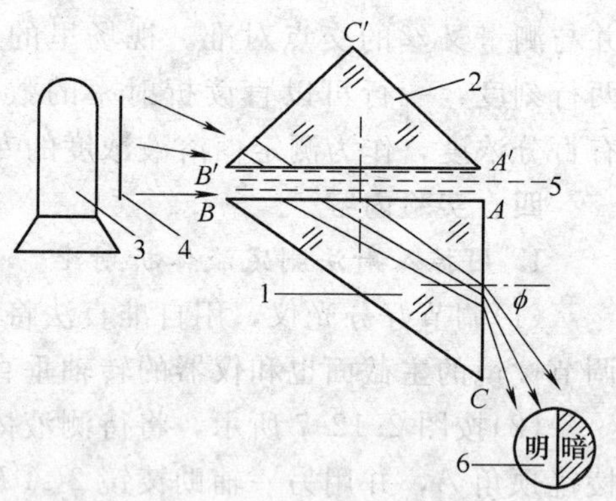

图 2.12-7 掠入法测定液体折射率实验图

2. 用阿贝折射仪测定液体折射率

(1)测量工作开始前，注意做好棱镜的清洁工作，以免在工作面上残留其他物质而影响测量精度。

(2)必须对阿贝折射仪进行读数校正。通常，最简便的方法是用蒸馏水来校正，因蒸馏水在一定温度(20℃)和一定光源(钠光 589.3nm)照射下，它的折射率为已知值，$n_{水}=1.3330$。为此，只要滴几滴蒸馏水到进光棱镜上，调节并读取其折射率数值；如不相符，可微动仪器上的校正螺旋，使之完全相同。这样，折射仪的读数就得到校正。

如使用仪器上的标准玻璃块($n_D=1.5172$)进行校正，则应根据测定固体折射率的方法，在标准玻璃块与折射率棱镜之间滴入高折射率的接触液，按上述方法进行校正。

(3)任何物质的折射率都与测量时使用的光波波长和温度有关，本仪器在消除色散的情况下测得的折射率，其对应光波的波长 $\lambda=589.3\text{nm}$；如需要测量不同温度时的折射率，可将阿贝折射仪与恒温、测温装置连用，待棱镜组和待测物质达到所需温度后，方能进行测量。一般均在室温下进行。

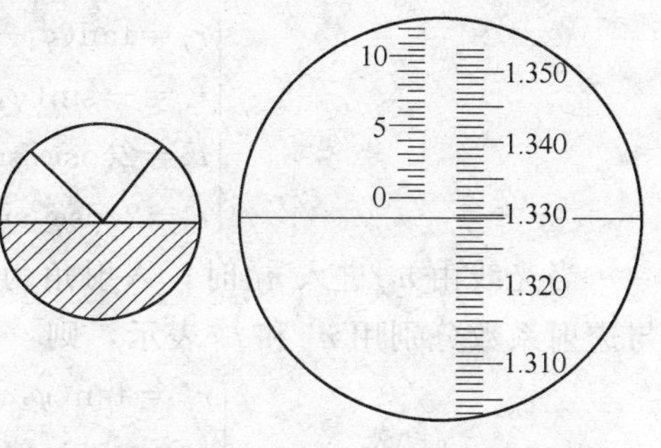

图 2.12-8 读数显微镜视场

六、思考题

1. 怎样应用掠入射法测定玻璃的折射率？简要说明实验方法并推导出折射率的计算公式。

2. 用阿贝折射仪测量固体折射率时，为什么要滴入高折射率的接触器液？为什么它对测量结果没有影响？

实验 13 椭偏法测薄膜厚度和折射率

一、实验目的

1. 掌握椭偏光法测量的基本原理。

2. 学会使用椭偏仪测量固体表面上介质薄膜的折射率和厚度。

二、实验原理

椭偏法测量薄膜厚度和折射率的基本思想是，用一束单色椭圆偏振光投射到薄膜表面，反射光的椭偏状态与薄膜厚度和折射率有关。设法测出反射前后椭偏光状态的变化，就可以求出薄膜的厚度和折射率，若再选定适当的条件，可使测量结果的计算方法进一步得到简化。

薄膜的折射率和厚度与光的偏振状态的变化有怎样的关系呢？众所周知，光是电磁波，光的性质除了用波长、频率和传播方向描述外，还需用振幅、相位和偏振方向来描述。普通光源发出的光是非偏振光，它是由许多没有固定相位关系的偏振光组成的，它的电矢量方向均匀地分布在垂直于光传播方向的平面上。偏振光分为线偏振光、圆偏振光和椭圆偏振光，其中线偏振光的电矢量的方向限定在一定方向上振动，椭圆偏振光电矢量端点的轨迹在垂直于光传播方向平面上的投影为一椭圆，这些光均可用分解在两个互相垂直的方向上的分量来表示(这两个分量一个是振动平面平行于入射面的分量 p 或称 p 波，另一个是振动面垂直于入射面的分量 s 或称 s 波)，如此分解，那么光在不同介质的分界面上所发生的现象，便可借助于两个特定的线偏振光(p 波和 s 波)来进行分析，参看图 2.13-1，从图中，我们还看出，光入射到界面以后，将分成两束，一束反射，一束透射。

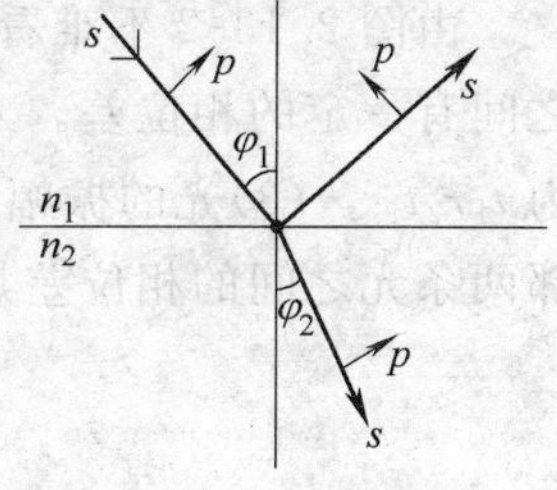

图 2.13-1 光在两种介质面上的反射和折射

r 和 t 分别表示反射系数和透射系数，用 a_i、a_r、a_t 分别表示入射光、反射光和透射光的振幅，依反射系数和透射系数的定义则有

$$r=\frac{a_r}{a_i},\ t=\frac{a_t}{a_i} \tag{2.13-1}$$

将式(2.13-1)分解到 p 与 s 两分量上，则反射系数和透射系数有如下表示形式。即菲涅尔公式

$$\begin{cases} r_p = \tan(\varphi_1 - \varphi_2)/\tan(\varphi_1 + \varphi_2) \\ r_s = -\sin(\varphi_1 - \varphi_2)/\sin(\varphi_1 + \varphi_2) \\ t_p = 2\cos\varphi_1 \sin\varphi_2 / \sin(\varphi_1 + \varphi_2)\cos(\varphi_1 - \varphi_2) \\ t_s = 2\cos\varphi_1 \sin\varphi_2 / \sin(\varphi_1 + \varphi_2) \end{cases} \tag{2.13-2}$$

当光线由 n_2 进入 n_1 时，入射角为 φ_2，则折射角为 φ_1，利用折射定律，此时的反射系数与透射系数分别用 r^* 和 t^* 表示，则

$$\begin{cases} r_p^* = \tan(\varphi_2 - \varphi_1)/\tan(\varphi_2 + \varphi_1) \\ r_s^* = -\sin(\varphi_2 - \varphi_1)/\sin(\varphi_2 + \varphi_1) \\ t_p^* = 2\cos\varphi_2 \sin\varphi_1 / \sin(\varphi_2 + \varphi_1)\cos(\varphi_2 - \varphi_1) \\ t_s^* = 2\cos\varphi_2 \sin\varphi_1 / \sin(\varphi_2 + \varphi_1) \end{cases} \tag{2.13-3}$$

式(2.13-2)与式(2.13-3)相比

$$\begin{cases} r_p^* = -r_p \\ r_s^* = -r_s \\ t_p^* t_p = 1 - r_p^2 \\ t_s^* t_s = 1 - r_s^2 \end{cases} \tag{2.13-4}$$

现在我们来分析光从空气(折射率为 n_1)入射到单层膜系(由折射率为 n_3 的衬底和折射率为 n_2、厚度为 d 的薄膜构成的系统)的情况，见图 2.13-2。

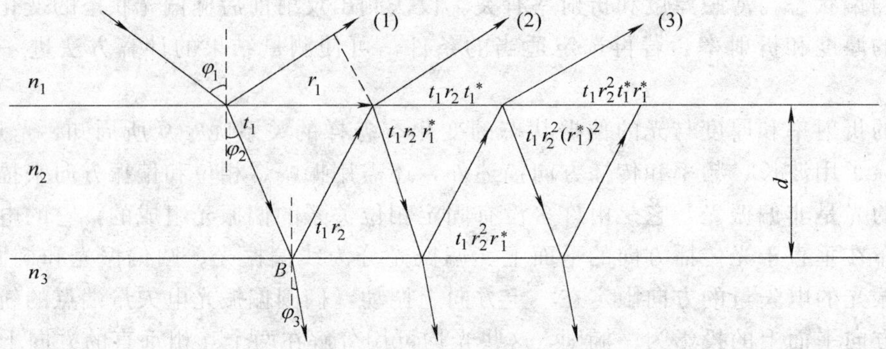

图 2.13-2　光波在单层介膜中传播

由图 2.13-2 不难看出，反射光是由(1)、(2)、(3)、…、(m)条光构成的，并且在它们之间有一定的相位差。入射光的振幅为 A_1，设它为 1，则(1)光的振幅为 r_1，(2)光的振幅为 $t_1 r_2 t_1^*$，(3)光的振幅为 $t_1 r_2^2 r_1^* t_1^*$，依此类推。m 条光的振幅为 $t_1 r_2^{(m-1)} (r_1^*)^{(m-2)} t_1^*$，每相邻两条光之间的相位差是

$$2\delta = \frac{4\pi d}{\lambda}\sqrt{n_2^2 - n_1^2 \sin^2\varphi_1} \tag{2.13-5}$$

由图 2.13-2，A_r 为总的反射光的振幅，它应是(1)、(2)、(3)、…、(m)条光叠加的结果，即

$$\begin{aligned} A_r &= r_1 + t_1 t_1^* r_2 e^{-i2\delta} + t_1 r_2^2 r_1^* t_1^* e^{-i4\delta} + \cdots \\ &= r_1 + t_1 t_1^* r_2 e^{-i2\delta} \sum_{l=0}^{\infty} r_2 r_1^* e^{-i2\delta} = r_1 + \frac{t_1 t_1^* r_2 e^{-i2\delta}}{1 - r_2 r_1^* e^{-i2\delta}} \end{aligned}$$

应用前述

$$r_1^* = -r_1 \quad t_1 t_1^* = 1 - r_1^2$$

$$A_r=r_1+\frac{(1-r_1^2)r_2\mathrm{e}^{-\mathrm{i}2\delta}}{1+r_1r_2\mathrm{e}^{-\mathrm{i}2\delta}}=\frac{r_1+r_1^2r_2\mathrm{e}^{-\mathrm{i}2\delta}+(r_2-r_1^2r_2)\mathrm{e}^{-\mathrm{i}2\delta}}{1+r_1r_2\mathrm{e}^{-\mathrm{i}2\delta}}=\frac{r_1+r_2\mathrm{e}^{-\mathrm{i}2\delta}}{1+r_1r_2\mathrm{e}^{-\mathrm{i}2\delta}}$$

总的反射系数为 R，根据反射系数的定义

$$\begin{aligned}R&=\frac{A_r}{A_i}=\frac{r_1+r_2\cos2\delta-\mathrm{i}r_2\sin2\delta}{1+r_1r_2\cos2\delta-\mathrm{i}r_1r_2\sin2\delta}\\&=\frac{(r_1+r_2\cos2\delta-\mathrm{i}r_2\sin2\delta)(1+r_1r_2\cos2\delta+\mathrm{i}r_1r_2\sin2\delta)}{(1+r_1r_2\cos2\delta)^2+(r_1r_2\sin2\delta)^2}\\&=\frac{r_1(1+r_2^2)+r_2(1+r_1^2)\cos2\delta-\mathrm{i}r_2(1-r_1)\sin2\delta}{(1+r_1r_2\cos2\delta)^2+(r_1r_2\sin2\delta)^2}\end{aligned}\tag{2.13-6}$$

由此看来，光在单层膜上的总反射系数可视为光在一等效界面上的反射系数，如果把它沿 p 和 s 分量分解，式(2.13-6)便可写成

$$R_p=\frac{r_{1p}+r_{2p}\mathrm{e}^{-\mathrm{i}2\delta}}{1+r_{1p}r_{2p}\mathrm{e}^{-\mathrm{i}2\delta}}\tag{2.13-7}$$

$$R_s=\frac{r_{1s}+r_{2s}\mathrm{e}^{-\mathrm{i}2\delta}}{1+r_{1s}r_{2s}\mathrm{e}^{-\mathrm{i}2\delta}}$$

本实验是通过反射系数比(G)来测出反射前后光的偏振状态的变化，这里

$$G=\frac{R_p}{R_s}=\tan\phi\mathrm{e}^{\mathrm{i}\Delta}\tag{2.13-8}$$

R_p 与 R_s 是复数，所以可用它的模数和一个相因子表示出来，即

$$\begin{cases}R_p=|R_p|\mathrm{e}^{\mathrm{i}\beta_p}\\R_s=|R_s|\mathrm{e}^{\mathrm{i}\beta_s}\\\tan\phi=\dfrac{|R_p|}{|R_s|}\\\Delta=\beta_p-\beta_s\end{cases}\tag{2.13-9}$$

式(2.13-9)与式(2.13-7)相比较，代入式(2.13-8)，参照式(2.13-6)整理后得出

$$\begin{cases}\tan\phi=\left(\dfrac{r_{1p}^2+r_{2p}^2+2r_{1p}r_{2p}\cos2\delta}{1+r_{1p}^2r_{2p}^2+2r_{1p}r_{2p}\cos2\delta}*\dfrac{1+r_{1s}^2r_{2s}^2+2r_{1s}r_{2s}\cos2\delta}{r_{1s}^2+r_{2s}^2+2r_{1s}r_{2s}\cos2\delta}\right)^{\frac{1}{2}}\\\Delta=\arctan\left[\dfrac{-r_{2p}(1-r_{1p}^2)\sin2\delta}{r_{1p}(1+r_{2p}^2)+r_{2p}(1+r_{1p}^2)\cos2\delta}\right]-\arctan\left[\dfrac{-r_{2s}(1-r_{1s}^2)\sin2\delta}{r_{1s}(1+r_{2s}^2)+r_{2s}(1+r_{1s}^2)\cos2\delta}\right]\end{cases}\tag{2.13-10}$$

由式(2.13-10)不难看出，反射系数比中的参量 ϕ 和 Δ 与 n_1、n_2、n_3、φ_1、λ 有关。如果 n_1、n_3、φ_1 和 λ 都是已知的，此时给一个 n_2 值便对应一组确定的 r_{1p}、r_{2p}、r_{1s} 和 r_{2s} 的值，当 n_2 确定后，又每一个 δ，便可得到一组相应的 ϕ 和 Δ 的值，可分别作出 ϕ-δ 曲线 Δ-δ 曲线，并从而得到一条 ϕ-Δ 曲线，因此，若以 ϕ 为纵坐标，以 Δ 为横坐标作图，连续改变 δ，便可描绘出一条曲线，并每当确定一个 n_2 值时，再连续改变 δ 后，便又可得到一条相应的 ϕ-Δ 关系曲线。如图 2.13-3 为 $n_1=1$，$n_3=3.95$（硅衬底），$\varphi_1=70°$，$\lambda=632.8\text{nm}$ 时的 φ-Δ 与参量 n_2 的关系曲线，因此，如果通过

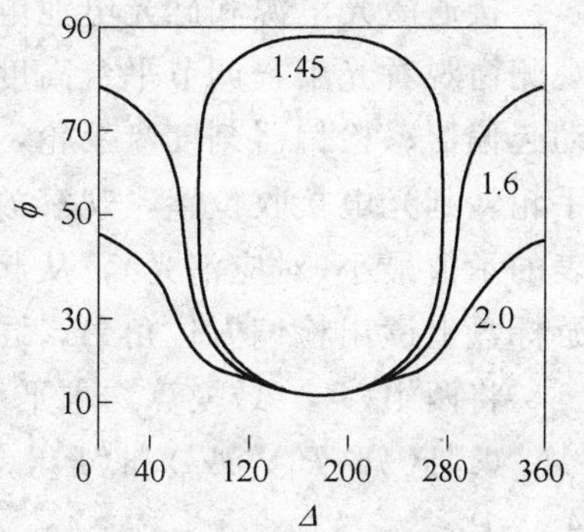

图 2.13-3 ϕ-Δ 关系曲线

实验测出 ϕ 和 Δ 之后，利用图 2.13-3 便可查出 n_2，再由测出的 Δ 在 Δ-δ 曲线上查出 δ 的值，将 δ 代入式(2.13-5)，便可求出薄膜的厚度 d。

对反射系数比中用来描述光的偏振状态变化的参量 ϕ 和 Δ 的物理意义可作如下分析：根据式(2.13-8)

$$\tan\phi e^{i\Delta}=\frac{R_p}{R_s}$$

引入反射系数的定义，则

$$\tan\phi e^{i\Delta}=\frac{\dfrac{(A_p)_r}{(A_p)_i}}{\dfrac{(A_s)_r}{(A_s)_i}}=\frac{\left(\dfrac{A_p}{A_s}\right)_r}{\left(\dfrac{A_p}{A_s}\right)_i}=\frac{\left|\dfrac{A_p}{A_s}\right|_r e^{i(\beta_p-\beta_s)_r}}{\left|\dfrac{A_p}{A_s}\right|_i e^{i(\beta_p-\beta_s)_i}}$$

令 $\beta_r=(\beta_p-\beta_s)_r$，$\beta_i=(\beta_p-\beta_s)_i$，则

$$\tan\phi e^{i\Delta}=\frac{\left|\dfrac{A_p}{A_s}\right|_r}{\left|\dfrac{A_p}{A_s}\right|_i}\cdot e^{i(\beta_r-\beta_i)}$$

$$\begin{cases}\tan\phi=\left|\dfrac{A_p}{A_s}\right|_r\Big/\left|\dfrac{A_p}{A_s}\right|_i\\ \Delta=\beta_r-\beta_i\end{cases}\tag{2.13-11}$$

通过式(2.13-11)可以看出 Δ 的物理意义是 p 波和 s 波的相位差经系统反射后的变化，而 $\tan\phi$ 是 p 波与 s 波的相对振幅的比。

三、实验仪器

本仪器分为光源、接收器、主机三大部分，如图 2.13-4 所示。

(1) 光源：采用波长为 6328A°氦氖激光光源 1。其特点是：光强大、光谱纯、相干性好。

(2) 接收器：采用硅光电池 8，把光信号变为电信号，经直流放大器 9 输出至指示表表示。

(3) 主机部分：除以上两项外，还有起偏器 2，1/4 波片 3，入射管 4，样品台 5，反射管 6 和检偏器 7。

四、实验内容及步骤

接通激光电源和硅光电池电源，在样品台上放好被测样品，将手轮转至“目视”位置，从观测窗观看光束，调节平台高度调节钮，使观测窗中的光点最亮最圆。调节好样品台后，转动起偏器、检偏器刻度盘手轮，目测光强变化，当光强最小时，将观测窗盖严，然后将转镜手轮转到光电接收位置，观察放大器指示表(10^{-11})，反复交替转动起偏器、检偏器手轮使表的示值最小(对应消光)，从起偏刻度盘及游标盘上读出起偏器方位角 P，从检偏刻度盘及游标盘上读出检偏方位角 A，同上再测出另一组消光位置的方位角度读数。

将两组(P，A)换算，求平均值，方法如下：

(1)区分(P_1，A_1)和(P_2，A_2)，当 $0°\leqslant A\leqslant 90°$，为 A_1，对应 A_1 的为 P_1，另一组为 A_2、P_2。

(2)把(P_2，A_2)换算成(P_2'，A_2')根据下式

$$A_2'=180°-A_2$$

a)

b)

图 2.13-4

1—氦氖激光器 2—起偏器 3—1/4 波片 4—入射管 5—样品台
6—反射管 7—检偏器 8—硅光电池 9—直流放大器及激光电源

$$P_2'=\begin{cases}P_2+90^\circ & 当\ 0^\circ\leqslant A\leqslant 90^\circ\\ P_2-90^\circ & 当\ 90^\circ\leqslant A\leqslant 180^\circ\end{cases}$$

(3)把(P_1，A_1)与(P_2'，A_2')求平均值，即

$$\overline{P}=(P_1+P_2')/2,\qquad \overline{A}=(A_1+A_2')/2$$

然后判断周期。当光源波长为 6328Å 时，SiO_2 膜的一个周期约为 283nm 左右，在膜厚大于一个周期时，本仪器无法判断周期。建议选用下述一些方法：

1）与色板比较。

2）用干涉显微镜看膜层台阶处干涉条纹的移动。

3）根据形成膜层的条件(生长时间、溅射时间、蒸发时间等)判定。

使用(P，A)——(d，n)关系表或图由 P 和 A 求出 d 和 n。求折射率问题，本方法原则上可以定出 n，但在某些膜厚范围内(P，A)位置随 n 值的变化比较迟钝，因此，从个别样品定出的 n 值随具体生长条件的变化较小，建议可采用 $n=1.46$。

五、思考题

1. 从物理意义讲 Δ 和 $\tan\phi$ 的表达式是什么？

2. 用反射型椭偏仪测量材料的折射率和薄膜厚度时，对样品的制备有什么要求？

3. 试分析在图 2.13-1 和图 2.13-2 中，如果介质 1 不是各向同性的或者对光有吸收，则对反射系数比的测量有什么影响？对我们所用的测量公式是否依然成立？为什么？

4. 线偏振光、椭圆偏振光和自然光有什么区别？

5. 线偏振光和椭圆偏振光的电矢量都可分解为分量 p 和分量 s，这两个方向与光的传播方向及入射平面有什么关系？

六、注意事项

1. 不允许用强激光或其他光照射硅光电池，必须先用目视法充分消光后，才能进行测量。

2. 由于样品表面的反射，在光屏上有时可能出现两个光点，调节消光时，有明暗变化的应为主光点，副光点可以不管。

3. 1/4 波片一般情况下不允许转动，以免造成测量误差。

4. 目前用(Δ, φ)——(n, d)列线图的方法也比较多，该图与(P, A)——(d, n)曲线图有以下关系：

$$\varphi = A$$

$$\Delta = \begin{cases} 270-2P & \text{当 } 0^\circ \leqslant P \leqslant 135^\circ \\ 630-2P & \text{当 } P > 135^\circ \end{cases}$$

实验 14　高温超导材料特性测试和低温温度计

一、实验目的

1. 了解高临界温度超导材料的基本特性及其测试方法。

2. 了解金属和半导体 PN 结的伏安特性随温度的变化以及温差电效应。

3. 学习几种低温温度计的比对和使用方法，以及低温温度控制的简便方法。

二、实验原理

1. 高临界温度超导电性

1911 年，卡麦林 · 翁纳斯（H. Kamerlingh Onnes，1853—1926）用液氦冷却水银线并通以几毫安的电流，在测量其端电压时发现，当温度稍低于液氦的正常沸点时，水银线的电阻突然跌落到零，这就是零电阻现象或超导电现象。实际超导体的电阻-温度关系曲线如图 2.14-1 所示，人们引进起始转变温度 $T_{c,onset}$、零电阻温度 T_{c0} 和超导转变（中点）温度 T_{cm}（或 T_c）等来描写超导体的特性。为了减小自热效应对测量的影响，超导样品中通过的电流应尽可能小（毫安量级）。由于数字电压表的灵敏度的迅速提高，用伏安法直接判定零电阻现象已成为实验室中常用的方法之一[①]。

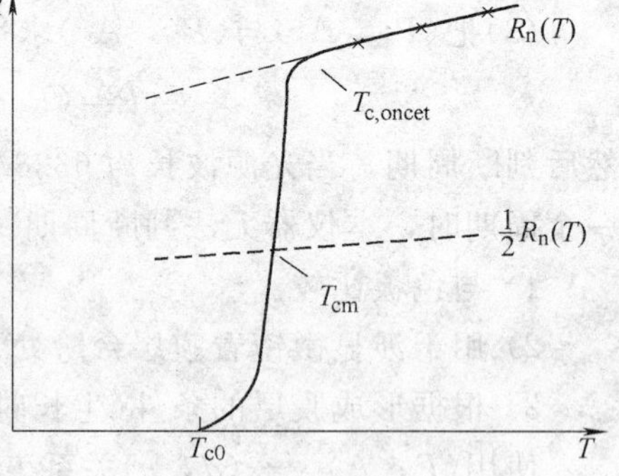

图 2.14-1　超导体的电阻转变曲线

---

① 实验发现，一旦在超导回路（时间常量 $\tau = L/R$）中建立起了电流，则无需外电源就能持续几年仍观测不到衰减，这就是“持续电流”。现代超导重力仪的观测表明，超导态即使有电阻，其电阻率也必定小于 $10^{-28}\,\Omega\cdot m$，这个值远远小于正常金属迄今所能达到的最低的电阻率 $10^{-15}\,\Omega\cdot m$，因此，可以认为超导态的电阻率确实为零。

1933 年，迈斯纳（W. F. Meissner，1882—1974）和奥克森菲尔德（R. Ochsenfeld）发现，不论是在没有外加磁场或有外加磁场的情况下使锡和铅样品从正常态转变为超导态，只要 $T<T_c$，在超导体内部的磁感应强度 B_i 总是等于零的，这个效应称为迈斯纳效应，表明超导体具有完全抗磁性。这是超导体所具有的独立于零电阻现象的另一个最基本的性质。迈斯纳效应可用磁悬浮实验来演示。

在超导现象发现以后，人们一直在为提高超导临界温度而努力，然而进展却十分缓慢，1973 年所创立的记录（Nb_3Ge，$T_c=23.2K$）就保持了 12 年。1986 年 4 月，缪勒（K. A. Müller）和贝德罗兹（J. G. Bednorz）宣布，一种钡镧铜氧化物的超导转变温度可能高于 30 K，从此掀起了波及全世界的关于高温超导电性的研究热潮，在短短的两年时间里就把超导临界温度提高到了 110 K，到 1993 年 3 月已达到了 134K①。

迄今为止，已发现 28 种金属元素（在地球常态下）及许多合金和化合物具有超导电性，还有些元素只在高压下才具有超导电性。在表 2.14-1 中给出了典型的超导材料的临界温度 T_c（零电阻值）。

表 2.14-1 典型超导材料的临界温度

超导材料	T_c/K	超导材料	T_c/K
Hg(α)	4.15	Nb_3Ga	20.3
Pb	7.20	Nb_3Ge	23.2
Nb	9.25	$YBaCu_3O_7$	90
V_3Si	17.1	$Bi_2Sr_2Ca_2Cu_3O_{10}$	110
Nb_3Sn	18.1	$Tl_2Ba_2Ca_2Cu_3O_{10}$	125
$Nb_3Al_{0.75}Ge_{0.25}$	20.5	$HgBa_2Ca_2Cu_3O_8$	134

温度的升高，磁场或电流的增大，都可以使超导体从超导态转变为正常态，因此常用临界温度 T_c、临界磁场 B_c 和临界电流密度 j_c 作为临界参量来表征超导材料的超导性能。自从 1911 年发现超导电性以来，人们就一直设法用超导材料来绕制超导线圈——超导磁体。但令人失望的是，只通过很小的电流超导磁体就失超了，即超导线圈从电阻为零的超导态转变到了电阻相当高的正常态。直到 1961 年，孔兹勒（J. E. Kunzler）等人利用 Nb_3Sn 超导材料，绕制成了能产生接近 9T 磁场的超导线圈，这才打开了实际应用的局面。例如，超导磁体两端并接一超导开关，可以使超导磁体工作在持续电流状态，得到极其稳定的磁场，使所需要的核磁共振谱线长时间地稳定在观测屏上。同时，这样做还可以在正常运行时断开供电电路，省去了焦耳热的损耗，减少了液氦和液氮的损耗。

2. 金属电阻随温度的变化

电阻随温度变化的性质，对于各种类型的材料是很不相同的，它反映了物质的内在属性，是研究物质性质的基本方法之一。在热力学温度零度下的纯金属中，理想的完全规则排列的原子（晶格）周期场中的电子处于确定的状态，因此电阻为零。温度升高时，晶格原子的热振动会引起电子运动状态的变化，即电子的运动受到晶格的散射而出现电阻 R_i。理论计算表明，当 $T>\Theta_D/2$ 时，$R_i\propto T$，其中 Θ_D 为德拜温度。实际上，金属中总是含有杂质的，

① 1993 年 3 月，现在北京大学物理学院任教的郭建栋教授，在瑞士联邦高等工业大学固体物理研究所首次成功制备了 $HgBa_2Ca_2Cu_3O_X$，零电阻温度达到 134 K，该纪录至今仍未被突破。

杂质原子对电子的散射会造成附加的电阻。在温度很低时，例如在 4.2K 以下，晶格散射对电阻的贡献趋于零，这时的电阻几乎完全由杂质散射所造成，称为剩余电阻 R_r，它近似与温度无关。当金属纯度很高时，总电阻可以近似表达成

$$R=R_i(T)+R_r$$

在液氮温度以上，$R_i(T) \gg R_r$，因此有 $R \approx R_i(T)$。例如，铂的德拜温度 Θ_D 为 225K，在液氮温度以下，铂的电阻温度关系如图 2.14-2 所示；在液氮正常沸点到室温的温度范围内，它的电阻 $R \approx R_i(T)$ 近似地正比于温度 T，铂电阻温度计的电阻温度关系，可近似地表示为

$$R(T)=AT+B \quad \text{或} \quad T(R)=aR+b$$

式中，A、B 和 a、b 是不随温度变化的常量。

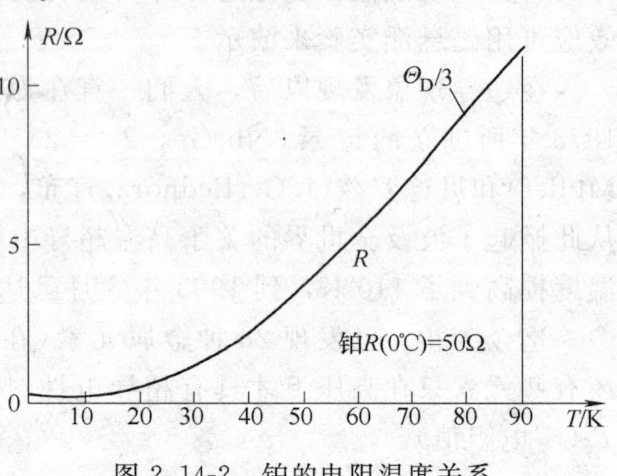

图 2.14-2　铂的电阻温度关系

因此，根据我们给出的铂电阻温度计在液氮正常沸点和冰点的电阻值，可以确定所用的铂电阻温度计的 A、B 或 a、b 的值，并由此可得到用铂电阻温度计测温时任一电阻所相应的温度值。

在合金中，电阻主要是由杂质散射引起的，因此电子的平均自由程对温度的变化很不敏感，如锰铜的电阻随温度的变化就很小，实验中所用的标准电阻和电加热器就是用锰铜线绕制而成的。

3. 半导体电阻以及 PN 结的正向电压随温度的变化

半导体的导电机制比较复杂，电子(e^-)和空穴(e^+)是致使半导体导电的粒子，常统称为载流子。在纯净的半导体中，由所谓的本征激发产生载流子；而在掺杂的半导体中，则除了本征激发外，还有所谓的杂质激发也能产生载流子，因此具有比较复杂的电阻温度关系。一般而言，在较大的温度范围内，半导体具有负的电阻温度系数。这一特性正好弥补了金属电阻温度计在低温下灵敏度明显降低的缺点。在低温物理实验中，锗电阻温度计、硅电阻温度计、碳电阻温度计、渗碳玻璃电阻温度计和热敏电阻温度计等都是常用的低温半导体电阻温度计。

与半导体具有负的电阻温度系数类似，在恒定的工作电流下，硅和砷化镓二极管 PN 结的正向电压也会随着温度的降低而升高，如图 2.14-3 所示。用一支二极管温度计就能测量很宽范围的温度，且灵敏度很高。由于二极管温度计的发热量较大，常把它用作为控温敏感元件。

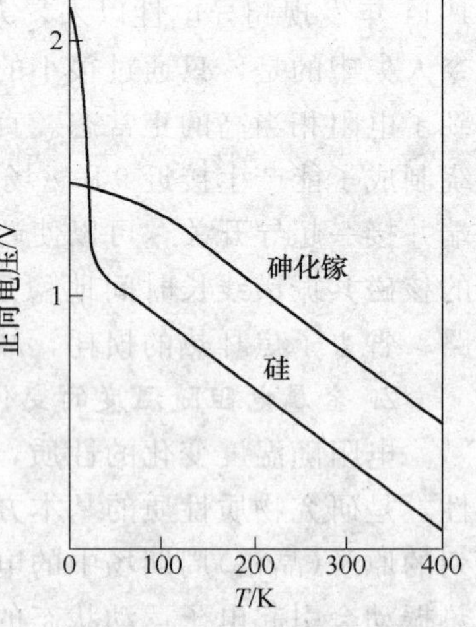

图 2.14-3　二极管的正向电压温度关系

4. 温差电偶温度计

如果将两种金属材料制成的导线联成回路，并使其两个接触点维持在不同的温度，则在该闭合回路中就会有温差电动势存在。如果将回路的一个接触点固定在一个已知的温度，例如液氮的正常沸点 77.4K，则可以由所测量得到的温差电动势确定回路的另一接触点的温度，从而构成了温差电偶温度计。这种温度计十分简便，特别是作为温度敏感部分的接触点

体积很小，常用来测量小样品的温度以及样品各部分之间的温差。

应该注意到，硅二极管 PN 结的正向电压 U 和温差电动势 E 随温度 T 的变化都不是线性的，因此在用内插方法计算中间温度时，必须采用相应温度范围内的灵敏度值。

三、实验仪器

1. 低温恒温器(俗称探头，其核心部件是安装有高临界温度超导体、铂电阻温度计、硅二极管温度计、铜-康铜温差电偶及 25Ω 锰铜加热器线圈的紫铜恒温块)。

2. 不锈钢杜瓦容器和支架。

3. PZ158 型直流数字电压表(5 1/2 位，1 μV)。

4. BW2 型高温超导材料特性测试装置(俗称电源盒)，以及一根两头带有 19 芯插头的装置连接电缆和若干根两头带有香蕉插头的面板连接导线。

四、实验装置和电测量电路

1. 低温物理实验的特点

(1) 使用低温液体(如液氮、液氦等)作为冷源时，必须了解其基本性质，并注意安全。

(2) 进行低温物理实验时，离不开温度的测量。对于各个温区和各种不同的实验条件，要求使用不同类型和不同规格的温度计①。因此，我们必须了解各类温度传感器的特性和适用范围，学会标定温度计的基本方法。

(3) 在液氮正常沸点到室温的温度范围，一般材料的热导较差，比热较大，使低温装置的各个部件具有明显的热惰性，温度计与样品之间的温度一致性较差。

(4) 样品的电测量引线又细又长，引线电阻的大小往往可与样品电阻相比。对于超导样品，引线电阻可比样品电阻大得多，四引线测量法具有特殊的重要性。

(5) 在直流低电势的测量中，克服乱真电动势的影响十分重要②。特别是，为了判定超导样品是否达到了零电阻的超导态，必须使用反向开关。

2. 低温恒温器和不锈钢杜瓦容器

为了得到从液氮的正常沸点 77.4K 到室温范围内的任意温度，采用如图 2.14-4 所示的低温恒温器和杜瓦容器。液氮盛在不锈钢真空夹层杜瓦容器中，拉杆固定螺母(以及与之配套的固定在有机玻璃盖上的螺栓)可用来调节和固定引线拉杆及其下端的低温恒温器的位置。低温恒温器的核心部件是安装有超导样品和温度计的紫铜恒温块，此外还包括紫铜圆筒及其上盖、上下挡板③、引线拉杆和 19 芯引线插座等部件。

本实验的主要工作，是在液氮正常沸点附近的温度范围内(例如 140～77K)测量超导转变曲线，并在全温区标定温度计。为了使测量超导转变曲线时降温速率足够缓慢，又能保证整个实验在 3h 内顺利完成，我们安装了可调式定点液面指示计，可以用来简便而精确地使

---

① 例如，在 13.8 K 到 630.7 K 的温度范围内，常使用铂电阻温度计。然而，用作国际温标内插仪器的标准铂电阻温度计，与实验室用的小型铂电阻温度计相比，不仅体积大，而且结构也要复杂得多。又如，与具有正的电阻温度系数的铂电阻温度计不同，锗和硅等半导体电阻温度计具有负的电阻温度系数，在 30 K 以下的低温具有很高的灵敏度；渗碳玻璃电阻温度计的磁效应很弱，可用于测量在强磁场条件下工作的部件的温度，等等。

② 电路中即便没有来自电源的电动势，只要存在材料的不均匀性和温差，就有温差电动势存在，通常称为乱真电动势或寄生电动势，它不随电路中通过的电流的方向而改变。在低温物理实验中，待测样品和传感器往往处在低温下，而测量仪器却处在室温，因此，它们之间的连接导线处在温差很大的环境中；而且，沿导线的温度分布还会随着低温液体液面的降低、低温恒温器的移动以及内部情况的其他变化而随时间改变。

③ 原则上应该用热导良好的纯铜材料制作，但在教学实验中为了坚固而采用黄铜制作。

液氮面维持在紫铜圆筒底和下挡板之间距离的 1/2 处。

电加热器线圈由温度稳定性较好的锰铜线无感地双线并绕而成。调节电加热器的电流，可以使恒温器升温或稳定。为使温度计和超导样品具有较好的温度一致性，我们将铂电阻温度计、硅二极管和温差电偶的测温端塞入紫铜恒温块的小孔中，并用真空脂将待测超导样品粘贴在紫铜恒温块平台上的长方形凹槽内。超导样品与四根电引线的连接是通过金属铟的压接而成的。此外，温差电偶的参考端从低温恒温器底部的小孔中伸出(图 2.14-4 和图 2.14-5)，使其在整个实验过程中都浸没在液氮内。

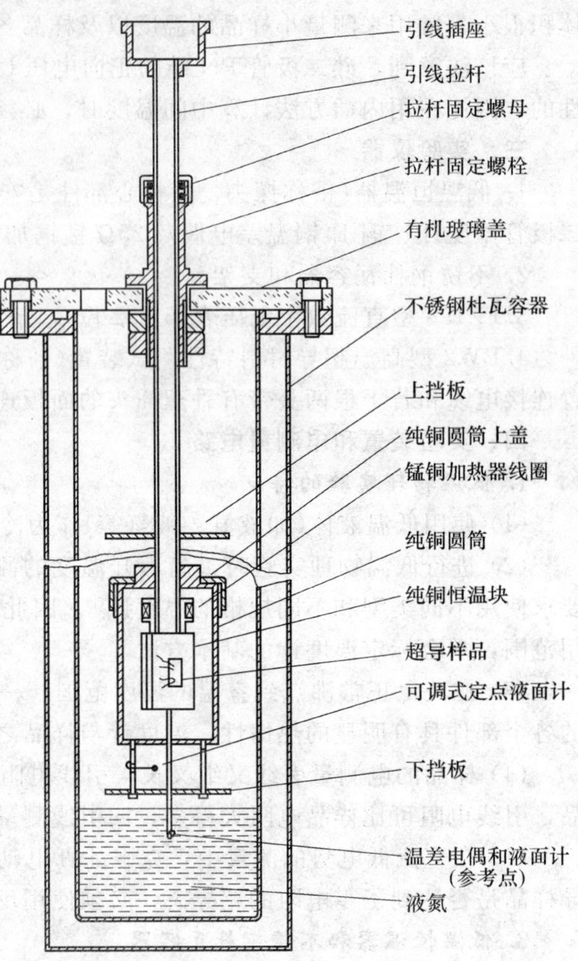

图 2.14-4 低温恒温器和杜瓦容器的结构

3. 电测量原理及测量设备

电测量设备的核心是一台标称为“BW2 型高温超导材料特性测试装置”的电源盒和一台灵敏度为 1μV 的 PZ158 型直流数字电压表。

BW2 型高温超导材料特性测试装置主要由铂电阻、硅二极管和超导样品等三个电阻测量电路构成，每一电路均包含恒流源、标准电阻、待测电阻、数字电压表和转换开关等五个主要部件。

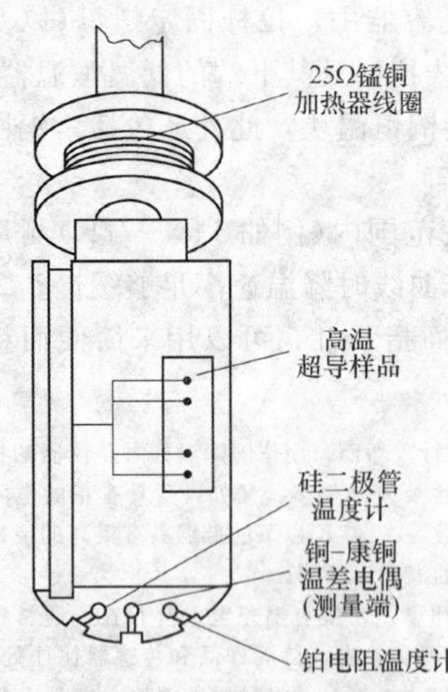

图 2.14-5 紫铜恒温块(探头)的结构

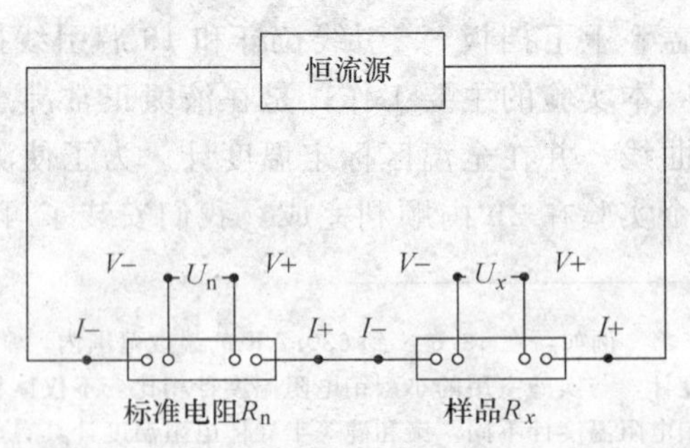

图 2.14-6 四引线法测量电阻

(1) 四引线测量法

电阻测量的原理性电路如图 2.14-6 所示。测量电流由恒流源提供，其大小可由标准电阻 R_n 上的电压 U_n 的测量值得出，即 $I=U_n/R_n$。如果测量得到了待测样品上的电压 U_x，则待测样品的电阻 R_x 为

$$R_x=\frac{U_x}{I}=\frac{U_x}{U_n}R_n$$

由于低温物理实验装置的原则之一是必须尽可能减小室温漏热，因此，测量引线通常是又细又长，其阻值有可能远远超过待测样品(如超导样品)的阻值。为了减小引线和接触电阻对测量的影响，通常采用国际上通用的标准测量方法——“四引线测量法”，即每个电阻元件都采用四根引线，其中两根为电流引线，两根为电压引线。恒流源通过两根电流引线将测量电流 I 提供给待测样品，而数字电压表则是通过两根电压引线来测量电流 I 在样品上所形成的电势差 U。由于两根电压引线与样品的接点处在两根电流引线的接点之间，因此，排除了电流引线与样品之间的接触电阻对测量的影响；又由于数字电压表的输入阻抗很高，电压引线的引线电阻以及它们与样品之间的接触电阻对测量的影响可以忽略不计。

(2) 铂电阻和硅二极管测量电路

在铂电阻和硅二极管测量电路中，提供电流可微调的单一输出的恒流源，它们输出电流的标称值分别为 1 mA 和 100 μA；两个内置的灵敏度分别为 10 μV 和 100μV 的 4 1/2 位数字电压表，通过转换开关分别测量铂电阻、硅二极管以及相应的标准电阻上的电压，由此可确定紫铜恒温块的温度。

(3) 超导样品测量电路

由于超导样品的正常电阻受到多种因素的影响，因此每次测量所使用的超导样品的正常电阻可能有较大的差别。为此，在超导样品测量电路中，采用多档输出式的恒流源来提供电流。在本装置中，该内置恒流源共设标称为 100μA 到 100mA 的 6 挡电流输出，其实际值由串接在电路中的 10Ω 标准电阻上的电压值确定。

为了提高测量精度，使用一台外接的灵敏度为 1 μV 的 5 1/2 位 PZ158 型直流数字电压表，来测量标准电阻和超导样品上的电压。为了消除直流测量电路中固有的乱真电动势的影响，我们在采用四引线测量法的基础上还增设了电流反向开关，用以进一步确定超导体的电阻确已为零。

(4) 温差电偶及定点液面计的测量电路

利用转换开关和 PZ158 型直流数字电压表，可以监测铜-康铜温差电偶的电动势以及可调式定点液面计的指示。

(5) 电加热器电路

BW2 型高温超导材料特性测试装置中，一个内置的直流稳压电源和一个指针式电压表构成了一个为安装在探头中的 25 Ω 锰铜加热器线圈供电的电路。利用电压调节旋钮可提供 0～5V 的输出电压，从而使低温恒温器获得所需要的加热功率。

(6) 其他

利用一根两头带有 19 芯插头的装置连接电缆，可将 BW2 型高温超导材料特性测试装置与低温恒温器连为一体。在每次实验开始时，必须利用所提供的带有香蕉插头的面板连接导线，把面板上用虚线连接起来的两两插座全部连接好。只有这样，才能使各部分构成完整的

电流回路。

4. 实验电路图

本实验的测量线路图如图 2.14-7 所示。

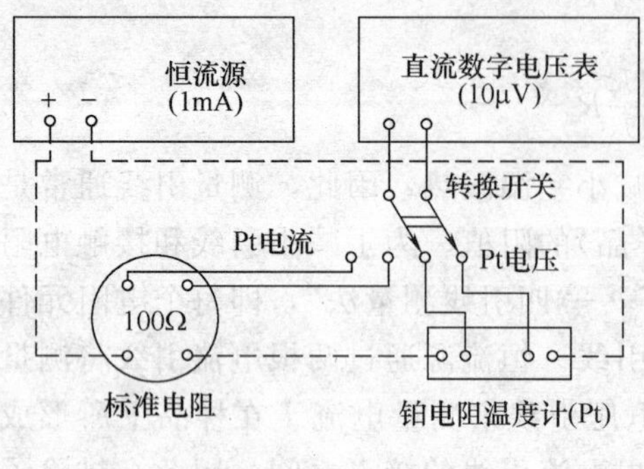

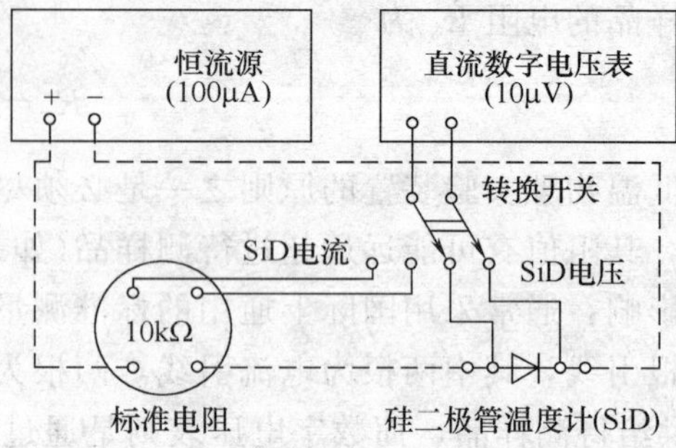

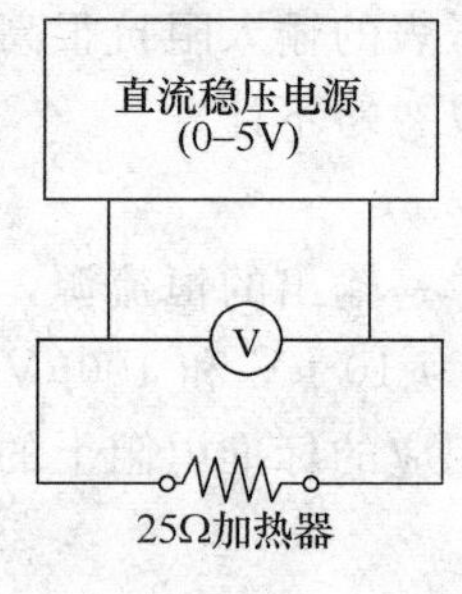

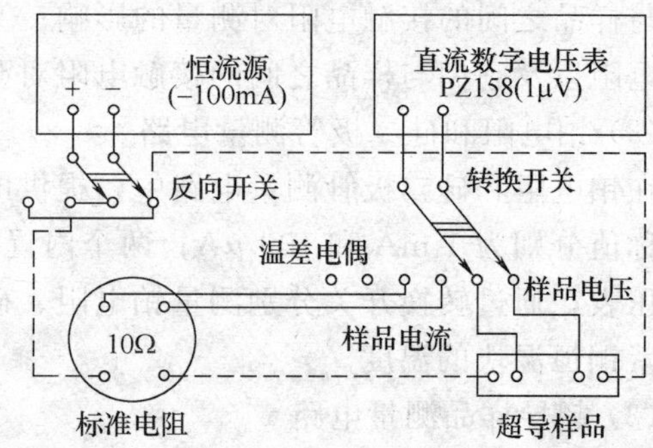

图 2.14-7 实验电路图

五、实验内容

1. 液氮的灌注

使用液氮时一定要注意安全。例如，不要让液氮溅到人的身体上，也不要把液氮倒在有机玻璃盖板、测量仪器或引线上；液氮气化时体积将急剧膨胀，切勿将容器出气口封死；氮气是窒息性气体，应保持实验室有良好的通风。

在实验开始之前，先将实验用不锈钢杜瓦容器清理干净，然后将输液管道的一端插入贮存液氮的杜瓦容器中并拧紧固定螺母，将输液管道的另一端插入实验用不锈钢杜瓦容器中，关闭贮存杜瓦容器上的通大气的阀门使其中的氮气压强逐渐升高，液氮就会通过输液管道注入实验用不锈钢杜瓦容器。

另外一种灌注液氮的方法是，先将贮存杜瓦容器中的液氮注入便携式广口玻璃杜瓦瓶中，然后将广口玻璃杜瓦瓶中的液氮缓慢地倒入实验用不锈钢杜瓦容器中，使液氮平静下来时的液面位置在距离容器底部约 30 cm 的地方。

2. 电路的连接

将“装置连接电缆”两端的 19 芯插头分别插在低温恒温器拉杆顶端及“BW2 型高温超导材料特性测试装置”(以下称“电源盒”)的插座上，同时接好“电源盒”面板上虚线所示的待连接导线，并将 PZ158 型直流数字电压表与“电源盒”面板上的“外接 PZ158”相连接。

在做实验时，19 芯插头插座不宜经常拆卸，以免造成松动和接触不良，甚至损坏。

3. 室温检测

打开 PZ158 型直流数字电压表的电源开关(将其电压量程置于 200 mV 档)以及“电源盒”的总电源开关，并依次打开铂电阻、硅二极管和超导样品等三个分电源开关，调节两支温度计的工作电流，测量并记录超导样品及两支温度计室温的电流和电压数据。

原则上，为了减小电流自热效应对超导转变温度的影响，通过超导样品的电流应该越小越好；然而，在教学实验中，为了保证用 PZ158 型直流数字电压表能够较明显地观测到样品的超导转变过程，通过超导样品的电流又不能太小。一般而言，可按照超导样品上的室温电压 100 μV 左右来选定所通过的电流的大小。

最后，将转换开关先后旋至“温差电偶”和“液面指示”处。

4. 低温恒温器降温速率的控制及低温温度计的比对

(1) 低温恒温器降温速率的控制

为了确保整个实验工作可在 3h 以内顺利完成，我们在低温恒温器的紫铜圆筒底部与下挡板间距离的 1/2 处安装了可调式定点液面计。在实验过程中只要随时调节低温恒温器的位置以保证液面计指示电压刚好为零，即可保证液氮表面刚好在液面计位置附近，这种情况下紫铜恒温块温度随时间的变化大致如图 2.14-8 所示。

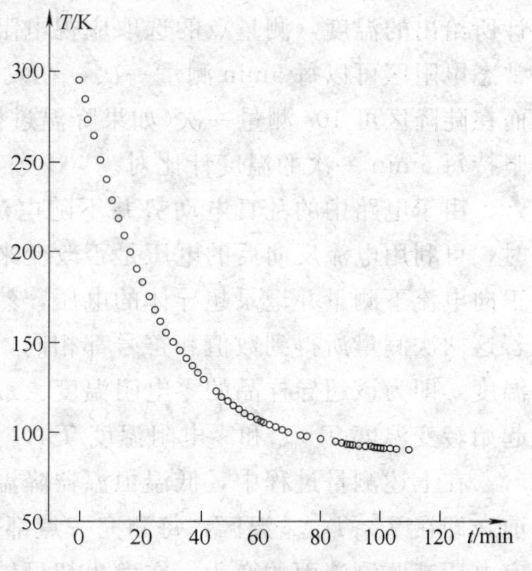

图 2.14-8 紫铜恒温块温度随时间的变化

具体步骤如下：

1)确认是否已将转换开关旋至“液面指示”处。

2) 在低温恒温器放进杜瓦容器的过程中，一定要避免低温恒温器的紫铜圆筒底部触及液氮表面而使紫铜恒温块温度骤然降低，造成实验失败。具体而言，可以选择以下两种方法中的任意一种：

① 先旋松拉杆固定螺母，调节拉杆位置使得低温恒温器靠近有机玻璃板，然后在低温恒温器逐渐插入不锈钢杜瓦容器并接近液氮面的过程中，仔细观察液面计指示值的变化，判断低温恒温器的下挡板是否碰到了液氮面①。

② 先用米尺测量液氮面距杜瓦容器口的深度，旋松拉杆固定螺母并调节拉杆位置，使低温恒温器下挡板至有机玻璃板的距离等于该深度，然后旋紧固定螺母并将低温恒温器缓缓放入杜瓦容器。

3) 待液面平静下来后，可稍许旋松拉杆固定螺母，控制拉杆缓缓下降，并密切监视与液面指示计相连接的 PZ158 型直流数字电压表的示值(以下简称“液面计示值”)，使之逐渐减小到“零”②，立即拧紧固定螺母。在低温恒温器的整个降温过程中，我们要不断地控制拉杆下降来恢复液面计示值为零，维持低温恒温器下挡板的浸入深度不变。

---

① 低温恒温器的下挡板碰到液氮面时，除了液面计指示值急剧减小外，还会发出像烧热的铁块碰到水时的响声，同时用手可感觉到有冷气从有机玻璃板上的小孔喷出。

② 由于液面的不稳定性以及导线的不均匀性，一般液面计的指示不一定为零，可以有正或负几个微伏的示值。因此，在实验过程中不要强求液面计的示值为零，否则有可能使拉杆下降得太多。

(2) 低温温度计的比对

当紫铜恒温块的温度开始降低时，观察和测量各种温度计及超导样品电阻随温度的变化，大约每隔 5min 测量一次各温度计的测温参量(如铂电阻温度计的电阻、硅二极管温度计的正向电压、温差电偶的电动势)，即进行温度计的比对。

具体而言，由于铂电阻温度计已经标定，性能稳定，且有较好的线性电阻温度关系，因此，可以利用所给出的本装置铂电阻温度计的电阻温度关系简化公式，由相应温度下铂电阻温度计的电阻值确定紫铜恒温块的温度，再以此温度为横坐标，分别以所测得的硅二极管的正向电压值和温差电偶的温差电动势值为纵坐标，画出它们随温度变化的曲线。

5. 超导转变曲线的测量

当紫铜恒温块的温度降低到 130 K 附近时，开始测量超导体的电阻以及这时铂电阻温度计所给出的温度，测量点的选取应视电阻变化的快慢而定。例如，在超导转变发生之前的正常态电阻区可以每 5min 测量一次，在发生超导转变的初始阶段可大约 1～2min 测量一次，而在陡降区可 10s 测量一次(如果降温过快可连续测量)。在测量超导转变曲线的同时，仍应坚持每 5min 一次的温度计比对。

由于电路中的乱真电动势并不随电流方向的反向而改变，因此，当样品电阻接近于零时，可利用电流反向后的电压是否改变来判定该超导样品的零电阻温度。具体做法是，先在正向电流下测量并记录超导体的电压，然后按下电流反向开关按钮，重复上述测量和记录；若这两次测量所得到数值和符号都相同，则表明超导样品达到了零电阻状态①。记录此时的温度，即为该超导样品的零电阻温度。最后，画出超导体电阻随温度变化的曲线，并标明其起始转变温度 $T_{c,onset}$ 和零电阻温度 T_{c0}。

在上述测量过程中，低温恒温器降温速率的控制依然是十分重要的。在发生超导转变之前，即在 $T>T_{c,onset}$ 温区，每测完一点都要把转换开关旋至“液面计”档，用 PZ158 型直流数字电压表监测液面的变化。在发生超导转变的过程中，即在 $T_{c0}<T<T_{c,onset}$ 温区，由于在液面变化不大的情况下，超导样品的电阻随着温度的降低而迅速减小，因此，不必每次再把转换开关旋至“液面计”档，而是应该密切监测超导样品电阻的变化。当超导样品的电阻接近零值时，如果低温恒温器的降温已经非常缓慢甚至停止，这时可以逐渐下移拉杆，使低温恒温器进一步降温，以促使超导转变的完成。在此过程中，转换开关应放在“温差电偶”档，以监视温度的变化。

六、注意事项

1. 认真按照本说明要求进行实验，并一次性取齐数据，避免实验失败。如果实验失败或需要补充不足的数据，则必须将低温恒温器从杜瓦容器中取出并用电吹风机加热，待低温

---

① 超导样品电压引线两端的电压示值 U 是由两部分组成的，即

$$U(\text{正向})=U_0+U_1$$

其中 U_0 是由电路中的乱真电动势引起的，U_1 是由恒流源电流通过超导样品而引起的。当我们利用反向开关使恒流源通过超导样品的电流反向时，只是 U_1 改变为 $-U_1$，而 U_0 并没有改变。因此有

$$U(\text{反向})=U_0-U_1$$

$$U_0=[U(\text{正向})+U(\text{反向})]/2$$

$$U_1=[U(\text{正向})-U(\text{反向})]/2$$

显然，若在使用反向开关时，超导样品电压引线两端的电压示值 U 的数值和符号都相同，则表明超导样品的电阻已为零值。

恒温器温度计示值重新恢复到室温数据附近时，再重做本实验。否则，所得数据点将有可能偏离规则曲线较远。

2. 恒流源不可开路，稳压电源不可短路。PZ158 直流数字电压表也不宜长时间处在开路状态，必要时可利用随机提供的校零电压引线将输入端短路。

3. 为了达到标称的稳定度，PZ158 直流数字电压表和电源盒至少应预热 10min 以上。

4. 在电源盒开启交流 220V 总电源之前，须作如下检查：各恒流源和直流稳压电源的分电源开关均应处在断开状态，电加热器的电压旋钮应处在指零位置上，所有的电路应连接正确。

5. 低温下，塑料套管又硬又脆，极易折断。在实验结束取出低温恒温器时，一定要避免温差电偶和液面计的参考端与杜瓦容器出口处或底部相碰。

6. 在旋松固定螺母并下移拉杆时，一定要握紧拉杆，以免拉杆下滑。

7. 低温恒温器的引线拉杆是厚度仅 0.5mm 的薄壁德银管，注意一定不要使其受力损坏。

8. 切忌磕伤不锈钢金属杜瓦容器底部的真空封嘴以及内筒壁。

七、思考题

1. 在低温恒温器逐渐插入不锈钢杜瓦容器并接近液氮面的过程中，液面计指示值的变化有何规律？如何说明？如何判断低温恒温器的下挡板或紫铜圆筒底部碰到了液氮面？

2*. 利用你的物理知识，设想可以用哪些方法来测量和控制不锈钢杜瓦容器中的液氮面位置？

3. 在“四引线法测量”中，电流引线和电压引线能否互换？为什么？

4. 确定超导样品的零电阻时，测量电流为何必须反向？该方法所判定的“零电阻”与实验仪器的灵敏度和精度有何关系？

5. 如果分别在降温和升温过程中测量超导转变曲线，结果将会怎样？为什么？

6*. 零电阻常规导体遵从欧姆定律，它的磁性有什么特点？超导体的磁性又有什么特点？它是否是独立于零电阻性质的超导体的基本特性？

7*. 利用硅二极管 PN 结正向电压随温度变化的线性关系，可以得到那些物理信息？

实验 15　黑体辐射实验

一、实验目的

1. 验证普朗克辐射定律。

2. 验证斯特藩-玻耳兹曼定律。

3. 验证维恩位移定律。

4. 学会测量一般发光体辐射能量曲线的方法。

二、实验原理

1. 黑体辐射的光谱分布

固体或液体，在任何温度下都在发射各种波长的电磁波，这种由于物体中的分子、原子受到激发而发射电磁波的现象称为热辐射。所辐射电磁波的特征仅与温度有关。物体辐射总能量及能量按波长的分布状态都决定于温度。若物体在任何温度下，对任何波长的辐射能的吸收比都等于 1，则称该物体为绝对黑体，简称黑体。黑体是一种理想的辐射能源，其辐射仅取决于它的温度，它在给定的温度下比在同样温度下的任何实际物体辐射出更多的能量，故也称之为“完全辐射体”或“理想的温度辐射体”或“普朗克辐射体”。

研究黑体辐射的规律是了解一般物体热辐射性质的基础。不透明的材料制成带小孔的空腔，可近似看作黑体。19 世纪末，很多著名的科学家包括诺贝尔奖获得者，对于黑体辐射都进行了大量实验研究和理论分析，实验测出黑体的辐射能量在不同温度下与波长的关系曲线图，如图 2.15-1 所示。

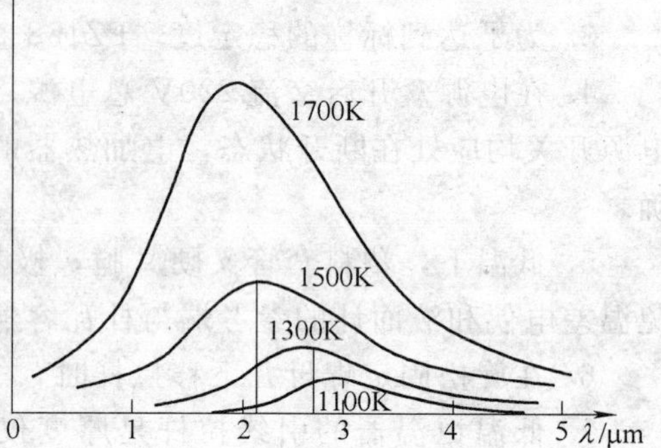

图 2.15-1 黑体的辐射能量分布曲线

对于如何从理论上找到此曲线的函数式 $M_{\lambda T}=f(\lambda, T)$，历史上曾引起一场巨大风波。维恩(Wien)由热力学的讨论，并加上一些特殊的假设得出一个分布公式——维恩公式，这个公式与实验曲线波长短处符合得很好，但在波长很长处与实验曲线相差较大。瑞利(Rayleigh)和金斯(Jeans)根据经典电动力学和统计物理学也得出黑体辐射能量分布公式，这个公式在波长很长处与实验曲线比较相近，但在短波部分则完全不符合。经典理论遭到严重失败，普朗克提出能量量子化假说，基于这个假定，由玻耳兹曼分布律和经典电动力学理论，得到黑体的光谱辐出度——普朗克公式

$$M_{\lambda T}=2\pi hc^2\lambda^{-5}\frac{1}{e^{\frac{hc}{k\lambda T}}-1}(\mathrm{W\cdot m^{-3}}) \tag{2.15-1}$$

式中，普朗克常数 $h=6.6260755\times10^{-34}\,\mathrm{J\cdot s}$；玻耳兹曼常数 $k=1.380658\times10^{-23}\,\mathrm{J\cdot K^{-1}}$；光速 $c=3.0\times10^8\,\mathrm{m\cdot s^{-1}}$。

黑体的光谱辐射亮度，由下式给出：

$$L_{\lambda T}=\frac{M_{\lambda T}}{\pi}(\mathrm{W\cdot(m^3\cdot Sr)^{-1}}) \tag{2.15-2}$$

2. 黑体的积分辐射——斯特藩-玻耳兹曼定律

斯特藩和玻耳兹曼先后从实验和理论上得出黑体总辐射出射度和与温度之间的关系

$$M_T=\int_0^\infty M_{\lambda T}\,d\lambda=\sigma T^4(\mathrm{W\cdot m^{-2}}) \tag{2.15-3}$$

其中 $\sigma=5.67\times10^{-8}\,\mathrm{W\cdot(m^2\cdot K^4)^{-1}}$，叫做斯特藩常数。它表明了黑体在单位面积和单位时间内辐射的总能量与黑体绝对温度 T 的 4 次方成正比。

黑体的辐射亮度

$$L_T=\frac{M_T}{\pi}=\frac{\sigma T^4}{\pi}(\mathrm{W\cdot(m^2\cdot Sr)^{-1}}) \tag{2.15-4}$$

3. 维恩位移定律

维恩通过实验和理论分析，得出对于给定温度 T，黑体的光谱辐出度 $M_{\lambda T}$ 有一最大值，其对应波长为 λ_{max}。

$$\lambda_{max}=A/T \tag{2.15-5}$$

式中，$A=2.898\times10^{-3}\,\mathrm{m\cdot K}$。

维恩位移定律的另一形式，给出了光谱辐射度的峰值，其形式为

$$M_{\lambda\max}=bT^5 \tag{2.15-6}$$

式中，$b=1.2862\times10^{-5}(\mathrm{W}\cdot(\mathrm{m}^3\cdot\mathrm{K}^5)^{-1})$。

维恩位移定律指明了对应每一温度下最大辐射的波长。随温度的升高，绝对黑体光谱亮度的最大值的波长向短波方向移动。图 2.15-2 给出了 $L_{\lambda T}$ 随波长变化的图形。

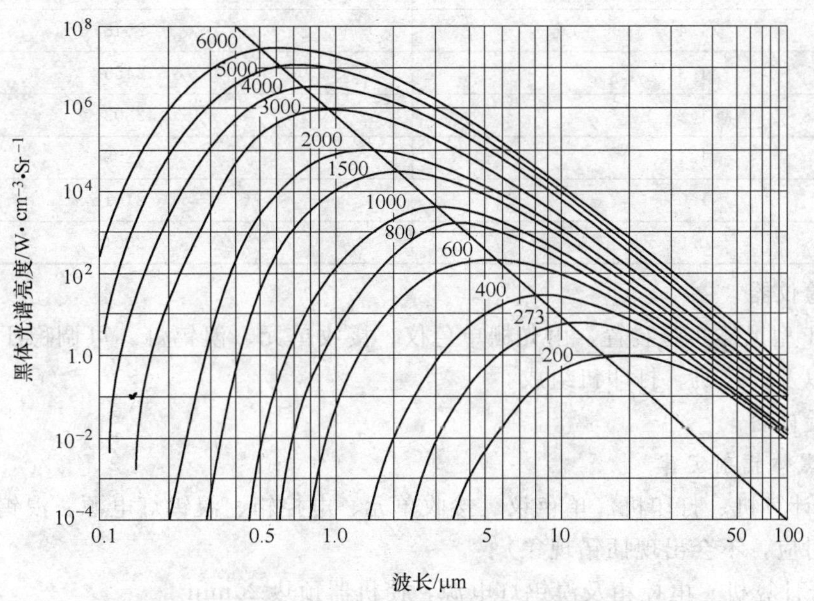

图 2.15-2 黑体的谱线亮度随波长的变化关系

注：①每一条曲线上都标示了黑体的热力学温度。

②与各曲线的最大值相交的对角直线表示了维恩位移定律。

4. 黑体修正

本实验用溴钨灯的钨丝作为辐射体，由于钨丝灯是一种选择性的辐射体，与标准黑体的辐射光谱有一定的偏差，因此必须进行一定修正。钨丝灯辐射光谱是连续光谱，其总辐射本领由下式给出：

$$R_T=\varepsilon_T\sigma T^4 \tag{2.15-7}$$

式中，ε_T 为钨丝的温度为 T 时的总辐射系数，其值为该温度下钨丝的辐射强度与绝对黑体的辐射强度之比

$$\varepsilon_T=\frac{R_T}{M_T}=1-\mathrm{e}^{-BT} \tag{2.15-8}$$

式中，$B=$常数$=1.47\times10^{-4}$。

钨丝灯的辐射光谱分布 $R_{\lambda T}$ 为

$$R_{\lambda T}=\varepsilon_{\lambda T}M_\lambda=\frac{2\pi hc^2\varepsilon_{\lambda T}\lambda^{-5}}{\mathrm{e}^{hc/\lambda kT}-1} \tag{2.15-9}$$

通过钨丝灯的辐射系数及测得的钨丝灯辐射光谱，用以上公式即可将钨丝灯的辐射光谱修正为绝对黑体的辐射光谱，从而进行黑体辐射定律的验证。表 2.15-1 中给出了溴钨灯的工作电流与色温的对应关系。

表 2.15-1　溴钨灯的工作电流与色温的对应关系

电流/A	实测色温/K
1.7	2999
1.6	2889
1.5	2674
1.4	2548
1.3	2455
1.2	2303
1.1	2208
1.0	2101
0.9	2001

三、实验仪器

WHS—1 型黑体实验装置，由光栅单色仪、接收单元、溴钨灯、可调稳压溴钨灯光源、电源控制箱以及计算机、打印机组成。

四、实验内容

1. 验证黑体辐射定律

(1)连接计算机、打印机、单色仪、接收单元、电控箱、溴钨灯电源、溴钨灯。(各连接线接口一一对应，不会出现插错现象)

(2) 打开计算机、电控箱及溴钨灯电源，使机器预热 20min。

(3) 将溴钨灯电源的电流调节为 1.7A(即色温在 2999K)扫描一条从 800～2500nm 的曲线，即得到在色温 2999K 时的黑体辐射曲线。(可依次做不同色温下的各条黑体辐射曲线，分别存入各寄存器，最多可以存 9 条曲线。)

(4) 分别验证普朗克定律，斯特藩-玻耳兹曼定律，维恩位移定律。

(5) 将实验数据及表格打印出来。

2. 测量其他发光体的能量曲线

(1) 将待测发光体(光源)置于仪器的入射狭缝处；

(2) 按照计算机软件提示的步骤，可以测量其发光体的辐照度(工作距离为 594mm 处的辐照度)。

(3) 按照计算机软件提示的步骤，可以测量其辐射能曲线(辐射度的光谱能量分布)。

(4)将实验数据及表格打印出来。

3. 观察窗的演示实验

点击该实验后，按照提示操作，可以实现如下两种演示：

(1) 观察光栅的二级光谱

平面衍射光栅是由间距规则的许多同样的衍射元构成的，光栅上所有点的照明彼此间是相干的，从不同衍射元发出的子波是同相位的。因为所有的衍射元同相位，所以衍射光的相对能量除具有一个极大值即 0 级光谱外，还具有其他级次的光谱，如 2 级，3 级光谱等。

本黑体测量实验装置的光谱扫描范围为 800～2500nm，属于近红外波段，可见光谱带 400～780nm 的紫、蓝、青、绿、黄、红光谱在 800～2500nm 近红外波段是看不到的，但紫、蓝、青、绿、黄、红二级光谱会出现在800～1300nm区间，即在观察窗口的毛玻璃上可以看到从紫光到红光依次出现的彩色光谱带。在1300～2500nm区间，同样可以观察到三级光谱的彩带。

(2) 观察黑体的色温

黑体是假想的光源和辐射源，是一种理想化概念，它是一种用来和别的辐射源进行比较的理想的热辐射体。根据定义，我们就不可能做出一个黑体。现在市场上出售的黑体实际上是用于校准的"黑体模拟器"，但是现在所有从事红外领域的工作者都把这类校准辐射源称为"黑体"。

所谓色温就是表示光源颜色的温度。一个光源的色温就是辐射同一色品的光的黑体的温度。

本黑体实验装置是通过改变溴钨灯电源控制箱的电流，实现改变色温的。观察色温现象见表2.15-2。

表2.15-2 黑体色温的变化

电流/A	实测色温/K	相应的其他光源的色温/K
1.7	2999	500W钨丝灯(复绕双螺旋灯丝)3000
1.6	2889	100W钨丝灯(复绕双螺旋灯丝)2890
1.5	2674	铱熔点黑体2716
1.4	2548	
1.3	2455	乙炔灯2350
1.2	2303	钠蒸汽灯(高压)2200
1.1	2208	
1.0	2101	铂熔点黑体2043
0.9	2001	蜡烛的火焰1925K

五、注意事项

1. 应先打开黑体实验装置，再运行程序，否则程序将报告硬件未准备好。

2. 实验结束前，应先用检索功能将当前波长检索到800nm，使机械系统受力最小，然后关闭应用程序，最后关闭黑体实验装置和溴钨灯。

3. 调整狭缝时请注意调整范围(1～2.5mm)，不可过大或过小，以免造成对狭缝的损坏。

4. 实验测得的数据是相对值。

六、思考题

1. 实验为何能用溴钨灯进行黑体辐射测量并进行黑体辐射定律验证？

2. 实验中使用的光谱分布辐射度与辐射能量密度有何关系？

实验16 物体色度值的测量

研究光源或经光源照射后物体透射、反射颜色的学科称为色度学。这是一门有着广泛应用的学科，目的是对人眼能观察到的颜色进行定量的测量。无论是在纺织、印染、印刷、染料、涂料、塑料、食品、油漆、建筑等行业，还是在计量、医学、电视、电影、照相、环境美化、交通信号、产品鉴定以及遥感、信息处理和空间光学等各个领域，都离不开对颜色的测量和研究。

色度学本身涉及物理、生理及心理等领域的知识，是一门交叉性很强的边缘学科。为了把“颜色”这个经过生理及心理等因素加工后的生物物理量变换到客观的纯物理量，从而能使用光学仪器对色光进行测量，以消除那些因人而异、含混不清的颜色表达方式，需要经过大量的科学实验，将感性认识上升到理性阶段，再去指导人们对颜色的正确测量。

一、实验目的

1. 了解色度学的基本原理。
2. 熟悉 WGS—8 型色度仪的实验装置及软件操作界面，并掌握使用方法。
3. 学会用透射或反射方法测量样品的主波长、纯度、色坐标等色度学量。

二、实验原理

1. 色度学的两个实验结论

通过大量的有关人眼对颜色观察的实验，可总结出两个基本的实验事实：一个事实是三原色合成法则，即任何颜色都能用不多于三种的合适的单色光按一定比例混合得到，这三种色光被称为三原色。这三种单色光一般选取 R(红)、G(绿)、B(蓝)三色；第二个事实是颜色的加法法则，即在一定的观察条件下，颜色的混合满足简单相加关系，而这个一定的观察条件是相当宽的，一般的应用中都能够满足。

在很多地方我们都可看到这两个法则的运用。最直接的，大家贴近仔细地瞧正在发光的计算机显示屏或电视机显示屏，就可看到白色的屏，是由红、绿、蓝三种颜色的小发光点或条组成的。

2. 颜色三刺激值和色度空间

国际照明委员会(简称 CIE)规定 R、G、B 三原色的波长分别为 700 nm、546.1 nm 和 435.8 nm。在颜色的匹配实验(所谓匹配，就是用三原色去凑到与待测的色光一致)中发现，当这三原色光的相对亮度比例为 1.0000 ∶ 4.5907 ∶ 0.0601 时就能匹配出等能白光，所以 CIE 选取这一比例作为红、绿、蓝三原色的各自单位量，分别记为(R)、(G)、(B)，即当颜色为等能白光时(R) ∶ (G) ∶ (B)＝1 ∶ 1 ∶ 1。显然，当(R)、(G)、(B)不等份时，混合的结果为色光，颜色匹配可用颜色方程表示

$$C=R(R)+G(G)+B(B) \tag{2.16-1}$$

式中，C 表示待配色光；(R)、(G)、(B)代表产生混合色的红、绿、蓝三原色的单位量。R、G、B 分别为匹配待配色所需要的红、绿、蓝三原色单位量的份数，这个份数被称为颜色刺激值，相当于色光 C 中的权重。

按照颜色的加法法则，权重的比例不变，颜色就不变，但总的光能可以变化，所以 C 的数值大小表示了亮度。很明显，当红、绿、蓝三原色单位量已定的条件下，对某一色光来说 R、G、B 的各分量大小是唯一确定的，所以我们可以用 R、G、B 构成一个色度空间，而 C 是色度空间的一个点。又因为红、绿、蓝三原色的单位化只是一个比例关系，可相差一个比例常数，所以 C 的坐标不用 R、G、B 直接表示，而是用在总量中占的比例，即 R、G、B 的相对大小来表示

$$(C) = r(R) + g(G) + b(B) \tag{2.16-2}$$

其中

$$r=\frac{R}{R+G+B},\quad g=\frac{G}{R+G+B},\quad b=\frac{B}{R+G+B},r+g+b=1$$

3. **光谱三刺激值和1931CIE—XYZ标准色度系统**

如果取色光C为单一波长的光，那么匹配所得到的份数就是这个单色光的刺激值。如果C的波长遍及可见光范围，则可得到刺激值按波长的变化，这个变化称为光谱三刺激值。它反映了人眼对光-色转换按波长变化的规律，这是颜色定量测量的基础。这相当于眼睛有三个独立的探测通道，每一个通道的光谱灵敏度即光谱响应就是光谱三刺激值。显然，为了得到正确的光谱三刺激值，每一被测波长光的光强必须相等。

CIE—RGB光谱三刺激值是以317位正常视觉者，用CIE规定的红、绿、蓝三原色光，对等能光谱色从380 nm到780 nm所进行的专门性颜色混合匹配实验得到的。实验时，匹配到光谱中某个一波长为等能光谱色时所需要的红、绿、蓝三原色数量，称为CIE—RGB光谱三刺激值，记为$\bar{r}(\lambda)$、$\bar{g}(\lambda)$、$\bar{b}(\lambda)$。它是CIE在对等能光谱色进行匹配时用来表示红、绿、蓝三原色的专用符号。因此，匹配某波长λ的等能光谱色$C(\lambda)$的颜色方程为

$$C(\lambda)=\bar{r}(\lambda)(R)+\bar{g}(\lambda)(G)+\bar{b}(\lambda)(B) \tag{2.16-3}$$

上面介绍的表色系统称为1931CIE—RGB真实三原色表色系统，但在实际应用中十分不便，因此，CIE推荐了一个新的国际色度学系统——1931CIE—XYZ系统，又称为XYZ国际坐标制。它是通过对R、G、B三刺激值进行坐标转换完成的，其转换关系如下式所示：

$$\begin{cases}X=2.7689R+1.7517G+1.1302B\\Y=1.0000R+4.5907G+0.0601B\\Z=0R+0.0565G+5.5943B\end{cases} \tag{2.16-4}$$

利用式(2.16-4)，可以将光谱三刺激值$\bar{r}(\lambda)$、$\bar{g}(\lambda)$、$\bar{b}(\lambda)$转换到XYZ系统中，分别记为$\bar{x}(\lambda)$、$\bar{y}(\lambda)$、$\bar{z}(\lambda)$。$\bar{x}(\lambda)$、$\bar{y}(\lambda)$、$\bar{z}(\lambda)$按波长的变化如图2.16-1所示。

在XYZ选择原色时考虑到只有Y值既代表色品又代表亮度，而X，Z只代表色品，所以，$\bar{y}(\lambda)$曲线与明视觉光谱光视效率函数一致，即$\bar{y}(\lambda)=V(\lambda)$。明视觉光谱效率函数$V(\lambda)$是指在明视觉条件下，用等能光谱色照射时，亮度随波长变化的相对关系，它反映了人眼对光的亮度感觉，如图2.16-2所示，其中最大值为$V(555)$。

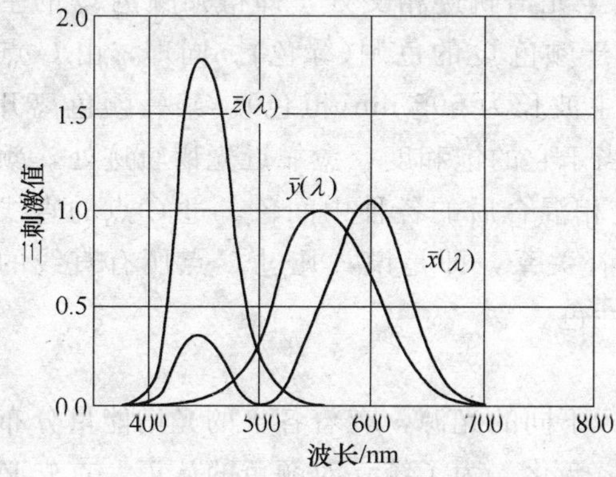

图2.16-1 CIE标准色度观察者光谱三刺激值

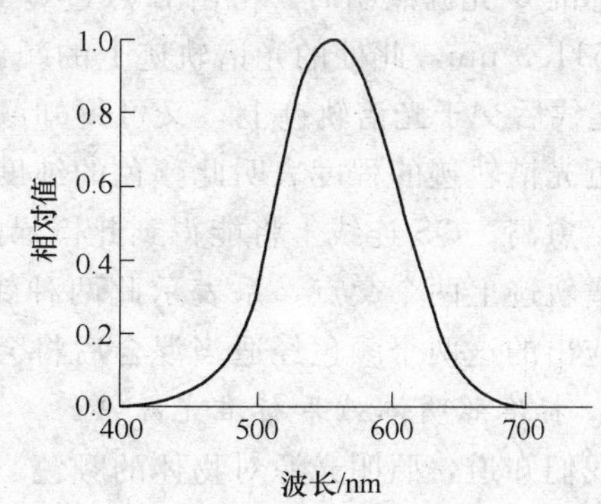

图2.16-2 明视觉光谱效率函数$V(\lambda)$

4. **色度坐标**

同样，在 XYZ 标准色度系统中，色度空间坐标也用三原色各自在$(X+Y+Z)$总量中的相对比例来表示。

除颜色的明度可直接由 Y 表示外，其余的三个色度坐标分别为

$$x=\frac{X}{X+Y+Z},\quad y=\frac{Y}{X+Y+Z},\quad z=\frac{Z}{X+Y+Z} \tag{2.16-5}$$

由于 $x+y+z=1$，故色度坐标一般只选用 x、y 即可。

5. 色度图

在颜色匹配实验中所得到的 R、G、B 的量值称为颜色三刺激值。在 XYZ 标准色度系统中就是 X、Y、Z。综上所述，任何颜色光都可以被分解为三个对人眼的颜色刺激值 X、Y、Z。因此，包括光源颜色，物体的透、反射颜色等自然界所能观察到的任何颜色均能由 Y、x、y 这三个参数来表征，其中 x、y 表示了色调、饱和度，而 Y 表示了亮度。

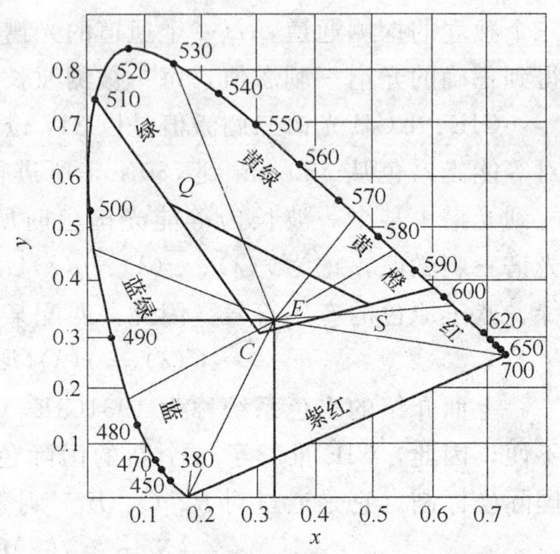

图 2.16-3　1931CIE-xy 色度图

把上述的规律归纳起来，可以集中地表示在 1931CIE-xy 色度图中，如图 2.16-3 所示。色度图的 x 坐标相当于红原色的比例，y 坐标相当于绿原色的比例，因为 $z=1-(x+y)$，则蓝原色的比例就无需给出。图中的偏马蹄形曲线是光谱轨迹，连接 400 nm 和 700 nm 的直线是无法用单色可见光表示的紫红色，它是由光谱两端的红和紫色混合后所得到的非光谱色，凡是偏马蹄形曲线内部的所有坐标点(包括这条封闭曲线本身)都是物理上能够实现的颜色。

由于三原色的分量各占 1/3，所以色度坐标为 $x=y=z=0.33$ 的 E 点称为“等能白”。这是一个假想的白光，而用于颜色测量中的三个由 CIE 规定的标准光源 A、C、D 则分别位于 E 点的周围(物体的颜色与照明光源有关)。

例如颜色 Q 的坐标为：$x_Q=0.16$，$y_Q=0.55$，颜色 S 的坐标为：$x_s=0.50$，$y_s=0.34$，在用标准 C 光源照明时，可由 C 点过 Q 作一直线至光谱轨迹相交处，即得知颜色 Q 的主波长为 511.3 nm，此处的光谱轨迹上的颜色就相当于颜色 Q 的色调(绿色)。同理，由 C 点经 S 点连线后交于光谱轨迹上，又可得知颜色 S 的主波长为 595 nm(橙色)。某一颜色离开 C 点接近光谱轨迹的程度表明此颜色的纯度，即相当于它的饱和度，愈靠近光谱轨迹处，颜色的纯度愈高。QS 连线上将能得到此橙绿两种颜色相混合后的各种中间色。过 C 点的直线交于光谱轨迹上两个交点，系表示此两种颜色成互补关系，即是说，凡过 C 点所有直线的端点对应出的这两个颜色经适当混合后将会得到中性色。

6. 标准照明体 A 和标准光源 A

我们知道，照明光源对物体的颜色影响很大。不同的光源，有着各自的光谱能量分布及颜色，在它们的照射下物体表面呈现的颜色也随之变化。为了统一对颜色的认识，首先必须规定标准的照明光源。因为光源的颜色与光源的色温密切相关，所以 CIE 规定了标准照明体的色温标准，其中常用的是标准照明体 A，代表黑体在 2856K 发出的光($X_0=109.87$，Y_0

$=100.00$，$Z_0=35.59$）。

CIE 规定的标准照明体是指特定的光谱能量分布，并不是一个物理上的光源。为了实现 CIE 规定的标准照明体的要求，还必须规定标准光源，以具体实现标准照明体所要求的光谱能量分布。对于标准照明体 A，CIE 推荐的标准光源 A 为色温为 2856 K 的充气螺旋钨丝灯，其光色偏黄。其光谱分布如图 2.16-4 所示。

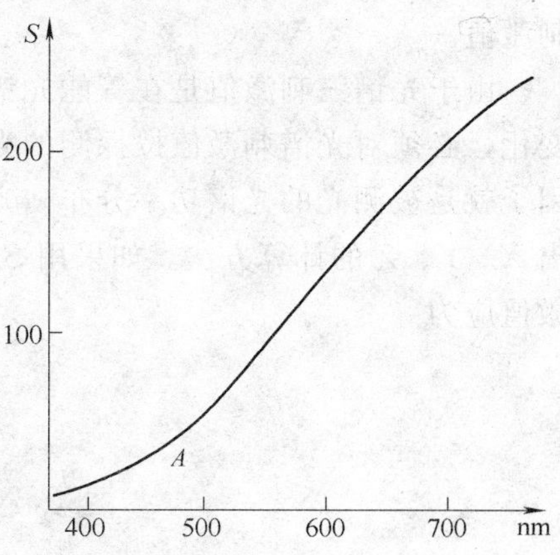

图 2.16-4 A 光源的功率分布

7. **主波长和色纯度**

颜色的色品除用色品坐标表示外，CIE 还推荐可以用主波长和色纯度来表示。

一种颜色 S_λ 的主波长，指的是某一种光谱色的波长，这种光谱色按一定比例与一种确定的标准参照光源相加混合，能匹配出颜色 S_λ。任一样品颜色 $M(x, y)$的色调是由其标准照明光源坐标点（如 A 光源）到 M 点连线并延长与光谱轨迹相交于 N 点，N 点的光谱色的色调，即为主波长。它可以根据照明光源坐标点（如 A 光源）到 M 点连线的斜率，查表得到。连接标准照明光源坐标点（如 A 光源）与样品点 $M(x, y)$ 直线的斜率可以用下式计算：

$$K=\frac{x-x_A}{y-y_A} \quad 或 \quad K=\frac{y-y_A}{x-x_A} \tag{2.16-6}$$

在这两个斜率中选一个较小的绝对值，查表得出样品的主波长。

色纯度是指样品的颜色同主波长光谱色接近的程度，有兴奋纯度和色度纯度两种表示方法。

兴奋纯度：一种颜色可以被看成是一种光谱色与参考白光以一定比例的混合色。兴奋纯度表示了主波长的光谱色被白光冲淡的程度，实质上是指主波长的光谱色的三刺激值在样品三刺激值中所占的比重

$$P_e=\frac{X_\lambda+Y_\lambda+Z_\lambda}{X+Y+Z} \tag{2.16-7}$$

式(2.16-7)中，X_λ、Y_λ 和 Z_λ 为颜色(M) 所包含的主波长光谱色的三刺激值；X、Y 和 Z 为颜色(M)的三刺激值。在 CIE 色度图上 P_e 可用标准照明光源坐标点（如 A 光源）到样品点的距离与样品点到主波长点的距离的比例表示，即

$$P_e=\frac{x-x_A}{x_\lambda-x_A} \quad 或 \quad P_e=\frac{y-y_A}{y_\lambda-y_A} \tag{2.16-8}$$

色度纯度（亮度纯度）是指颜色的纯度也可用该颜色所包含的光谱色的光亮度与该颜色的总光亮度比值来表示，用符号 P_c 表示，即

$$P_c=\frac{Y_\lambda}{Y} \tag{2.16-9}$$

Y_λ 为主波长光谱色的亮度，Y 为样品色的亮度。P_c 可以用色品坐标来表示

$$P_c=\frac{y_\lambda}{y}P_e=\frac{y_\lambda(x-x_A)}{y(x_\lambda-x_A)}=\frac{y_\lambda(y-y_A)}{y(y_\lambda-y_A)} \tag{2.16-10}$$

8. **光的色度学参数计算方法**

前面已指出，任何颜色光都可以被分解为三个对人眼的颜色刺激值 X、Y、Z，所以颜

色的测量就归结于如何计算 X、Y、Z，而计算的基础就是人眼的光—色转换规律：光谱三刺激值。

由于光谱三刺激值是在等能光谱色条件下测定的，而要探测的光的光强按波长有强弱的变化，必须对光谱刺激值按探测的光的光强变化乘上一个比例因子。很容易想到，这个比例因子就是被测光的光谱功率分布—光强与波长的关系，又考虑到色光加法原理，我们即可得出 X、Y、Z 的计算方法。如果用 S_λ 表示某待测光源的相对光谱功率分布，则该光源的三刺激值应为

$$\begin{cases} X = k\int S(\lambda)\overline{x}(\lambda)\mathrm{d}\lambda \\ Y = k\int S(\lambda)\overline{y}(\lambda)\mathrm{d}\lambda \\ Z = k\int S(\lambda)\overline{z}(\lambda)\mathrm{d}\lambda \end{cases} \tag{2.16-11}$$

式(2.16-11)中，常数 $k = \dfrac{100}{\int S(\lambda)\overline{y}(\lambda)\mathrm{d}\lambda}$，称为调整因子，它是将 Y 值调整为 100%时得到的常数项；光谱刺激值 $\overline{x}(\lambda)$、$\overline{y}(\lambda)$、$\overline{z}(\lambda)$可由查表得到。所以只要测得 $S(\lambda)$就能计算 X、Y、Z，进而根据式(2.16-5)求出色度坐标。

在实际计算时，积分可用求和代替

$$\begin{cases} X=k\sum S(\lambda)\overline{x}(\lambda)\Delta\lambda \\ Y=k\sum S(\lambda)\overline{y}(\lambda)\Delta\lambda \\ Z=k\sum S(\lambda)\overline{z}(\lambda)\Delta\lambda \end{cases} \tag{2.16-12}$$

对透射物体而言，式(2.16-11)中的 $S(\lambda)$项将包含两个内容：$S(\lambda)=S_N(\lambda)\tau(\lambda)$，其中 $S_N(\lambda)$是透射某物体时所用光源的相对光谱功率分布，常用的光源是标准 A 光源，而透射率 $\tau(\lambda)$是表示在某个波长值下，出射光强与入射光强的比值，即

$$\tau(\lambda)=\frac{E_\circ(\lambda)}{E_\mathrm{i}(\lambda)} \tag{2.16-13}$$

因此，对透视物体的颜色三刺激值有

$$\begin{cases} X = k\int S_A(\lambda)\tau(\lambda)\overline{x}(\lambda)\mathrm{d}\lambda \\ Y = k\int S_A(\lambda)\tau(\lambda)\overline{y}(\lambda)\mathrm{d}\lambda \\ Z = k\int S_A(\lambda)\tau(\lambda)\overline{z}(\lambda)\mathrm{d}\lambda \end{cases} \tag{2.16-14}$$

同理，对反射物体也是相应处理。

三、实验仪器

WGS—8 型色度实验系统，由光栅单色仪、接收单元、扫描系统、电子放大器、A/D 采集单元、计算机及打印机组成。

四、实验内容

1. 一般实验的操作步骤

(1)检查连线是否正确。

(2)打开仪器电源。

(3)启动计算机控制软件。

(4)测量计算。

(5)关闭计算机控制软件。

(6)关闭仪器。

2. 发光体的测量方法

(1)在开机的情况下，检查是否使用的是出缝 1，若不是，应把转镜拨到出缝 1 上。

(2)把光源换为待测发光体。

(3)在“发光体”模式下测量发光体的能量曲线。

(4)打开“色度计算”窗口，选择寄存器和等能光源后，计算该发光体在等能光源下的色度坐标及其他参数。

3. 未知色光源的光谱测量

设标准 A 光源的光谱为 S_λ，未知色光源的光谱为 S_X，测量系统的光谱响应为 $D(\lambda)$，对两个光源分别测量可得到 $A_1(\lambda)=D(\lambda)S_A(\lambda)$，$A_2(\lambda)=D(\lambda)S_X(\lambda)$，所以有

$$S_X(\lambda)=\frac{A_2(\lambda)}{A_1(\lambda)}S_A(\lambda)$$

4. 透射样品的测量方法

(1) 在开机的情况下，检查是否使用的是出缝 1。

(2) 样品池置空，调节负高压及狭缝，使测量到的反射基线比较大，但信号又没溢出(此步骤可能要反复做几遍才能得到理想的结果)。

(3) 上面确定的条件不变的情况下，做透射基线。

(4) 放入三基色滤光片，测量透射率。

(5) 打开“色度计算”窗口，选择寄存器和参照光源后，计算该样品在参照光源下的色度坐标及其他参数。

5. 反射样品的测量方法

(1)在开机的情况下，检查是否使用的是出缝 2，若不是把转镜拨到出缝 2 上。

(2)放入标准白板，调节负高压及狭缝，使测量到的透射基线比较大，但信号又没溢出(此步骤可能要反复做几遍才能得到理想的结果)。

(3)在上面确定的条件不变的情况下，使用标准白板做反射基线。

(4)放入样品，测量样品的反射率。

(5)打开“色度计算”窗口，选择寄存器和参照光源后，计算该样品在参照光源下的色度坐标及其他参数。

五、思考题

1. 什么是光谱三刺激值？光谱三刺激值有什么意义？

2. 什么是颜色三刺激值？它与光谱三刺激值是什么关系？

实验 17 磁光效应实验

引言

1845 年，法拉第(Faraday)在探索电磁现象和光学现象之间的联系时，发现了一种现

象：当一束平面偏振光穿过介质时，如果在介质中，沿光的传播方向加上一个磁场，就会观察到光经过样品后偏振面转过一个角度，亦即磁场使介质具有了旋光性，这种现象后来就称为法拉第效应。

法拉第效应有许多方面的应用，它可以作为物质结构研究的手段，如根据结构不同的碳氢化合物，其法拉第效应的表现不同来分析碳氢化合物；在半导体物理的研究中，它可以用来测量载流子的有效质量和提供能带结构的知识；在电工技术测量中，它还被用来测量电路中的电流和磁场；特别是在激光技术中，利用法拉第效应的特性，制成了光波隔离器或单通器，这在激光多级放大技术和高分辨激光光谱技术中都是不可缺少的器件。此外，在激光通信、激光雷达等技术中，也应用了基于法拉第效应的光频环行器、调制器等。

一、实验目的

1. 了解法拉第效应的经典理论。

2. 初步掌握进行磁光测量的基本方法。

二、实验原理

1. 法拉第效应实验规律

实验表明，当磁场不是非常强时，法拉第效应中偏振面转过的角度 θ，与沿介质厚度方向所加磁场的磁感应强度 B 及介质厚度 d 成正比，即

$$\theta = VBd \tag{2.17-1}$$

或

$$\theta = V\int_0^d B\mathrm{d}l \tag{2.17-2}$$

式中，比例系数 V 由物质和工作波长决定，表征着物质的磁光特性，这个系数称为费尔德(Verdet)常数。费尔德常数 V 与磁光材料的性质有关，对于顺磁、弱磁和抗磁性材料(如重火石玻璃等)，V 为常数，即 θ 与磁场强度 B 有线性关系；而对于铁磁性或亚铁磁性材料(如 YIG 等立方晶体材料)，θ 与 B 不是简单的线性关系。表 2.17-1 为几种物质的费尔德常数。几乎所有物质(包括气体、液体、固体)都存在法拉第效应，不过一般都不显著。

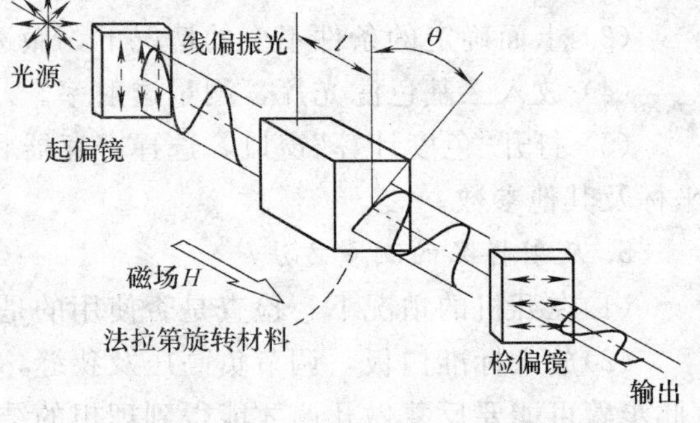

图 2.17-1　法拉第效应

表 2.17-1　几种材料的费尔德常数

物质	波长/nm	V/弧分·T^{-1}·cm^{-1}
水	589.3	1.31×10^2
二硫化碳	589.3	4.17×10^2
轻火石玻璃	589.3	3.17×10^2
重火石玻璃	830.0	$8\times10^2\sim10\times10^2$
冕玻璃	632.8	$4.36\times10^2\sim7.27\times10^2$
石英	632.8	4.83×10^2
磷素	589.3	12.3×10^2

不同的物质，偏振面旋转的方向可能不同。设想磁场 B 是由绕在样品上的螺旋线圈产

生的。习惯上规定：振动面的旋转方向和螺旋线圈中电流方向一致，称为正旋($V>0$)；反之，叫做负旋($V<0$)。对于每一种给定的物质，法拉第旋转方向仅由磁场方向决定。而与光的传播方向无关(不管传播方向与 B 同向或反向)。这是法拉第磁光效应与某些物质的固有旋光效应的重要区别。固有旋光效应的旋光方向与光的传播方向有关。对固有旋光效应而言，随着顺光线和逆光线方向观察，线偏振光的振动河的旋向是相反的，因此，当光波往返两次穿过固有旋光物质时，则会一次沿某一方向旋转，另一次沿相反方向旋转，结果是振动面复位，即振动面没有旋转。而法拉第效应则不然，在磁场方向不变的情况下，光线往返穿过磁致旋光物质时，法拉第转角将加倍，即转角为 2θ。利用这一特性，可令光线在介质中往返数次，从而使旋转角度加大。这一性质使得磁光晶体在激光技术、光纤通信技术中获得重要应用。

与固有旋光效应类似，法拉第效应也有旋光色散，即费尔德常数 V 随波长 λ 而变。一束白色线偏振光穿过磁致旋光物质，紫光的偏振面要比红光的偏振面转过的角度大，这就是旋光色散。实验表明，磁致旋光物质的费尔德常数 V 随波长 λ 的增加而减小，如图 2.17-2 所示，旋光色散曲线又称为法拉第旋转谱。

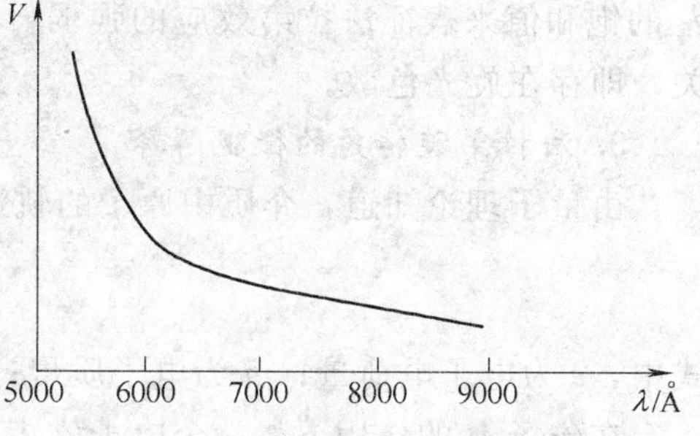

图 2.17-2　磁致旋光色散曲线

2. 法拉第效应的唯象解释

从光波在介质中传播的图像看，法拉第效应可以做如下解释：一束平行于磁场方向传播的线偏振光，可以看做是两束等幅左旋和右旋圆偏振光的叠加。这里左旋和右旋是相对于磁场方向而言的。

如果磁场的作用是使右旋圆偏振光的传播速度 c/n_R 和左旋圆偏振光的传播速度 c/n_L 不等，于是通过厚度为 d 的介质后，便产生不同的相位滞后

$$\phi_R=\frac{2\pi}{\lambda}n_R d,\qquad \phi_L=\frac{2\pi}{\lambda}n_L d \tag{2.17-3}$$

式中，λ 为真空中的波长。

这里应注意，圆偏振光的相位即旋转电矢量的角位移，相位滞后即角位移倒转。在磁致旋光介质的入射截面上，入射线偏振光的电矢量 $\boldsymbol{E}$ 可以分解图 2.17-3a 所示两个旋转方向不同的圆偏振光 $\boldsymbol{E}_R$ 和 $\boldsymbol{E}_L$，通过介质后，它们的相位滞后不同，旋转方向也不同，在出射界面上，两个圆偏振光的旋转电矢量如图 2.17-3b 所示。当光束射出介质后，左右旋圆偏振光的速度又恢复一致，我们又可以将它们合起来考虑，即仍为线偏振光。从图中容易看出，由介质射出后，两个圆偏振光的合成电矢量 $\boldsymbol{E}$ 的振动面相对于原来的振动面转过角度 θ，其大小可以由图 2.17-3b 直接看出，因为

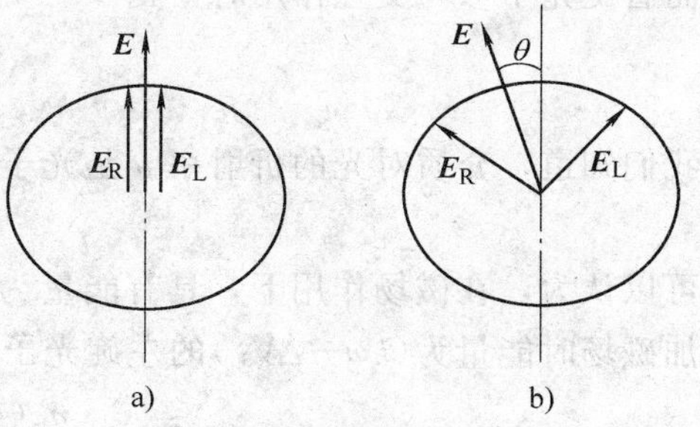

图 2.17-3　法拉第效应的唯象解释

$$\phi_R-\theta=\phi_L+\theta \tag{2.17-4}$$

所以

$$\theta=(\phi_R-\phi_L)/2 \tag{2.17-5}$$

由式(2.17-3)得

$$\theta=\pi d(n_R-n_L)/\lambda=\theta_F\cdot d \tag{2.17-6}$$

当 $n_R>n_L$ 时，$\theta>0$，表示右旋；当 $n_R<n_L$ 时，$\theta<0$，表示左旋。假如 n_R 和 n_L 的差值正比于磁感应强度 B，由式(2.17-6)便可以得到法拉第效应公式(2.17-1)。式中的 $\theta_F=\pi(n_R-n_L)/\lambda$ 为单位长度的旋转角，称为法拉第旋转角。因为在铁磁或者亚铁磁等强磁介质中，法拉第旋转角与外加磁场不是简单的正比关系，并且存在磁饱和，所以通常用法拉第旋转角 θ_F 的饱和值来表征法拉第效应的强弱。式(2.17-6)也反映出法拉第旋转角与通过波长 λ 有关，即存在旋光色散。

3. 法拉第旋转角的微观解释

由量子理论知道，介质中原子的轨道电子具有磁偶极矩 $\boldsymbol{\mu}$，且

$$\boldsymbol{\mu}=-\frac{e}{2m}\boldsymbol{L} \tag{2.17-7}$$

式中，e 为电子电荷量；m 为电子质量；$\boldsymbol{L}$ 为电子的轨道角动量。

在磁场 B 的作用下，一个电子磁矩具有势能 V，则

$$V=-\boldsymbol{\mu}\cdot\boldsymbol{B}=\frac{e}{2m}\boldsymbol{L}\cdot\boldsymbol{B}=\frac{eB}{2m}L_{轴} \tag{2.17-8}$$

其中 $L_{轴}$ 为电子轨道角动量的轴向分量。

在磁场 B 的作用下，当平面偏振光通过介质时，光子与轨道电子发生相互作用，使轨道电子发生能级跃迁时轨道电子吸收角动量 $\Delta L=\Delta L_{轴}=\pm\hbar$，跃迁后轨道电子动能不变，而势能增加了 ΔV，且

$$\Delta V=\frac{eB}{2m}\Delta L_{轴}=\pm\frac{B}{2m}\hbar \tag{2.17-9}$$

当左旋光子参与交互作用时，则

$$\Delta V_L=\frac{eB}{2m}\hbar \tag{2.17-10}$$

而右旋光子参与交互作用时，则

$$\Delta V_R=-\frac{eB}{2m}\hbar \tag{2.17-11}$$

我们知道，介质对光的折射率 n 是光子能量($\hbar\omega$)的函数，所以

$$n=n(\hbar\omega) \tag{2.17-12}$$

可以认为，在磁场作用下，具有能量为($\hbar\omega$)的左旋光子所遇到的轨道电子能级机构等于不加磁场时能量为($\hbar\omega-\Delta V_L$)的左旋光子所遇到的轨道电子能级结构，因此有

$$n_L(\hbar\omega)=n(\hbar\omega-\Delta V_L) \tag{2.17-13}$$

或

$$n_L(\hbar\omega)=n\left(\omega-\frac{\Delta V_L}{\hbar}\right)\approx n(\omega)-\frac{dn}{d\omega}\frac{\Delta V_L}{\hbar}=n(\omega)-\frac{eB}{2m}\frac{dn}{d\omega} \tag{2.17-14}$$

同理，右旋光量子，有

$$n_R(\hbar\omega)=n(\hbar\omega-\Delta V_R) \tag{2.17-15}$$

或

$$n_R(\hbar\omega)=n\left(\omega-\frac{\Delta V_R}{\hbar}\right)\approx n(\omega)-\frac{dn}{d\omega}\frac{\Delta V_R}{\hbar}=n(\omega)+\frac{eB}{2m}\frac{dn}{d\omega} \tag{2.17-16}$$

把式(2.17-14)和式(2.17-16)代入式(2.17-3)得

$$\theta=\frac{DBe}{2mc}\omega\frac{dn}{d\omega} \tag{2.17-17}$$

因为 $\omega=\frac{2\pi c}{\lambda}$，代入式(2.17-17)得

$$\theta=-\frac{DBe}{2mc}\lambda\frac{dn}{d\lambda} \tag{2.17-18}$$

或

$$\theta=V(\lambda)DB \tag{2.17-19}$$

其中

$$V(\lambda)=-\frac{e}{2mc}\lambda\frac{dn}{d\lambda} \tag{2.17-20}$$

称费尔德常数，它反映了介质材料的一种特性。

对于 CGS 制，则有

$$\theta=-\frac{DBe}{2mc^2}\lambda\frac{dn}{d\lambda} \tag{2.17-21}$$

$$V(\lambda)=-\frac{e}{2mc^2}\lambda\frac{dn}{d\lambda} \tag{2.17-22}$$

式(2.17-18)和(2.17-21)就是法拉第效应旋转角的计算公式。它表明法拉第旋转角的大小和样品厚度成正比，和磁场强度成正比，并且和入射波光的波长及介质$\frac{dn}{d\lambda}$的色散有密切关系。

4. 交流磁光调制

用一交流电信号对励磁线圈进行激励，使其对介质产生一交变磁场，就组成了交流(信号)磁光调制器(此时的励磁线圈称为调制线圈)，在线圈未通电流并且不计光损耗的情况下，设起偏器 P 的线偏振光振幅为 A_0，则 A_0 可分解为 $A_0\cos\alpha$ 及 $A_0\sin\alpha$ 两垂直分量，其中只有平行于 P 平面的 $A_0\cos\alpha$ 分量才能通过检偏器，故有输出光强

$$I=(A_0\cos\alpha)^2=I_0\cos^2\alpha \quad \text{(马吕斯定律)} \tag{2.17-23}$$

其中 $I_0=A_0^2$ 为其振幅。式(2.17-23)中 α 为起偏器 P 与检偏器 A 主截面之间的夹角，I_0 为光强的幅值，当线圈通以交流电信号 $i=i_0\sin\omega t$ 时，设调制线圈产生的磁场为 $B=B_0\sin\omega t$，则介质相应地会产生旋转角 $\theta=\theta_0\sin\omega t$，则从检偏器输出的光强为

$$I=I_0\cos^2(\alpha+\theta)=\frac{I_0}{2}[1+\cos2(\alpha+\theta)]=\frac{I_0}{2}[1+\cos2(\alpha+\theta_0\sin\omega t)] \tag{2.17-24}$$

由此可知光输出可以是调制波的相关信号。当 α 一定时，输出光强 I 仅随 θ 变化，因为 θ 是受交变磁场 B 或信号电流 $i=i_0\sin\omega t$ 控制的，从而使信号电流产生的光振动面旋转，转化为光的强度调制，这就是电信号致使入射光旋光角变化从而完成对输出光强调制的基本原理，即磁光调制的基本原理。

5. 磁光调制的基本参量

磁光调制的性能主要由以下两个基本参量来描述。

(1)调制深度 η

$$\eta=\frac{I_{\max}-I_{\min}}{I_{\max}+I_{\min}} \tag{2.17-25}$$

式中，$I_{\max}$和 $I_{\min}$分别为调制输出光强的最大值和最小值。在 $0\leqslant\alpha+\theta\leqslant\frac{\pi}{2}$ 的条件下，参照图 2.17-4 应用倍角公式，由(2.17-24)式得到在$\mp\theta$时的输出光强分别为

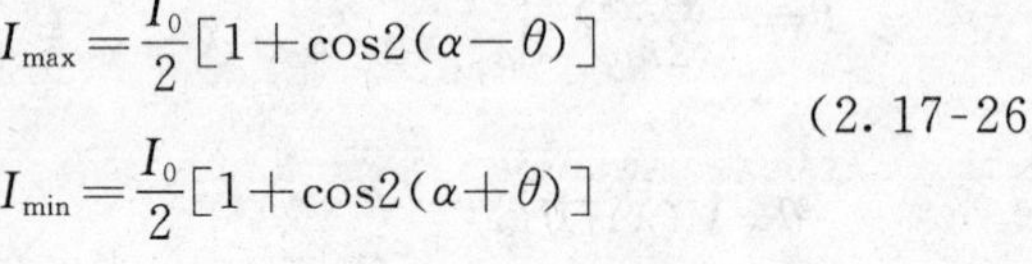

$$I_{\max}=\frac{I_0}{2}[1+\cos2(\alpha-\theta)]$$
$$I_{\min}=\frac{I_0}{2}[1+\cos2(\alpha+\theta)] \tag{2.17-26}$$

(2)调制角幅度 θ_0

令 $I_A=I_{\max}-I_{\min}$为光强调制幅度，将(2.17-26)式代入化简得

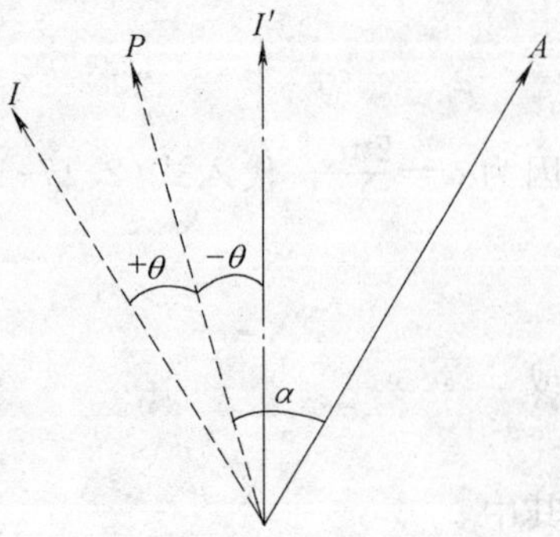

图 2.17-4 调制光强幅度随旋光角变化的情况

$$I_A=I_0\sin2\alpha\sin2\theta \tag{2.17-27}$$

由此可见，若起偏器 P 与检偏器 A 主截面间夹角 $\alpha=45°$时，调制幅度可达最大值，此时，$I_{A\max}=I_0\sin2\theta$，调制输出的极值光强为

$$I_{\max}=\frac{I_0}{2}(1+\sin2\theta)$$
$$I_{\min}=\frac{I_0}{2}(1-\sin2\theta) \tag{2.17-28}$$

将式(2.17-28)代入式(2.17-25)，得 $\alpha=45°$时的调制深度和调制角幅度

$$\eta=\sin2\theta$$
$$\theta=\theta_0=\frac{1}{2}\arcsin\left(\frac{I_{\max}-I_{\min}}{I_{\max}+I_{\min}}\right) \tag{2.17-29}$$

三、实验仪器

SGO—11 型晶体磁光效应实验仪

四、实验内容

1. 观察磁光调制现象

(1)按参考示意图所示，参照图系统连接方法准备就绪(用铽玻璃调制器线缆插入主控单元面板的“正弦信号输出”Q9 插座中)。

(2)调节输出幅度，在示波器上可同时观察到调制波形与解调输出波形；再细调检偏器的转角，即可明显地看到解调波与调制波。

2. 测量调制深度与调制角幅度

在示波器中显示出解调波形时，调节检偏器偏角，使之与起偏器的夹角 $\alpha=45°$，读出波形曲线上相应的光强信号的最大值 $I_{\max}$和最小值 $I_{\min}$，代入相关计算式(2.17-26)中，计算出调制深度 η和调制角幅度 θ_0。(注意：因在交流信号中，线圈感抗较大，故信号变化较小)

3. 测量法拉第效应偏振面旋转角 θ与外加磁场 B 的关系曲线

(1)记录靠近光功率计探头一侧的偏振片角度读数，检测光功率计的读数是否最小，若

不是(由于各种实验误差和偶然因素，不能保证最小读数为 0)，仔细慢慢调节偏振片角度，然后记录检偏器角度读数。

(2)打开电磁铁电源，逐渐增加电流至某一值，此时光功率计读数不为零，旋转检偏器偏振片，观察光功率计读数，调整旋转方向使得光功率计读数逐渐减少至最小，记录角度表数值，这就是法拉第效应角 θ。

(3)逐步增加电流，重复步骤(2)，测量至少 4 组数据(注意：最高电流不能大于 $2A$)。

(4)逐渐减小电流，旋转偏振片使数光功率计读数为零，再次记录旋转角度的读数，然后取平均。

(5)用特斯拉计测量样品处的每一对应电流的磁场强度大小，并记录数据。

(6)用最小二乘法求出法拉第效应偏振面旋转角 θ 与外加磁场 B 的关系曲线。

4. 磁光调制与光通讯实验演示

将音频信号(来自收音机、录音机、CD 唱盘等音源)输入到"音频输入"插座，将有源扬声器插入"光解调输出"插座，即可发声，音量由"交流幅度调节"控制。

五、注意事项

1. 磁铁中间的样品位置必须保证其表面与入射光方向垂直，否则会严重影响测量结果。

2. 施加或撤除磁化电流时，应先将电源输出电位器逆时针旋回到零，以防止接通或切断电源时磁体电流的突变。

3. 为了保证能重复测得磁感应强度及与之相应的磁体激磁电流的数据，磁体电流应从零上升到正向最大值，否则要进行消磁。

4. 测量过程中，不能直接关闭直流恒流电源，要逐渐减小电流直到为零。

5. 必须使用交流稳压净化电源，电压的波动对光功率计和光源入射光强产生影响，测量存在误差，使得数值表的读数不准确。

6. 光功率计未与其主机相连接之前切勿接通电源，以免激光直接入射造成器件损害。

第三章　近代物理实验

实验 18　氢原子光谱的研究

直至目前，对元素的光谱进行研究仍然是了解原子结构的重要手段之一。原子光谱的研究使得我们了解了原子内部电子的自旋运动。

光谱线的超精细结构曾被认为是不同的同位素所发出的谱线，后来又被许多理论和实验如塞曼效应等证实，这些谱线是单一的同位素由于原子核的自旋而发出的。

本实验通过对氢原子光谱的研究，初步认识电子围绕原子核运动时只能处于一系列能量不连续的状态，并获得氢原子结构的知识。

一、实验目的

1. 验证巴尔末公式并测定里德伯（J. R. Rydberg）常量 R_H；并由此算出氢（或氘）原子的能级，并在图上表示出谱线的跃迁。

2. 掌握光栅光谱仪的原理和使用方法，并学会对光谱进行分析。

二、实验原理

1885 年巴尔末（J. J. Balmer）根据前人积累的丰富资料和自己的实验结果，确定了可见光区域氢光谱的分布规律，指出各谱线的波长可由下式表示：

$$\lambda = \lambda_0 \frac{n^2}{n^2 - 4} \tag{3.18-1}$$

式中，n 为正整数 3，4，5，…；$\lambda_0 = 364.56\text{nm}$。

式（3.18-1）就是巴尔末公式。符合这个公式的一系列氢光谱线系称为巴尔末系。以后又发现了氢原子的其他线系。为了更加清楚地表明谱线分布规律，里德伯把巴尔末公式改用波数表示如下：

$$\tilde{\nu} = \frac{1}{\lambda} = \frac{1}{\lambda_0}\left(\frac{n^2 - 4}{n^2}\right) = R_H\left(\frac{1}{2^2} - \frac{1}{n^2}\right) \tag{3.18-2}$$

R_H 称为氢光谱的里德伯常数，近代的测量值为 $R_H = 1.0973731 \times 10^7 \text{m}^{-1}$。

从式（3.18-2）中可以得到，当 $n \to \infty$ 时，$\tilde{\nu}$ 将等于（$R_H/4$），它表明了线系限的波数，玻尔（Bohr）就是在这个完全从实验得到的经验公式的基础上建立了氢原子理论，根据玻尔理论，原子的能量是量子化的，即具有能级，每条发射光谱线都是原子中的电子从一个能级 E_n 跃迁到另一个较低的能级而释放能量的结果。对巴尔末线系

$$\tilde{\nu} = \frac{1}{\lambda} = \frac{1}{hc}(E_n - E_{n0}) \quad (E_{n0}\ \text{为较低能级})$$

因为

$$E_n = -\frac{\mu e^4}{8\varepsilon_0^2 n^2 h^2} \quad n = 1,2,3,\cdots \tag{3.18-3}$$

式（3.18-3）表示氢原子能量的数值是分立的，不连续的。当原子从一个稳定状态跃迁到另一个稳定状态时，发射的单色光谱线的波数为

$$\tilde{\nu} = -\frac{\mu e^4}{8\varepsilon_0^2 h^3 c}\left(\frac{1}{n_0^2} - \frac{1}{n^2}\right) \quad (n_0 = 1,2,3,\cdots,n = n_0 + 1) \tag{3.18-4}$$

式中，$\mu = mM/(m+M)$ 是氢原子的电子折合质量；M 和 m 分别是氢原子核和电子的质量；e 为电子电荷量；h 为普朗克常数；c 为光速；ε_0 为真空介电常数。

可以看到，当 $n_0=2$ 时，比较式（3.18-2）和式（3.18-4），玻尔得到理论上的里德伯常数为

$$R_{\text{H理论}} = \frac{\mu e^4}{8\varepsilon_0^2 h^3 c} = 1.0973731 \times 10^7 \text{m}^{-1}$$

这样，不仅给巴尔末的经验公式以物理解释，而且把里德伯常数和一些基本物理量常数联系起来了。

比较式（3.18-2）和式（3.18-4），可以认为式（3.18-2）是从玻尔理论推导所得到的关系，因此式（3.18-2）和实验结果符合到什么程度，就可检验玻尔理论正确到什么程度，如今实验已经表明符合程度是非常好。

随着科学技术的不断发展，人们已经知道氢原子光谱有着更为复杂的结构，巴尔末公式也只能作为一个一级近似的规律。在量子力学建立之后，原子光谱才得到了较完善的解释。

三、实验仪器

WGD—8A 型组合式多功能光栅光谱仪，由光栅单色仪、接收单元、扫描系统、电子放大器、A/D 采集单元和计算机组成。

由计算机对光谱仪进行扫描控制、信号处理和光谱显示。其工作原理如图 3.18-1 所示。

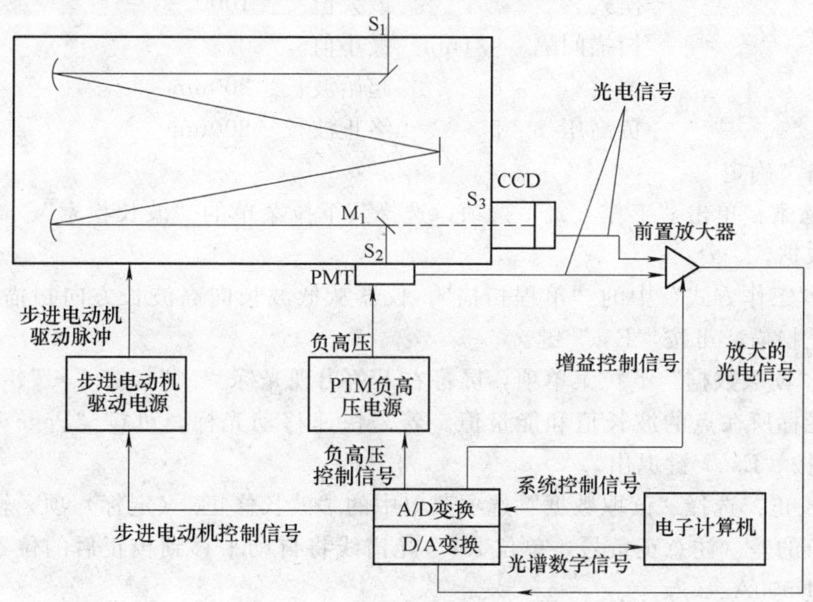

图 3.18-1　光谱仪的工作原理

光谱仪的探测器为光电倍增管或 CCD，用光电倍增管时，出射光通过狭缝 S_2 到达光电倍增管。用 CCD 做探测器时，转动小平面反射镜 M_1，使出射光通过狭缝 S_3 到达 CCD，CCD 可以同时探测某一个光谱范围内的光谱信号。

光信号经过倍增管（或 CCD）变为电信号后，首先经过前置放大器放大，再经过 A/D 变换，将模拟量转变成数字量，最终由计算机处理显示。前置放大器的增益、光电倍增管的

负高压和CCD的积分时间可以由控制软件根据需要设置。前置放大器的增益现为1，2，…，7七个挡次，数越大放大器的增益越高。光电倍增管的负高压也分为1，2，…，7七个挡次，数越大所加的负高压越高，每挡之间负高压相差约200V。CCD的积分时间可以在10ms～40s之间任意改变。

扫描控制是利用步进电动机控制正弦机构（根据光栅方程，波长和光栅的转角成正弦关系，因此采用正弦机构。）中丝杠的转动，进而使光栅转动实现的。步进电动机在输入一组电脉冲后，就可以转动一个角度，相应地丝杠上螺母就移动一个固定的距离。每输入一组脉冲，光栅的转动便使出射狭缝出射的光波长改变0.1nm。

为去除光栅光谱仪中的高级次光谱，本仪器备有滤光片：

8A型：	白片	320～500nm	8型：	白片	320～500nm
	黄片	500～660nm		黄片	500～800nm

四、WGD—8A型组合式光栅光谱仪软件的操作

1. 启动软件：打开计算机及电控箱电源，待计算机运行开机例行程序后，用鼠标双击“WGD—8A“快捷方式，将启动“WGD—8A”软件控制处理系统。进入系统后，按下任意键，显示器显示出工作平台，若平台上出现“波长初始化正在进行……”时，等初始化结束后方可执行指令操作，若直接显示当前波长对话框时，单击“是”后进行各项指令操作。

2. 参数设置：单击工作平台上“参数设置”选项，弹出参数设置表格，按如下数据设置

模式	E	最大值	1000
扫描间隔	0.1nm	最小值	0
增益	2	起始波长	200nm
负高压	5	终止波长	800nm

设置完毕单击“确定”。

3. 波长检索：单击“工作方式”选项，选择其下拉菜单的“波长检索”，输入你想设置的起始波长数据。

4. 选择“工作方式”中的“单程扫描”，仪器从低波长向高波长方向扫描至终止波长。若要中途停止扫描，可按“Esc”键。

5. 选择“读取数据”下拉菜单项，屏幕右下角出现光标“×”，按“←”、“→”键移动光标，读取光标所在点的波长值和能量值。若需快速移动光标，可按“Page Up”、“Page Down”键。按“Esc”键退出。

6. 波长校正：选择“读取数据”选项菜单中的“波长修正”（定标）项，输入波长的标准值与测量值的差（注意正负号，单位Å），光谱线将自动平移到校正后的位置。一次修正范围不得超过500Å。

7. 扩展：选择“读取数据”中的“扩展项”，在屏幕上出现一条线光标，按“←”、“→”键移动光标至被扩展谱线的左侧，按“Enter”键后，屏幕上又出现另一光标，将其移动到该谱线的右侧，再按“Enter”键确认，则该谱线被扩展。

8. 全程显示：显示200～800nm区间所扫描的光谱线。

9. 清屏显示：取消屏幕上的谱线显示。

10. 检峰：选择“读取数据”中的“检峰”项，检索峰的位置及能量大小。用数字键输

入最小峰值。

11. 退出软件：单击工作界面“文件”菜单下的“退出”选项，确认退出。

五、实验内容

1. 利用钠灯对光栅光谱仪定标

检查仪器，接通光谱仪及计算机电源，将光谱仪电压调到 480～500V 左右，狭缝宽度 0.11mm。先对钠光灯光谱进行“单程扫描”，再使用“读取数据”菜单下的“波长修正”选项，使钠光灯的两条谱线分别位于 589.0nm 处和 589.6nm 处。

2. 用光栅光谱仪测量氢光谱

将光谱仪电压调到 800～1000V 左右，狭缝宽度 0.10mm。测出氢光谱在可见光波段 4 条谱线（$\alpha\beta\gamma\delta$）的波长。利用测得的波长计算里德伯常数以及氢原子的能级，并画出能级图。

3. 用溴钨灯测量红色滤光片的光谱透过率曲线，并测量其最大透过率。（将光谱仪电压调到 480～500V 左右，狭缝宽度 0.25mm。）

六、注意事项

1. 光电倍增管不宜受强光照射（会引起雪崩效应），因此测量时不要使入射光太强。

2. 氢、氘光的谱线相隔很近，因此测量时要求灵敏度最高（能量间隔 0.01nm），电压接近 1000V；保持室内安静。同时，由于氢、氘灯的电压很高（4000V 左右），在使用过程中不要轻易触摸。

3. 为了保证测量仪器的安全，在测量中不要任意切换光电倍增管和 CCD；入射狭缝的调节范围在 2nm 内，若入射狭缝已经关闭就不要再逆时针旋动螺栓，以免损坏狭缝。

实验 19　塞 曼 效 应

1896 年塞曼（Zeeman）发现当光源放在足够强的磁场中时，原来的一条光谱线分裂成几条光谱线，分裂的谱线成分是偏振的，分裂的条数随能级的类别而不同。后人称此现象为塞曼效应。

早年把那些谱线分裂为三条，而裂距按波数计算正好等于一个洛伦兹单位的现象叫做正常塞曼效应（洛伦兹单位 $L=eB/4\pi mc$）。正常塞曼效应用经典理论就能给予解释。实际上大多数谱线的塞曼分裂不是正常塞曼分裂，分裂的谱线多于三条，谱线的裂距可以大于也可以小于一个洛伦兹单位，人们称这类现象为反常塞曼效应。反常塞曼效应只有用量子理论才能得到满意的解释。

塞曼效应不仅证实洛伦兹电子论的准确性，而且为汤姆逊发现电子提供了证据，也证实了原子具有磁矩并且空间取向是量子化的。1902 年，洛伦兹和塞曼因此共享诺贝尔物理学奖。直到今日，塞曼效应仍是研究原子能级结构的重要方法之一，是我们学习原子物理学的概念、理解磁对光的作用的重要实验。

一、实验目的

1. 掌握观测塞曼效应的实验方法。

2. 加深对原子磁矩及空间量子化等原子物理学概念的理解。

3. 观察汞原子 546.1nm 谱线的分裂现象以及它们偏振状态；由塞曼裂距计算电子的荷

质比及波长差。

二、实验原理

当发光的光源置于足够强的外磁场中时，由于磁场的作用，使每条光谱线分裂成波长很靠近的几条偏振化的谱线，分裂的条数随能级的类别而不同，这种现象称为塞曼效应。正常塞曼效应谱线分裂为三条，而且两边的两条与中间的频率差正好等于 $eB/4\pi mc$，可用经典理论给予很好的解释。但实际上大多数谱线的分裂多于三条，谱线的裂矩是 $eB/4\pi mc$ 的简单分数倍，称反常塞曼效应，它不能用经典理论解释，只有量子理论才能得到满意的解释。

1. 原子的总磁矩与总动量距的关系

塞曼效应的产生是由于原子的总磁矩（轨道磁矩和自旋磁矩）受外磁场作用的结果。在忽略核磁矩的情况下，原子中电子的轨道磁矩 μ_L 和自旋磁矩 μ_S 合成原子的总磁矩 μ，与电子的轨道角动量 P_L，自旋角动量 P_S 合成总角动量 P_J 之间的关系，可用矢量图 3.19-1 来计算。

已知

$$\mu_L=\frac{e}{2m}P_L,\quad P_L=\frac{h}{2\pi}\sqrt{L(L+1)} \tag{3.19-1}$$

$$\mu_S=\frac{e}{m}P_S,\quad P_S=\frac{h}{2\pi}\sqrt{S(S+1)} \tag{3.19-2}$$

式中，L，S 分别表示轨道量子数和自旋量子数；e，m 分别为电子的电荷量和质量。

由于 μ_L 和 P_L 的比值不同于 μ_S 和 P_S 的比值，因此，原子的总磁矩 μ 不在总角动量 P_J 的延长线上，因此 μ 绕 P_J 的延线旋进。μ 只在 P_J 方向上分量 μ_J 对外的平均效果不为零，在进行矢量叠加运算后，得到有效 μ_J 为

$$\mu_J=g\frac{e}{2m}p_J \tag{3.19-3}$$

其中 g 为朗德因子，对于 LS 耦合情况下

$$g=1+\frac{J(J+1)-L(L+1)+S(S+1)}{2J(J+1)} \tag{3.19-4}$$

如果知道原子态的性质，它的磁矩就可以通过式（3.19-3）、式（3.19-4）计算出来。

2. 在外磁场作用下原子能级的分裂

当原子放在外磁场中时，原子的总磁矩 μ_J 将绕外磁场 B 的方向作旋进，如图 3.19-2 所示，使原子获得了附加的能量。

$$\begin{aligned}\Delta E&=\mu_J\cdot B\cos(P_J\cdot B)\\&=-\mu_J\cdot B\cos\alpha\\&=g\frac{e}{2m}P_JB\cos\beta\end{aligned} \tag{3.19-5}$$

由于 μ_J 或 P_J 在外磁场中取向是量子化的，则 P_J 在外磁场方向的分量 $P_J\cos\beta$ 也是量子化的，它只能取如下数值：

$$P_J\cos\beta=M\frac{h}{2\pi} \tag{3.19-6}$$

式中，M 称为磁量子数，只能取 $M=J$，$(J-1)$，…，$-J$。共（$2J+1$）个值。把式（3.19-6）代入式（3.19-5），得

$$\Delta E = Mg\,\frac{eh}{4\pi m}B \tag{3.19-7}$$

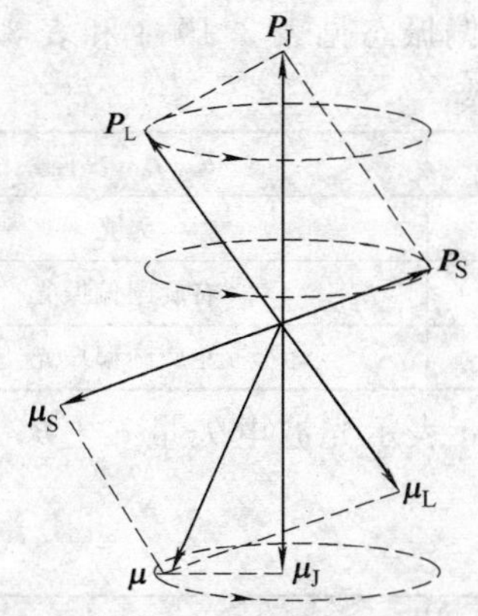

图 3.19-1　角动量和磁矩矢量图

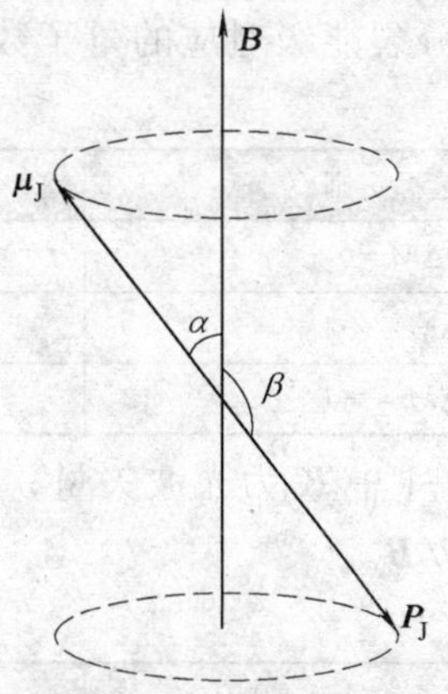

图 3.19-2　角动量旋进

说明在稳定磁场作用下，由原来的只有一个能级，分裂成（$2J+1$）个能级，每个能级的附加量由式（3.19-7）计算，它正比于外磁场强度 B 和朗德因子 g。

3. 能级分裂下的跃迁

设未加磁场时跃迁前后的能级为 E_2 和 E_1，则谱线的频率 ν 满足下式：

$$\nu = \frac{1}{h}(E_2 - E_1)$$

在磁场中上下能级分别分裂为 $2J_2+1$ 和 $2J_1+1$ 个子能级，附加的能量分别为 ΔE_2 和 ΔE_1，新的谱线频率为

$$\nu' = \frac{1}{h}(E_2 + \Delta E_2) - \frac{1}{h}(E_2 + \Delta E_1)$$

分裂谱线的频率差为

$$\Delta\nu = \nu' - \nu = \frac{1}{h}(\Delta E_2 - \Delta E_1) = (M_2 g_2 - M_1 g_1)\,\frac{e}{4\pi m}B \tag{3.19-8}$$

用波数来表示为

$$\Delta\,\tilde{\nu} = \frac{\Delta\nu}{c} = (M_2 g_2 - M_1 g_1)\,\frac{e}{4\pi mc}B \tag{3.19-9}$$

令 $L=eB/4\pi mc$，称为洛伦兹单位，将有关参数代入得

$$L = \frac{eB}{4\pi mc} = 0.467B$$

式中，B 的单位用 T（特斯拉）；波数 L 的单位为 cm^{-1}。

但是并非任何两个能级间的跃迁都是可能的，跃迁必须满足以下选择定则：

$\Delta M=0$，±1。当 $J_2=J_1$ 时，$M_2=0 \rightarrow M_1=0$　禁戒。

1）当 $\Delta M=0$，垂直于磁场的方向观察时，能观察到线偏振光，线偏振光的振动方向平行于磁场，称为 π 成分，平行于磁场方向观察时 π 成分不出现。

2）当 $\Delta M=\pm1$，垂直于磁场观察时，能观察到线偏振光，线偏振光的振动方向垂直于磁场，叫做 σ 线。平行于磁场方向观察时，能观察到圆偏振光，圆偏振光的转向依赖于 ΔM 的正负号、磁场方向以及观察者相对磁场的方向。沿磁场正向观察时，$\Delta M=+1$，为右旋

圆偏振光，称作 $\sigma+$；$\Delta M=-1$，为左旋圆偏振光，称作 $\sigma-$。

本实验所观察到的汞绿线，即 546.1nm 谱线是能级 7^3s_1 到 6^3p_2 之间的跃迁。与这两能级及其塞曼分裂能级对应的量子数和 g，M，Mg 值以及偏振态见表 3.19-1 和表 3.19-2。

表 3.19-1　各光线的偏振态

选择定则	$\boldsymbol{K}\perp\boldsymbol{B}$（横向）	$\boldsymbol{K}/\!/\boldsymbol{B}$（纵向）
$\Delta M=0$	线偏振光 π 成分	无光
$\Delta M=+1$	线偏振光 σ 成分	右旋圆偏振光
$\Delta M=-1$	线偏振光 σ 成分	左旋圆偏振光

表 3.19-1 中 $\boldsymbol{K}$ 为光波矢量；$\boldsymbol{B}$ 为磁感应强度矢量；σ 表示光波电矢量 $\boldsymbol{E}\perp\boldsymbol{B}$；$\pi$ 表示光波电矢量 $\boldsymbol{E}/\!/\boldsymbol{B}$。

表　3.19-2

原子态符号	7^3s_1	6^3p_2
L	0	1
S	1	1
J	1	2
G	2	3/2
M	1，0，−1	2，1，0，−1，−2
Mg	2，0，−2	3，3/2，0，−3/2，−3

在外磁场的作用下，能级间的跃迁如图 3.19-3 所示。

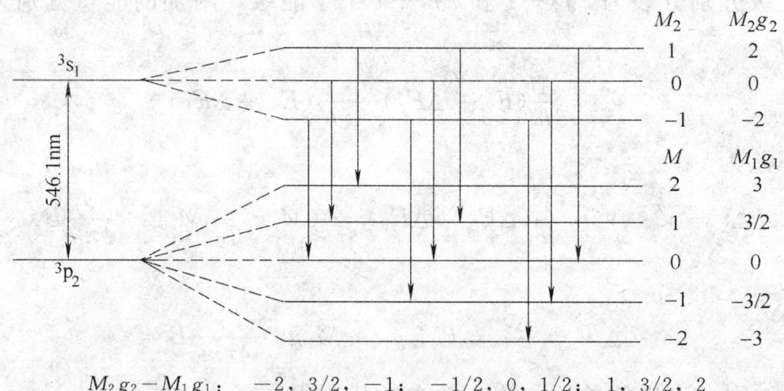

$M_2g_2-M_1g_1$：　−2，3/2，−1；　−1/2，0，1/2；　1，3/2，2

$\Delta M=M_2-M_1$：　$\Delta M=-1$　　$\Delta M=0$　　$\Delta M=+1$

σ（$\boldsymbol{E}\perp\boldsymbol{B}$）　π（$\boldsymbol{E}/\!/\boldsymbol{B}$）　σ（$\boldsymbol{E}\perp\boldsymbol{B}$）

垂直 $\boldsymbol{B}$ 方向观察：都是线偏振光

平行 $\boldsymbol{B}$ 方向观察：左旋圆偏振光，无光，右旋圆偏振光

图 3.19-3　汞 546.1nm 谱线的塞曼效应示意图

三、实验装置

根据式（3.19-8）可知：正常塞曼效应所分裂的裂距为一个洛伦兹单位，即

$$\Delta\nu=\frac{e}{4\pi mc}B$$

我们将波数差 $\Delta\nu$ 换成波长差 $\Delta\lambda$ 时，则

$$\Delta\lambda = \lambda^2 \Delta\nu = \lambda^2 \frac{eB}{4\pi mc} \tag{3.19-10}$$

设 $\lambda=500\text{nm}$，磁场强度 $B=1\text{T}$，则 $\Delta\lambda=0.1\text{Å}$，由此可知，塞曼效应分裂的波长差的数值是很小的，欲观察如此小的波长差，普通棱镜摄谱仪是不能胜任的必须使用高分辨本领的光谱仪器。我们所使用的是法布里-泊罗标准具和测量望远镜、联合装置来进行观察和测量。

1. F-P 标准具

F-P 标准具的结构为：两块平面玻璃板，板面的平整要求在 1/20 至 1/100 波长，为了消除背面的反射所产生的干涉与正面所产生的干涉重叠，每块都不是严格的平行平面玻璃板，板的两个面成一很小的夹角，通常是 $20'\sim30'$，平板的表面涂以多层介质薄膜，以提高反射率。两块板的中间放一玻璃环，其厚度为 d，装于固定的载架中。该装置为多光束干涉的应用，其干涉条纹为一组明暗相间，条纹清晰，细锐的同心圆环，其经典用处是作为高分辨本领的光谱仪器。

F-P 标准具的光路图如图 3.19-4 所示。当单色平行光束 S 以小角度 θ 入射到标准具的 M 平面时，入射光束 S 经过 M 表面及 M′表面多次反射和透射，形成一系列相互平行的反射光束这些相邻光束之间有一定的光程差 Δl，而且有

$$\Delta l = 2nd\cos\theta$$

式中，d 为平板之间的间距；n 为两平板之间介质的折射率（标准具在空气中使用，$n=1$）；θ 为光束入射角。

这一系列互相平行并有一定光程差的光在无穷远处或用透镜汇聚在透镜的焦平面上发生干涉，光程差为波长整数倍时产生干涉极大值。

$$2d\cos\theta = k\lambda \tag{3.19-11}$$

k 为整数，称为干涉序。由于标准具的间距是固定的，在波长不变的条件下，不同的干涉序 K 对应不同的入射角 θ。在扩展光源照明下，F-P 标准具产生等倾干涉，故它的干涉条纹是一组同心圆环，如图 3.19-5 所示。

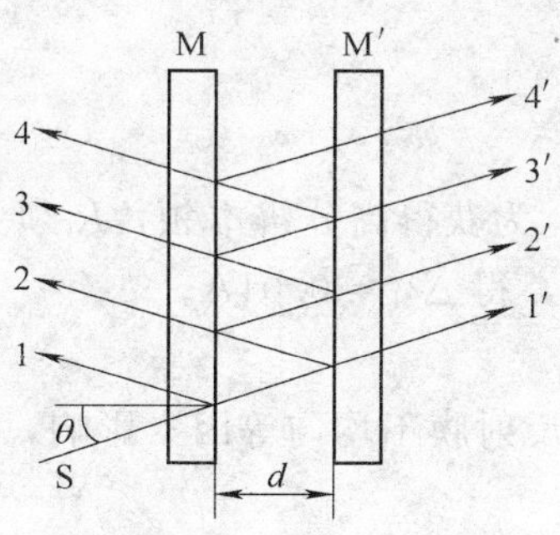

图 3.19-4　标准具光路

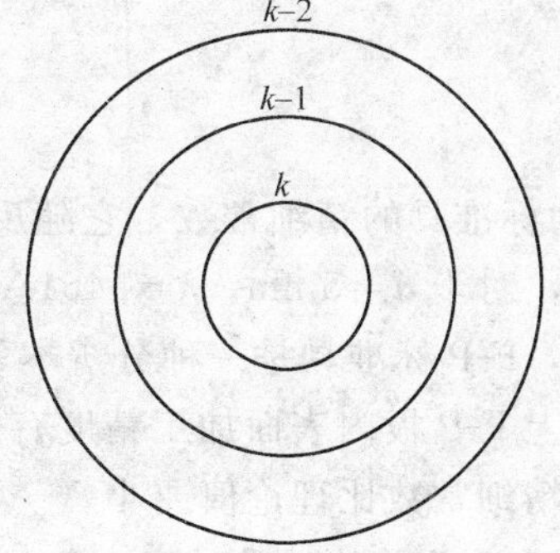

图 3.19-5　等倾干涉花纹

F-P 标准具的特性参量

(1) 自由光谱范围 $\Delta\lambda$

设波长为 λ_1 和 λ_2（$\lambda_2>\lambda_1$）的两光以相同的方向射到 F-P 标准具上，它们各产生一组同心圆环状的干涉亮条纹。对同一干涉级（k）；λ_2 的干涉圆环的直径较 λ_1 的小些，如图

3.19-6 所示。

逐渐加大 λ_1 与 λ_2 的波长差，使 λ_2 的（$k-1$）级亮环与 λ_1 的 k 级亮圆环重叠，即有：$k\lambda_1=(k-1)\lambda_2$，则 $\Delta\lambda=\lambda_2-\lambda_1=\frac{\lambda_2}{k}$。因为 k 是很大的数，可用中心花纹的序数代替即 $\varphi\to0$，$2d=k\lambda$，$k=\frac{2d}{\lambda}$，则有

$$\Delta\lambda=\frac{\lambda^2}{2d} \tag{3.19-12}$$

用波数表示为

$$\Delta\nu=\frac{1}{2d} \tag{3.19-13}$$

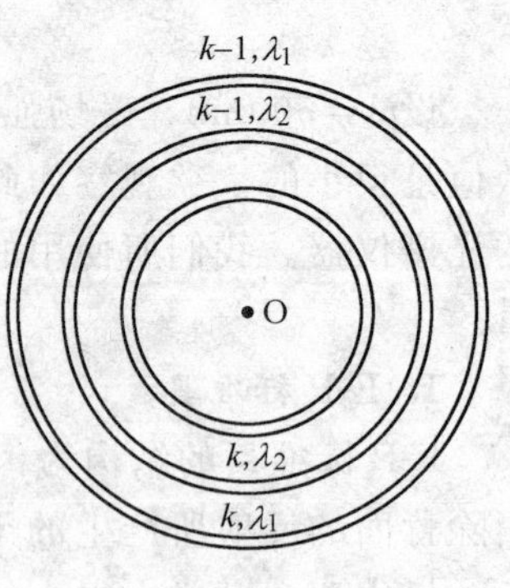

图 3.19-6 自由光谱范围示意图

以上二式为自由光谱区定义，也就是标准具的色散范围。它表征了标准具所允许的不同波长的干涉花纹不重序的最大波长差。若被研究的谱线差大于仪器的色散范围时，两套花纹之间就要发生重叠或错序。因此，在使用标准具时，要根据研究对象的光谱范围来选择仪器的色散范围。

例如，若 F-P 标准具的间距 $d=5\text{mm}$，对 $\lambda=5461\text{Å}$ 的情况，$\Delta\lambda=0.3\text{Å}$。是标准具能分辨的最小波长差。可见 F-P 标准具只能研究很狭光谱范围的对象。

(2) 标准具的精细度 F（或叫分辨本领）

$\Delta\lambda_R$ 是标准具的色散范围．δ_λ 是标准具能分辨的最小波长差。R 为 F-P 板内表面的反射率。精细度的物理意义是相邻两个干涉序花纹之间能够被分辨的干涉花纹的最大数目。精细度只依赖于反射膜的反射率，反射率越高，精细常数越大，干涉亮环亦越细锐，F-P 标准具能够分辨的条纹数越多，也就是仪器分辨本领越高。即刚能被分辨的两相邻亮环的几何间隔越小，刚能被分辨的相应的两相邻波长的波长差 $\Delta\lambda$ 越小。通常定义 $\lambda/\Delta\lambda$ 为光谱分辨本领（或叫分辨率）。光谱的分辨本领与镀银面的反射系数密切相关，反射系数越大，分辨本领也越大。

$$\lambda/\Delta\lambda=kNe \tag{3.19-14}$$

$$Ne=\frac{\pi\sqrt{R}}{1-R}$$

Ne 为标准具的精细常数，它随反射系数 R 而增加。为获得高分辨本领，R 须为 90%以上。例如，对于 $d=5\text{mm}$，$\lambda=5461\text{Å}$，$\lambda/\Delta\lambda=5.5\times10^5$，得 $\Delta\lambda_R=0.01\text{Å}$。

可见，F-P 标准具是一种分辨本领很高的光学仪器。

实际上 F-P 板内表面加工精度有一定的误差，考虑反射膜不均匀等因素影响，往往使仪器的实际精细常数比理论值要小。

2. 微小波长差的测量

用透镜把 F-P 标准具的干涉圆环成像在焦平面上，如图 3.19-7 所示。

与花纹相应的光线入射角 θ 与花纹的直径 D 有如下关系：

$$\cos\theta=\frac{f}{\sqrt{f^2+(D/2)^2}}\approx1-\frac{1}{8}\frac{D^2}{f^2} \tag{3.19-15}$$

式中，f 为透镜的焦距。

将上式代入式（3.19-11）得

$$2d\left[1-\frac{1}{8}\frac{D^2}{f^2}\right]=K\lambda \tag{3.19-16}$$

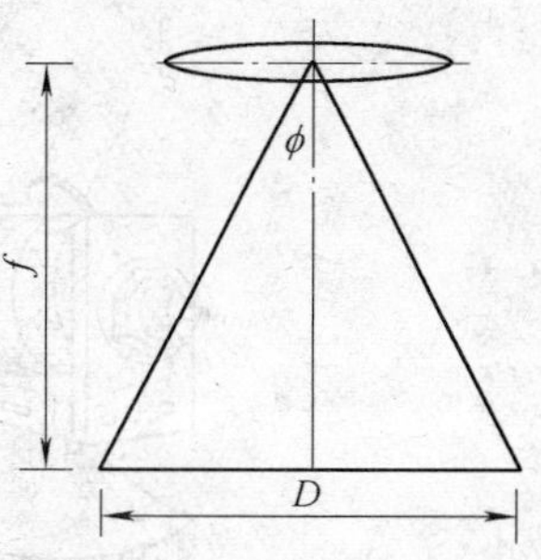

图 3.19-7　用 F-P 标准具测量波长差示意图

由上式可见，干涉序 k 与花纹直径的平方成线性关系，随着花纹直径的增大花纹越来越密。式（3.19-16）等号左边第二项的负号表明干涉环的直径越大，干涉序 k 越小。中心花纹干涉序最大。

对同一波长的相邻两序 k 和 $k-1$，花纹的直径平方差用 ΔD^2 表示，得

$$\Delta D^2=D_{k-1}^2-D_k^2=\frac{4f^2\lambda}{d} \tag{3.19-17}$$

ΔD^2 是与干涉序 k 无关的常数。对同一序，不同波长 λ_a 和 λ_b 的波长差为

$$\Delta\lambda=\lambda_a-\lambda_b=\frac{d}{4f^2k}(D_b^2-D_a^2)=\frac{\lambda}{k}\frac{D_b^2-D_a^2}{D_{k-1}^2-D_k^2} \tag{3.19-18}$$

测量时所用的干涉花纹只是在中心花纹附近的几个序。考虑到标准具间隔圈的长度比波长大得多，中心花纹的干涉序是很大的，因此用中心花纹的干涉序代替被测花纹的干涉序，引入的误差可以忽略不计，即 $k=2d/\lambda$，将它代入式（3.19-18），得

$$\Delta\lambda_{ab}=\lambda_a-\lambda_b=\frac{\lambda^2}{2d}\frac{D_b^2-D_a^2}{D_{k-1}^2-D_k^2} \tag{3.19-19}$$

波数差表示，$\Delta\tilde{\nu}=\Delta\lambda/\lambda^2$，则

$$\Delta\tilde{\nu}_{ab}=\frac{1}{2d}\frac{\Delta D_{ab}^2}{\Delta D^2} \tag{3.19-20}$$

其中 $\Delta D_{ab}^2=D_b^2-D_a^2$。由上两式得到波长差或波数差与相应花纹的直径平方差成正比。故应用式（3.19-19）和式（3.19-20），在测出相应的环的直径后，就可以计算出塞曼分裂的裂距。

将式（3.19-20）代入式（3.19-9），便得电子荷质比的公式

$$\frac{e}{m}=\frac{2\pi c}{(M_2g_2-M_1g_1)Bd}\left(\frac{D_b^2-D_a^2}{D_{k-1}^2-D_k^2}\right)$$

相邻分裂谱线间距为 1/2 洛伦兹单位，e/m 为

$$\frac{e}{m}=\frac{4\pi c}{Bd}\left(\frac{D_1^2-D_2^2}{D_{k-1}^2-D_k^2}\right) \tag{3.19-21}$$

3. 仪器结构与组成

（1）晶体管稳流电源：此稳流电源具有高稳定度，连续可调，可为直流电磁铁提供 0.5～3A 稳定激磁电流。

（2）直流电磁铁：当激磁电流为 2A 时，磁场强度可达 955kA · m^{-1}，磁铁可绕轴旋转 90°直接观察纵效应。

（3）纵向可调滑座：滑座置在三角导轨上，不仅沿着光轴方向可调，垂直于光轴方向也可调。

（4）光源：采用汞灯为光源，将汞灯管固定于两磁极之间的灯架上（装灯时可取下灯架），接通变压器，灯管便发出很强的光谱线。

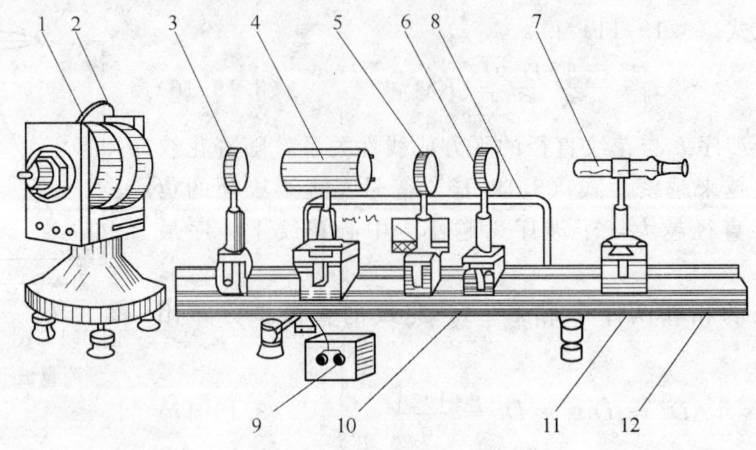

图 3.19-8　仪器结构图

1—电磁铁　2—汞灯　3—聚光镜　4—F-P 标准具　5—偏振片
6—1/4 玻片　7—测量望远镜　8—晶体管稳流电源　9—漏磁变压器
10—固定滑座　11—可调滑座　12—导轨

四、实验内容

1. 参照上面的结构图将各个器件安装好。

2. 调整光路：调节光路上各光学元件等高共轴，点燃汞灯，使光束通过每个光学元件的中心。调节透镜 3 的位置，使尽可能强的均匀光束落在 F-P 标准具上。调节标准具上三个压紧弹簧螺丝，使两平行面达到严格平行，从测量望远镜中可观察到清晰明亮的一组同心干涉圆环。

3. 接通电磁铁稳流电源，缓慢地增大磁场 B，这时，从测量望远镜中可观察到细锐的干涉圆环逐渐变粗，然后发生分裂。随着磁场 B 的增大，谱线的分裂宽度也在不断增宽，当励磁电流达到 2A 时，谱线由一条分裂成 9 条，而且很细。当旋转偏振片为 0°、45°、90°各不同位置时，可观察到偏振性质不同的 π 成分和 σ 成分。图 3.19-9 为 π 成分的干涉花纹读数示意图。

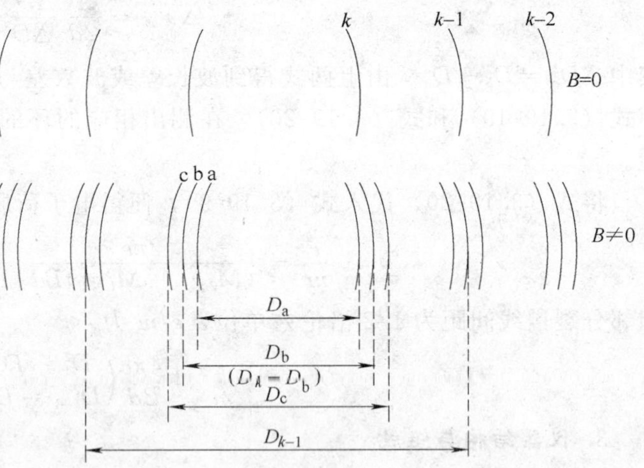

图 3.19-9　π 成分的干涉花纹读数示意图

4. 测量与数据处理：旋转测量望远镜读数鼓轮，用测量分划板的铅垂线依次与被测圆环相切，从读数鼓轮上读出相应的一组数据，它们的差值即为被测的干涉圆环直径。用特斯拉计测出磁场 B，利用已知常数 h 及式（3.19-20）计算出 $\Delta\tilde{\nu}$后，再由式（3.19-21）求出电子荷质比的值，并计算误差。（标准值 $e/m = 1.759 \times 10^{11}\ \mathrm{C \cdot kg^{-1}}$）。

五、注意事项

1. 汞灯电源电压为 1500V，要注意高压安全。

2. F-P 标准具及其他光学器件的光学表面，都不要用手或其他物体接触。

3. 在实验过程中用特斯拉计测量其数值。操作者注意不要佩戴机械表和电子表操作，以免带磁损坏手表。

六、思考题

1. 什么叫塞曼效应、正常塞曼效应、反常塞曼效应？

2. 反常塞曼效应中光线的偏振性质如何？并加以解释。

3. 垂直于磁场观察时，怎样鉴别分裂谱线中的 π 成分和 σ 成分？

4. 画出观察塞曼效应现象的光路图，叙述各光学器件所起的作用。

5. 如何判断 F-P 标准具已调好？

6. 什么叫 π 成分、σ 成分？在本实验中哪几条是 π 线？哪几条是 σ 线？

7. 叙述测量电子荷质比的方法。

8. 在实验中，如果要求沿磁场方向观察塞曼效应，在实验装置的安排上应作什么变化？观察到的干涉花纹将是什么样子？

9. 如何测准干涉圆环的直径？

10. 试画出汞的 435.8nm 光谱线（3s1—3p1）在磁场中的塞曼分裂图。

实验 20 夫兰克-赫兹实验

一、实验目的

1. 了解夫兰克-赫兹（F-H）实验的原理和方法。

2. 测定汞（或氩）原子的第一激发电位，验证原子能级的存在。

二、实验原理

1913 年，玻尔为了解释原子光谱提出了以原子能量的量子化观念为基础的原子理论。根据玻尔原子理论，原子只能处在一些不连续的稳定状态中，在这些状态中原子是稳定的，并不辐射能量；只有当原子从一个稳定态过渡到另一个稳定态时才发射或吸收一定频率的电磁辐射。频率 ν 的大小取决于原子所处的两稳定态之间的能量差，并满足如下关系：

$$h\nu = E_n - E_m \tag{3.20-1}$$

式中，$h=6.626\times10^{-34}\,\mathrm{J\cdot s}$，称作普朗克常量；$E_n$、$E_m$ 分别为两稳定态中高能态的能量和低能态的能量。

原子状态的改变通常在两种情况下发生，一是当原子本身吸收或放出电磁辐射时，二是当原子本身与其他粒子发生碰撞而交换能量时。能够控制原子所处状态最方便的方法是用电子轰击原子，电子的动能可用改变加速电压的方法加以调节。处于基态的原子发生状态改变时，其所需的能量不能少于该原子从基态跃迁到第一激发态时所需的能量，这个能量称为临界能量。电子与原子碰撞时，当被加速电子的能量 eV（e 是电子电荷量，V 是加速电压）小于临界能量，则发生弹性碰撞，即电子碰撞前后的能量几乎不变，而只改变运动方向。如果电子能量 eV 大于临界能量，则发生非弹性碰撞，这时电子因将能量转交给被碰撞的原子，从而失去大部分能量，被撞原子由基态跃迁到第一激发态。

一般情况下，原子在受激状态所处的时间不会太长，就自动回到正常态，并以电磁辐射的形式放出以前所获得的能量，其频率可以从下述关系求得：

$$h\nu = eV_1 \tag{3.20-2}$$

式中，V_1 为电子恰好使原子从基态跃迁到第一激发态所需的加速电压，称为原子的第一激发电位（势）。所以，当加速电压的值等于或大于该原子的第一激发电位时，原子就开始发光。在玻尔理论发表的第二年，即 1914 年，夫兰克（J. Frank）和赫兹（G. hertz）在研究气体放电现象中低能电子与原子间相互作用时，在充汞的放电管中发现：透过汞蒸汽的电子流随电子的能量呈现出有规律的周期性变化，间隔为 4.9eV，并拍摄到与 4.9eV 的能量相对应的光谱线 2537Å。F-H 实验验证了原子内部能量是量子化的，为玻尔发表的原子理论提供了坚实的实验基础。

进行 F-H 实验通常使用的碰撞管是充汞的。这是因为汞是单原子分子，能级较为简单；汞是一种易于操纵的物质，常温下是液体，饱和蒸汽压很低，加热就可改变它的饱和蒸汽压；汞的原子量较大，和电子作弹性碰撞时几乎不损失动能；汞的第一激发能级较低为 4.9eV，因此只需几十伏的电压就能观察到多个峰值。当然，除充汞蒸汽以外，还常用充惰性气体（如氖、氩等）的，这些碰撞管的温度对气压影响不大，在常温下就可以进行实验。

对于四极式 F-H 碰撞管，实验线路连接如图 3.20-1 所示，F-H 管中的电位分布如图 3.20-2 所示。其工作原理如下：

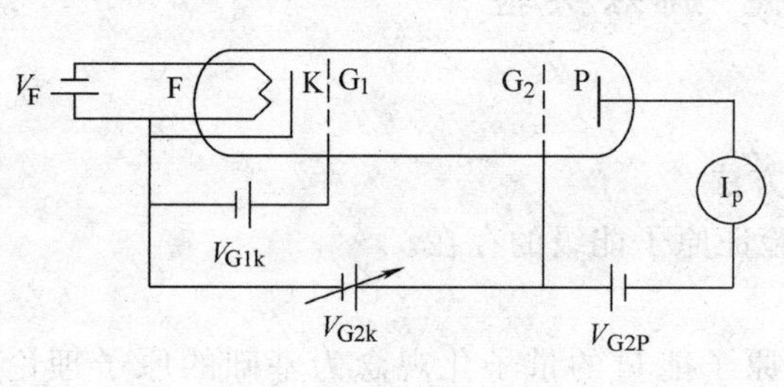

V_F 为灯丝加热电压，V_{G1K} 为正向小电压
V_{G2K} 为加速电压，V_{G2P} 为减速电压。

图 3.20-1　四极式 F-H 线路连接图

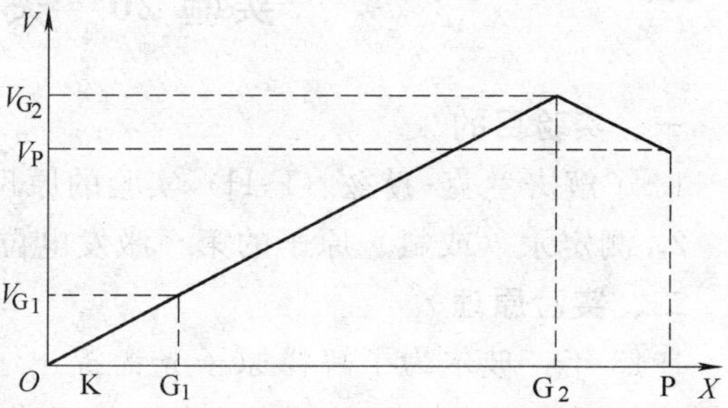

图 3.20-2　F-H 管中电位分布

灯丝 F 通电炽热，使间热式阴极 K 受热而发射电子。第一栅极 G_1 的作用主要是消除空间电荷对阴极电子发射的影响。在阴极 K 和第二栅极 G_2 之间施加一加速电压 V_{G2K}，在 G_2 与板极 P 之间加一减速电压 V_{G2P}。电子由阴极 K 发出经电场 V_{G2K} 加速趋向阳极，只要电子能量达到能克服减速电场 V_{G2P} 的作用就能穿过栅极 G_2 到达板极 P 形成电子流 I_p。由于管中充有气体原子，电子前进的途中要与原子发生碰撞。如果电子能量小于第一激发能 eV_1，它们之间的碰撞是弹性的，根据弹性碰撞前后系统动量和动能守恒原理不难推得电子损失的能量极小，电子能如期地到达阳极；如果电子能量达到或超过 eV_1，电子与原子将发生非弹性碰撞，电子把能量 eV_1 传给气体原子，要是非弹性碰撞发生在 G_2 栅极附近，损失了能量的电子将无法克服减速场 V_{G2P} 到达板极。

这样，随着 V_{G2K} 从零开始增加从阴极发出的电子将使板极上有电流出现并增加，如果加速到 G_2 栅的电子获得等于或大于 eV_1 的能量将出现非弹性碰撞而出现 I_p 的第一次下降，随着 V_{G2K} 增加，电子与原子发生非弹性碰撞的区域向阴极方向移动，经碰撞损失能量的电子在趋向阳极的路途中又得到加速，又开始有足够的能量克服 V_{G2P} 减速电压到达板极。I_p 随 V_{G2K} 增加又开始增加，而如果 V_{G2K} 的增加使那些经历过非弹性碰撞的电子能量又达到 eV_1 则电子又将与原子发生非弹性碰撞造成 I_p 的又一次下降。在 V_{G2K} 较高的情况下，电子在趋向阳极的路途中将与原子发生多次非弹性碰撞。每当 V_{G2K} 造成的最后一次非弹性碰撞区落在 G_2 栅极附近就会使 I_p-V_{G2K} 曲线出现下降，如此反复将出现如图 3.20-3 所示的曲线。

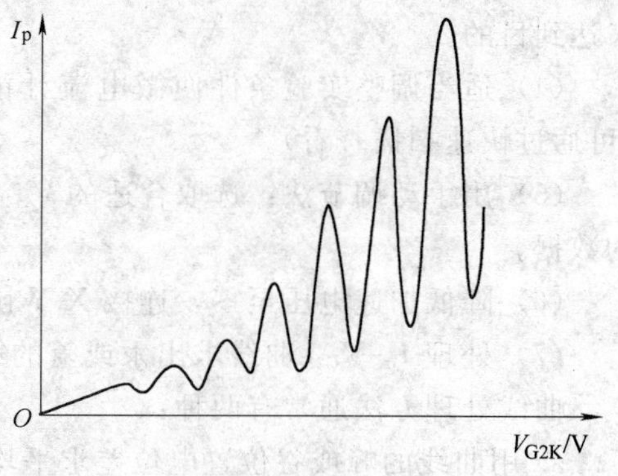

图 3.20-3　F-H 管的 I_p-U_{G2K} 特性曲线

曲线的极大极小出现呈现明显的规律性，它是能级量子化能量被吸收的结果，也是原子能级量子化的体现，就图 3.20-3 的规律来说，每相邻极大或极小值之间的电位差为第一激发电势（位）。

三、实验仪器

F-H—Ⅱ型夫兰克-赫兹教学实验仪、X-Y 函数记录仪。

F-H 教学实验仪包括三大部分：F-H 管电源组；扫描电源和微电流放大器。

F-H 管加热炉和控温装置（使用充氩的 F-H 管则不用加热控温部分）。

四、实验内容

1. 原子的第一激发电位的测量

实验测定夫兰克-赫兹实验管的 I_p-V_{G2K} 曲线，观察原子能量量子化的情况，并由此求出充气管中原子的第一激发电位（Hg 或 Ar）。

（1）按图 3.20-4 连接电路。

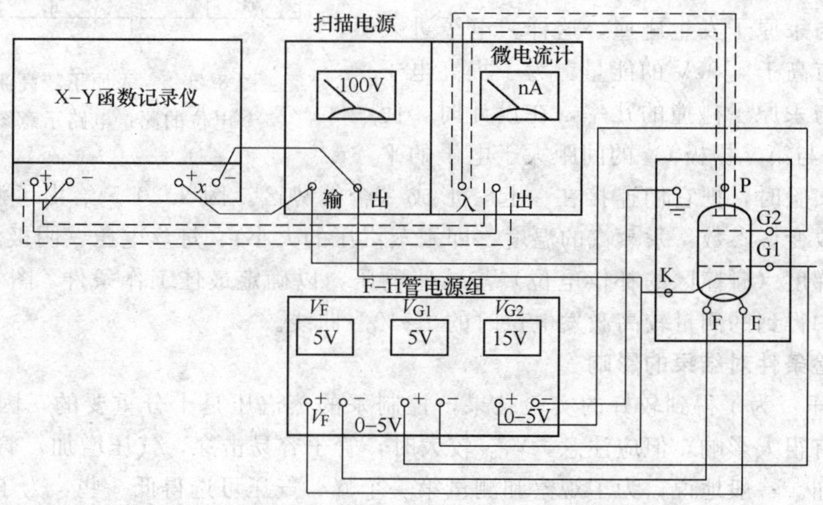

图 3.20-4　F-H 实验仪整体连线图

（2）开启电炉加热系统使 F-H 管置于某一温度（160～180℃）（充氩管此步略）。

（3）选择适当的实验条件如 V_F～2V，V_{G1K}～1V，V_{G2P}～1V（充氩管～8V），用手动方法改变 V_{G2K} 同时观察电流计上 I_p 的变化。如果 V_{G2K} 增加时电流迅速增加则表明 F-H 发生击穿，应立即调低 V_{G2K}。如果希望有较大的击穿电压，可以用增高气体密度或降低灯丝电压来达到目的。

(4) 适当调整实验条件使微电流计能出现 10 个峰（Hg）或 5 个峰（Ar），峰谷明显(可通过快速扫描查看)。

(5) 用手动调节法：选取合适的 V_{G2K} 实验点记录相应 I_p 数据，使能完整有 10 个峰左右的数据。

(6) 降低加速电压至零，连接 X-Y 函数记录仪，用记录仪自动记录下 I_p-V_{G2K} 曲线。

(7) 处理 I_p-V_{G2K} 曲线求出汞或氩的第一激发电位。

曲线处理方法通常有两种：

a. 用曲线的峰或谷位置电位差求平均值。

b. 用最小二乘法处理峰或谷点位置电位

$$V_{G2K}=a+V_1 n$$

式中，n 为峰或谷序数；V_{G2K} 为特征位置电位值；V_1 为拟合的第一激发电位。

(8) 降低炉温（例为 140℃），观察 I_p-V_{G2K} 曲线变化记录第一峰和最末峰，与（7）比较，大致推断炉温对曲线的影响。

2. 原子较高激发电位的测量(选做)

除了上述内容外，还要求测量汞的较高能级的激发能，在测量汞原子的第一激发能的实验中，电子一般很难达到超过 4.9eV 的能量，所以，它只能用于测量汞原子的第一激发能。如何在管中实现较高能级的激发呢？首先要获得较高能量的电子，其次要提高电子在碰撞区内与汞原子发生碰撞的几率。为此，将管内分成三个区域：加速区（K-G_1），碰撞区（G_1-G_2）及收集区（G_2-P）。在加速区中，由于路径短，能有较多的电子不与汞原子发生碰撞，这样，电子进入碰撞区时能有高于 4.9eV 的能量，为了提高电子在碰撞区内与汞原子碰撞的几率，在设计时，使第一栅极 G_1 与第二栅极 G_2 的间距大于电子的平均自由程：实验时，把它们连接在一起，形成一个等势区。图 3.20-5 给出了测量电路图，实验时，应改变各参数：汞蒸汽的温度（即汞蒸汽压的大小）、灯丝电压（阴极温度）、等势区内的电场梯度（碰撞区的补偿电位）与减速电压，以确定最佳工作条件。图 3.20-6 所示为某次实验中得到的测量较高激发电位时的 I_p-V_{G2K} 曲线。

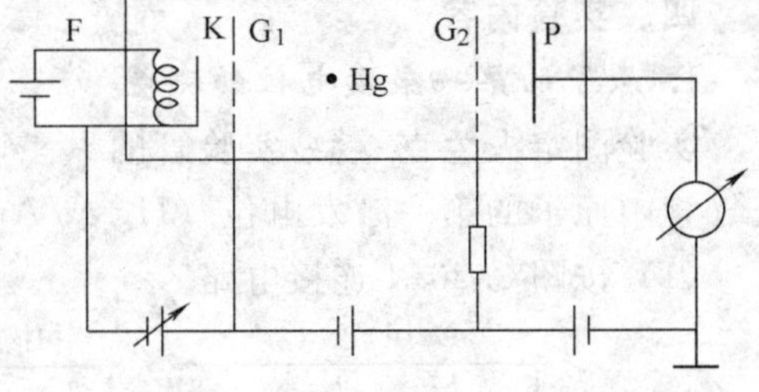

图 3.20-5 汞原子较高激发电位的测量电路示意图

五、实验条件对结果的影响

1. 汞气压：为了得到较好的实验结果，控制汞的蒸汽压是十分重要的，因为气压对平均自由路程有很大影响，但应注意，V_{G2K} 较大时，管子容易击穿，气压增加，管子的击穿电压也随之增加。一般地说，为了观察和测量第一个峰，气压可选得低一些，为了获得较多的峰，气压可选得高一些。另外，气压的高低对于板极电流大小也有影响，当然汞气压的高低是由温度决定的，所以一定要选择合适的温度。

2. 灯丝温度、灯丝温度可由灯丝电压决定，对实验效果有直接影响，一般宜控制在 2～6V 之间，但电压过大，温度过高，电子发射多，板流增加，击穿电压也会降低，这是不好的。

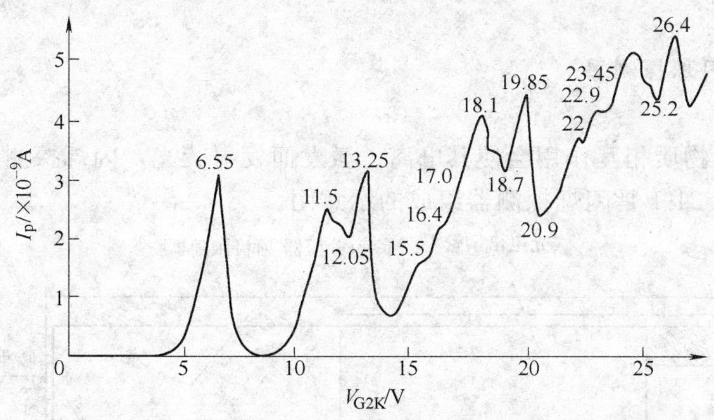

图 3.20-6　测量较高激发电位的 I_p-V_{G2K} 曲线

3. 加速电压 V_{G1K}：这一电压主要以消除阴极和第一栅极间的空间电荷对阴极发射电子的影响，由于管子在制作过程中的差异这个电压值在实验中加以确定为好。

4. 减速电压 V_{G2P}：即反向电压，主要是对电子起筛选作用，使能量较低的电子不能在达到板极。对汞管来说，一般应在 0.5～2V 间选择。反向电压过大或过小，都将使板流截止或峰值不明显。

六、注意事项

1. 如用充汞管则应先开启加热电炉至实验值，再开启其他电源。

2. 不同的实验条件有不同的 V_{G2K} 击穿值，击穿发生时应立即调低 V_{G2K} 以免 F-H 管受损。

3. 灯丝电压不宜放得过大，宜在 2～3V 左右。

4. F-H 管采用间热式阴极，改变灯丝电压后会有一分钟左右的滞后。

5. 加热炉外壳温度较高，操作时注意避免灼伤，导线也不要靠在炉壁上，以免长时间加温软化塑料线。

6. X-Y 函数记录仪的 X 输入负端不能与 Y 输入负端连接，也不能与记录仪的地线（⊥）连接，否则要损坏仪器。

七、思考题

1. 用充汞管做 F-H 实验为何要先开炉子加热?

2. 考察炉温对 I_p-V_{G2K} 曲线的影响（曲线形状、击穿电压、峰谷比等）。

3. 考察 I_p-V_{G2K} 周期变化与能级关系，如果出现差异估计是什么原因?

4. 第一峰位位置为何与第一激发电位有偏差?

5. I_p-V_{G2K} 曲线各极小值处 I_p 值均不为零，且随 V_{G2K} 的增加而上升，这是为什么?

实验 21　NaI(Tl) 单晶 γ 闪烁谱仪

一、实验目的

1. 了解闪烁探测器的结构、原理。

2. 掌握 NaI(Tl) 单晶 γ 闪烁谱仪的几个性能指标和测试方法。

3. 了解核电子学仪器的数据采集、记录方法和数据处理原理。

二、实验原理

1. NaI(Tl) 闪烁探测器

(1) 概述

核辐射与某些物质相互作用会使其电离、激发而发射荧光，闪烁探测器就是利用这一特性来工作的。图 3.21-1 是闪烁探测器组成的示意图。

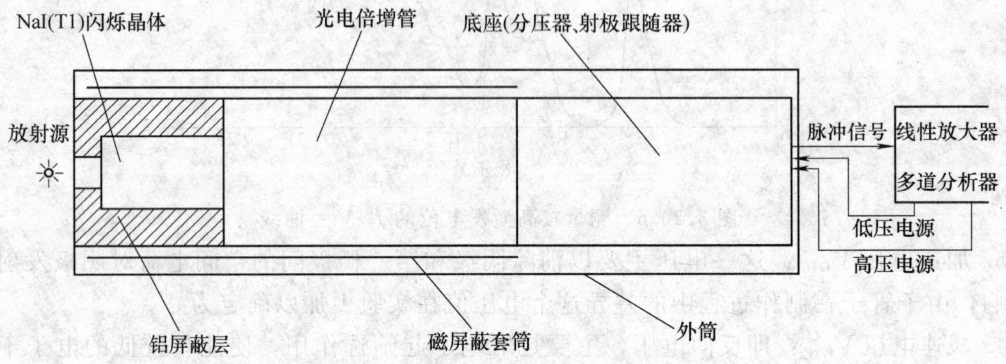

图 3.21-1　NaI(Tl) 闪烁探测器示意图

首先简要介绍一下闪烁探测器的基本组成部分和工作过程。

闪烁探测器有闪烁体、光电倍增管和相应的电子仪器三个主要部分组成。图 3.21-1 中探测器最前端是一个对射线灵敏并能产生闪烁光的闪烁体，当射线（如 γ、β）进入闪烁体时，在某一地点产生次级电子，它使闪烁体分子电离和激发，退激时发出大量光子（一般光谱范围从可见光到紫外光，并且光子向四面八方发射出去）。在闪烁体周围包以反射物质，使光子集中向光电倍增管方向射出去。光电倍增管是一个电真空器件，由光阴极、若干个打拿极和阳极组成；通过高压电源和分压电阻使阳极、各打拿极和阴极间建立从高到低的电位分布。当闪烁光子入射到光阴极上，由于光电效应就会产生光电子，这些光电子受极间电场加速和聚焦，在各级打拿极上发生倍增（一个光电子最终可产生 $10^4 \sim 10^9$ 个电子），最后被阳极收集。大量电子会在阳极负载上建立起电信号，通常为电流脉冲或电压脉冲，然后通过起阻抗匹配作用的射极跟随器，由电缆将信号传输到电子学仪器中去。

实用时常将闪烁体、光电倍增管、分压器及射极跟随器安装在一个暗盒中，统称探头；探头中有时在光电倍增管周围包以起磁屏蔽作用的屏蔽筒（如本实验装置），以减弱环境中磁场的影响；电子仪器的组成单元则根据闪烁探测器的用途而异，常用的有高、低压电源，线性放大器，单道或多道脉冲分析器等。

归结起来，闪烁探测器的工作可分为五个相互联系的过程。

1）射线进入闪烁体，与之发生相互作用，闪烁体吸收带电粒子能量而使原子、分子电离和激发。

2）受激原子、分子退激时发射荧光光子。

3）利用反射物将闪烁光子尽可能多地收集到光电倍增管的光阴极上，由于光电效应，光子在光阴极上击出光电子。

4）光电子在光电倍增管中倍增，数量由一个增加到 $10^4 \sim 10^9$ 个，电子流在阳极负载上产生电信号。

5）此信号由电子仪器记录和分析。

(2) NaI(Tl) 单晶 γ 闪烁谱仪的主要指标：

1) 能量分辨率

由于单能带电粒子在闪烁体内损失能量引起的闪烁发光所放出的荧光光子数有统计涨落；一定数量的荧光光子打在光电倍增管光阴极上产生的光电子数目有统计涨落。这就使同一能量的粒子产生的脉冲幅度不是同一大小而近似为高斯分布。能量分辨率的定义为

$$\eta = \frac{\Delta E}{E} \times 100\% \tag{3.21-1}$$

由于脉冲幅度与能量有线性关系，并且脉冲幅度与多道道数成正比，故又可以写为

$$\eta = \frac{\Delta CH}{CH} \times 100\% \tag{3.21-2}$$

ΔCH 为记数率极大值一半处的宽度（或称半宽度），记作 FWHM (Full Width at half maximum)。CH 为记数率极大处的脉冲幅度。

显然谱仪能量分辨率的数值越小，仪器分辨不同的能量的本领就越高。而且可以证明能量分辨率和入射粒子能量有关。

$$\eta = \frac{1}{\sqrt{E}} \times 100\% \tag{3.21-3}$$

通常 NaI(Tl) 单晶 γ 闪烁谱仪的能量分辨率以 ^{137}Cs 的 0.661MeV 单能 γ 射线为标准，它的值一般是 10%左右，最好可达 6%～7%。

2) 线性

能量的线性就是指输出的脉冲幅度与带电粒子的能量是否有线性关系，以及线性范围的大小。

NaI(Tl) 单晶的荧光输出在 150keV $< E_\gamma <$ 6MeV 的范围内和射线能量是成正比的。但是 NaI(Tl) 单晶 γ 闪烁谱仪的线性好坏还取决于闪烁谱仪的工作状况。例如，当射线能量较高时，由于光电倍增管后几个联极的空间电荷影响，会使线性变坏。又如脉冲放大器线性不好，等等。为了检查谱仪的线性，必须用一组已知能量的 γ 射线，在相同的实验条件下，分别测出它们的光电峰位，作出能量-幅度曲线，称为能量刻度曲线（或能量校正曲线），如图 3.21-2 所示。用最小二乘法进行线性回归，线性度一般在 0.99 以上。对于未知能量的放射源，由谱仪测出脉冲幅度后，利用这种曲线就可以求出射线的能量。

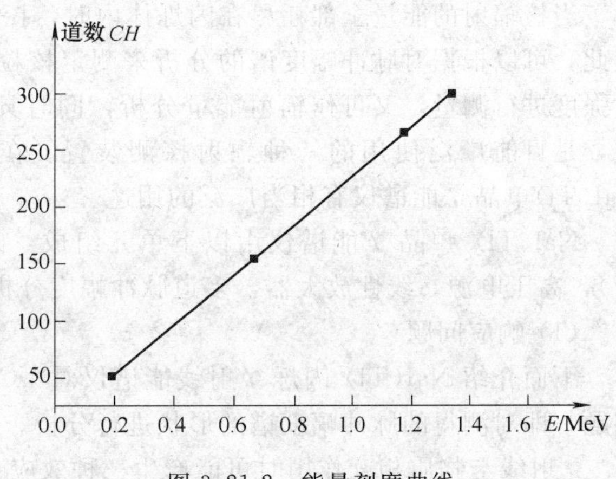

图 3.21-2　能量刻度曲线

3) 谱仪的稳定性

谱仪的能量分辨率，线性的正常与否与谱仪的稳定性有关。因此在测量过程中，要求谱仪始终能正常的工作，如高压电源，放大器的放大倍数，和单道脉冲分析器的甄别阈和道宽。如果谱仪不稳定则会使光电峰的位置变化或峰形畸变。在测量过程中经常要对 ^{137}Cs 的峰位，以验证测量数据的可靠性。为避免电子仪器随温度变化的影响，在测量前仪器需预热

15min。

2. 多道脉冲幅度分析器的工作原理

所谓射线的能谱，是指各种不同能量粒子的相对强度分布；它反映在以能量 E 为横坐标，单位时间内测到的射线粒子数为纵坐标的图上是一条曲线。根据这条测量曲线，可以清楚地看到射线中不同能量的粒子所占的百分比。多道脉冲幅度分析器可以用来测量射线的能谱。

那么，多道是如何测出能谱的?

我们知道闪烁探测器可将入射粒子的能量转换为电压脉冲信号，而信号幅度大小与入射粒子能量成正比。因此，只要测出具有不同幅度的脉冲的数目，就能得到不同能量的粒子数目。多道正是按脉冲幅度大小统计出在不同幅度范围内脉冲的数目。

多道里的每一道有一个甄别电压 V_i，称为阈值，只有脉冲幅度大于 V_i 的信号才能被计数；同时，在每一道还需有一个道宽 ΔV，以便只让幅度在 $V_i+\Delta V$ 范围内的信号才被计数；当我们把 ΔV 取得很小时，统计得到的脉冲数目就可以看成是幅度为 V_i 的脉冲数目。

简单地说，多道脉冲分析器的功能是把线性脉冲放大器的输出脉冲按幅度大小统计：若线性脉冲放大器的输出范围是 0～10V，则可把最大输出脉冲幅度（10V）分成 500 等分(称为 500 道)，则每道宽度为 0.02V，也就是输出脉冲的幅度按 $V_i+0.02\text{V}$ 的范围来分道统计。道宽的选择必须恰当，过大会使谱畸变，分辨率变坏，能谱曲线上实验点过少；道宽过小则使每道的计数减小，统计涨落增大，或者使测量时间相应增加。

多道脉冲分析器主要由 A/D 转换器、用于数据采集的单片机和发送系统等组成，一次测量就可得到整个能谱曲线，既可靠、方便又省时。

3. γ 全能谱图分析

当核辐射的能量全部耗尽在闪烁体内时，探测器输出脉冲幅度与入射粒子能量成正比，因此，可以根据对脉冲幅度谱的分析来测定核粒子的能谱。NaI(Tl) 单晶 γ 谱仪既能对辐射强度进行测量，又可作辐射能量分析，同时具有对 γ 射线探测效率高和分辨时间短的优点，是目前广泛使用的一种辐射探测装置。在工业、医学的应用领域及核物理实验中，NaI(Tl)单晶 γ 能谱仪有相当广泛的用途。

NaI(Tl) 单晶 γ 能谱仪由以下单元组成：闪烁探头（包括 NaI(Tl) 晶体和光电倍增管），高压电源，线性放大器，多道脉冲幅度分析器。

(1) 响应问题

下面介绍 NaI(Tl) 闪烁 γ 射线能谱仪对 ^{137}Cs 的单能 γ 射线（$E_\gamma=0.661\text{MeV}$）的响应问题，即对测得的脉冲幅度谱的形状进行分析。

γ 射线与物质相互作用时可能产生三种效应：光电效应、康普顿效应和电子对效应，这三种效应产生的次级电子在 NaI(Tl) 晶体中产生闪烁发光；如图 3.21-3 所示。

表 3.21-1 列出了这些相互作用的基本过程。

由于单能 γ 射线所产生的这三种次级电子能量各不相同，甚至对康普顿效应是连续的，因此相应一种单能 γ 射线，闪烁探头输出的脉冲幅度谱也是连续的。

γ 射线与闪烁体发生光电效应时，γ 射线产生的光电子动能为

$$E_e = E_\gamma - B_i \tag{3.21-4}$$

在 γ 射线能区，光电效应主要发生在 K 壳层，此时 K 壳层留下的空穴将为外层电子所填补，跃迁时将放出 X 光子，其能量为 E_x。这种 X 光子在闪烁晶体内很容易再产生一次新的光电

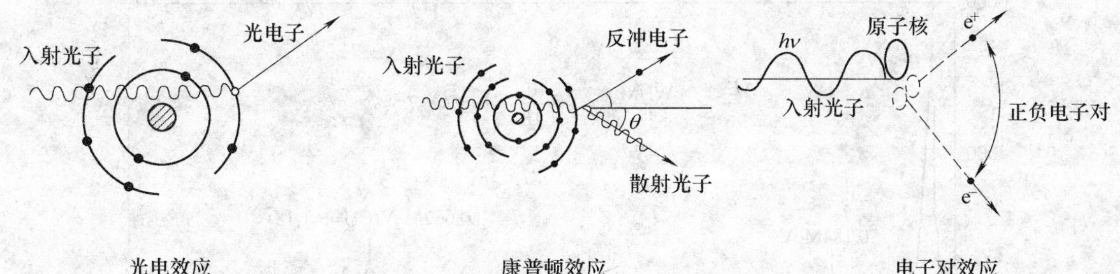

图 3.21-3　γ 射线与物质作用时产生的三种效应

表 3.21-1　γ 射线在 NaI(Tl) 闪烁体中相互作用的基本过程

基本过程	次级电子获得的能量 E_e
1）光电效应 γ＋原子→原子激发或→离子激发＋电子	$E_e=E_\gamma-E_B$（该层电子结合能）
2）康普顿效应 γ＋电子→γ′（散射）＋反冲电子	按 $E_e=\frac{E_\gamma s(1-\cos\theta)}{1+s(1-\cos\theta)}$，$s=\frac{E_\gamma}{m_0c^2}$；θ 为散射角，从 0 至最大能量 $\frac{2sE_\gamma}{1+2s}$ 连续分布，峰值在最大能量处
3）电子对产生 γ＋原子→原子＋e^+＋e^-	电子对均分能量 $E_\gamma-2m_0c^2$

效应，将能量又转移给光电子。上述两个过程几乎是同时发生的，因此，闪烁体得到的能量将是两次光电效应产生的光电子能量和

$$E=(E_\gamma-B_i)+E_X=E_\gamma \tag{3.21-5}$$

所以，由光电效应形成的脉冲幅度就直接代表了 γ 射线的能量。

在康普顿效应中，γ 光子把部分能量传递给次级电子，自身则被散射。反冲电子（次级电子）动能为

$$E_e\approx\frac{E_\gamma}{1+\dfrac{1}{2E_\gamma(1-\cos\theta)}} \tag{3.21-6}$$

散射光子能量可近似写成

$$E'_\gamma\approx\frac{E_\gamma}{1+2E_\gamma(1-\cos\theta)} \tag{3.21-7}$$

式（3.21-6）、（3.21-7）中，θ 为散射 γ 与入射 γ 射线的夹角（散射角）。

当 θ＝180°时，即光子向后散射，称为反散射光子。此时

$$E_{emax}\approx\frac{E_\gamma}{1+\dfrac{1}{4E_\gamma}} \tag{3.21-8}$$

$$E'_\gamma(\theta=180°)\approx\frac{E_\gamma}{1+4E_\gamma} \tag{3.21-9}$$

(2) NaI(Tl) 谱仪测得的 ^{137}Cs 的 γ 能谱

如图 3.21-4 所示，测得的 γ 能谱有三个峰和一个平台。最右边的峰 A 称为全能峰，这一脉冲幅度直接反映 γ 射线的能量即 0.661MeV；上面已经分析过，这个峰中包含光电效应及多次效应的贡献，本实验装置的闪烁探测器对 0.661MeV 的 γ 射线能量分辨率＜ 9％。

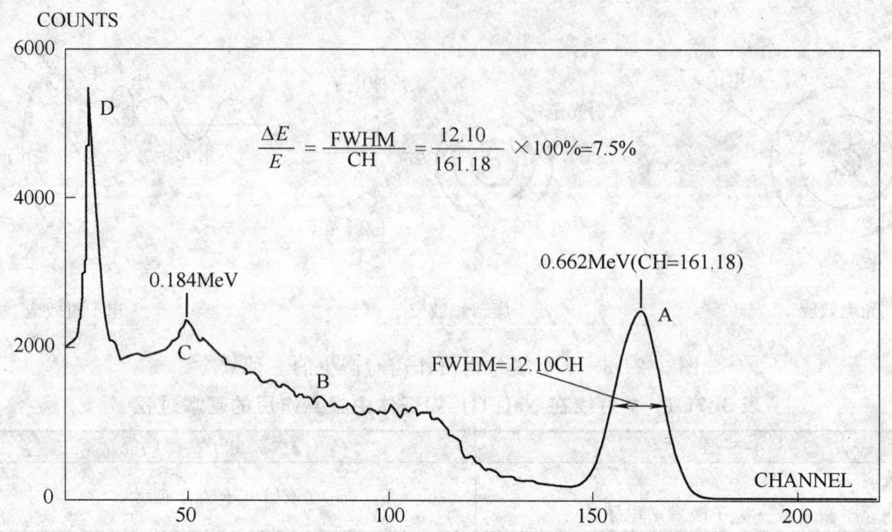

图 3.21-4 Na(Tl) 闪烁谱仪测得的^{137}Cs 能谱

平台状曲线 B 是康普顿效应的贡献，其特征是散射光子逃逸后留下一个能量从 0 到 $E_\gamma/(1+1/4E_\gamma)$ 的连续的电子谱。

峰 C 是反散射峰。由 γ 射线透过闪烁体射在光电倍增管的光阴极上发生康普顿反散射或 γ 射线在源及周围物质上发生康普顿反散射，而反散射光子进入闪烁体通过光电效应而被记录所致。这就构成反散射峰。

可以根据式（3.21-9）算出反散射峰能量为

$$E'_\gamma(\theta=180°)\approx E_\gamma/(1+4E_\gamma)=0.662/(1+4\times 0.662)\text{MeV}=0.184\text{MeV}$$

峰 D 是 X 射线峰，它是由^{137}Ba 的 K 层特征 X 射线贡献的。^{137}Cs 的 β 衰变体^{137}Ba 的 0.661MeV 激发态在放出内转换电子后造成 K 空位，外层电子跃迁后产生此 X 光子。

三、实验装置

实验装置如图 3.21-5 所示，主要由以下部分组成：

1）真空、非真空半圆聚焦 β 磁谱仪。

2）β 放射源^{90}Sr-^{90}Y（强度≈1.5 毫居里）。

3）定标用 γ 放射源^{137}Cs 和^{60}Co（强度≈2 微居里）。

4）200μm Al 窗 NaI（Tl）闪烁探头。

5）高压电源、放大器、微机多道脉冲幅度分析器。

6）数据处理计算软件。

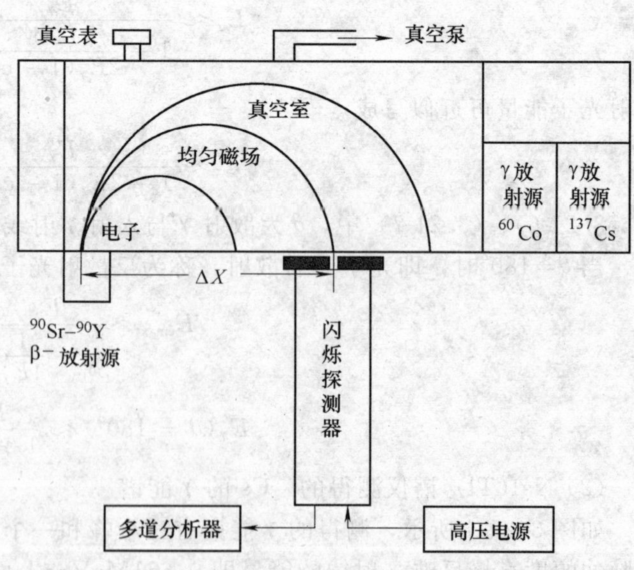

图 3.21-5 实验装置示意图

四、实验内容

1. 学会 NaI(Tl) 单晶 γ 闪烁谱

仪整套装置的操作、调整和使用，调试一台谱仪至正常工作状态。

2. 测量^{137}Cs、^{60}Co 的 γ 能谱，求出能量分辨率、峰康比、线性等各项指标，并分析谱形。

3. 了解多道脉冲幅度分析器在 NaI(Tl) 单晶 γ 谱测量中的数据采集及其基本功能。

4. 数据处理（包括对谱形进行光滑、寻峰，曲线拟合等）。

五、实验步骤

1. 连接好实验仪器线路，经教师检查同意后接通电源。

2. 开机预热后，选择合适的工作电压使探头的分辨率和线性都较好。

3. 把 γ 放射源^{137}Cs 或^{60}Co 放在探测器前，调节高压和放大倍数，使^{60}Co 能谱的最大脉冲幅度尽量大而又不超过多道脉冲分析器的分析范围。

4. 分别测^{137}Cs 和^{60}Co 的全能谱并分析谱形，指明光电峰、康普顿平台和反散射峰。

5. 利用多道数据处理软件对所测得的谱形进行数据处理，分别进行光滑化、寻峰、半宽度记录、峰面积计算、能量刻度、感兴趣区处理等工作并求出各光电峰的能量分辨率。

6. 根据实验测的相对于 0.661MeV、1.17MeV、1.33MeV 的光电峰位置，作 E-CH 能量定标曲线（0.184MeV 的^{137}Cs 反散射峰也可记录在内）。

7. 对上一步骤所得结果进行最小二乘拟合，求出回归系数，并判断闪烁探测器的线性。

8. 定标曲线的应用：测量^{137}Cs 谱形，积累一定计数（0.661MeV 峰顶计数达到 3000 以上）后寻找反散射峰和康普顿峰，分别记下道数，并找出康普顿峰计数一半处的道位（对应 $\theta=180°$的康普顿反散射能量），利用上一步得到的能量定标曲线求出反散射光子的能量，并可以用公式（3.21-1）～（3.21-9）计算理论值，把实测值与理论值相比较，计算百分误差。

9. 选取^{137}Cs 的 0.661MeV 光电峰的一段谱形，试根据光滑化和寻峰的基本原理编制程序进行数据处理，对该段谱形光滑若干次后计算峰位。（选做）

10. 数据处理、求定标曲线方程 $E=a+b\times CH$。

根据最小二乘原理用线性拟合的方法可以得出

$$a=\frac{1}{\Delta}\Big[\sum_i CH_i^2\cdot\sum_i E_i-\sum_i CH_i\cdot\sum_i(CH_i\cdot E_i)\Big];$$

$$b=\frac{1}{\Delta}\Big[n\sum_i(CH_i\cdot E_i)-\sum_i CH_i\cdot\sum_i E_i\Big]$$

$$\Delta=n\sum_i CH_i^2-(\sum_i CH_i)^2$$

六、思考题

1. 简单描述 NaI(Tl) 闪烁探测器的工作原理。

2. 试述脉冲多道分析器的工作原理和使用时的注意事项。

3. 若只有^{137}Cs 源，能否对闪烁探测器进行大致的能量刻度？

4. NaI(Tl) 单晶 γ 闪烁谱仪的能量分辨率定义是什么？如何测量？能量分辨率与哪些量有关？能量分辨率的好坏有何意义？

5. 为什么要测量 NaI(Tl) 单晶 γ 闪烁谱仪的线性？谱仪线性主要与哪些量有关？线性指标有何意义？

6. 反散射峰是如何形成的？

实验 22　用β粒子验证狭义相对论的动量—动能关系

一、实验目的

1. 用高速电子(β粒子)验证狭义相对论的动量—动能关系。

2. 学习β磁谱仪的测量原理、闪烁计数器的使用方法及一些实验数据处理的思想方法。

二、实验原理

经典力学总结了低速物体的运动规律，反映了牛顿的绝对时空观。绝对时空观认为时间和空间是两个独立的观念，彼此之间没有联系，它们分别具有绝对性。绝对时空中的时间和空间的度量与惯性参照系的运动状态无关。同一物体在不同惯性参照系中观察到的运动量(如坐标、速度)可通过伽利略变换而相互联系。在不同的惯性参照系中虽然其运动量不同，但其动力学量(如加速度、质量)都是相同的。一切力学定律(如牛顿定律和守恒定律)的表达式在所有的惯性系中也是一样的，这就是力学相对性原理：一切力学规律在伽利略变换下是不变的。

19 世纪末至 20 世纪初，人们在试图将伽利略变换和力学相对性原理推广到电磁学和光学时遇到了困难。实验证明对高速运动的物体伽利略变换是不正确的，实验还证明所有惯性参照系中，光在真空中的传播速度均为同一常数。在此基础上，爱因斯坦于 1905 年提出了狭义相对论。狭义相对论基于以下两个假设：①所有物理定律在所有惯性参照系中均有完全相同的形式——爱因斯坦相对性原理；②在所有惯性参照系中光在真空中的速度恒为 c，与光源和参照系的运动无关——光速不变原理，在狭义相对论中惯性系间的变换服从洛伦兹变换。狭义相对论将仅局限于力学的伽利略相对性原理推广到包括电磁学和光学的整个物理学。

狭义相对论已为大量的实验所证实，并应用于近代物理的各个领域。本实验通过同时测量速度接近光速 c 的高速电子的动量和动能来证明狭义相对论的正确性，并学习β磁谱仪的测量原理及其他核物理的实验方法和技术。

1. 狭义相对论的动量—动能关系

在洛伦兹变换下，静止质量为 m_0，速度为 v 的物体，狭义相对论定义的动量 p 为

$$p=\frac{m_0}{\sqrt{1-\beta^2}}v=mv \tag{3.22-1}$$

式中，$m=m_0/\sqrt{1-\beta^2}$；$\beta=v/c$。

相对论的能量 E 为

$$E=mc^2 \tag{3.22-2}$$

这就是著名的质能关系。mc^2 是物体的总能量，当物体静止时 $v=0$，物体的能量为 $E_0=m_0c^2$ 称为静止能量。两者之差为物体的动能 E_k，即

$$E_k=mc^2-m_0c^2=m_0c^2\left(\frac{1}{\sqrt{1-\beta^2}}-1\right) \tag{3.22-3}$$

当 $\beta \ll 1$ 时，(3.22-3)式可展开为

$$E_k=m_0c^2\left(1+\frac{1}{2}\frac{v^2}{c^2}+\cdots\right)-m_0c^2\approx\frac{1}{2}m_0v^2=\frac{p^2}{2m_0} \tag{3.22-4}$$

即得经典力学中的动量—能量关系。

由式(3.22-1)和式(3.22-2)可得

$$E^2-c^2p^2=E_0^2 \tag{3.22-5}$$

这就是狭义相对论的动量与能量关系。而动能与动量的关系为

$$E_k=E-E_0=(c^2p^2+m_0^2c^4)^{1/2}-m_0c^2 \tag{3.22-6}$$

这就是我们要验证的狭义相对论的动量与动能关系。对高速电子其关系如图 3.22-1 所示。图 3.22-1 中 pc 用 MeV 作单位，电子的 $m_0c^2=0.511\text{MeV}$，则式(3.22-4)可化为

$$E_k=\frac{1}{2}\,\frac{p^2c^2}{m_0c^2}=\frac{p^2c^2}{2\times0.511}$$

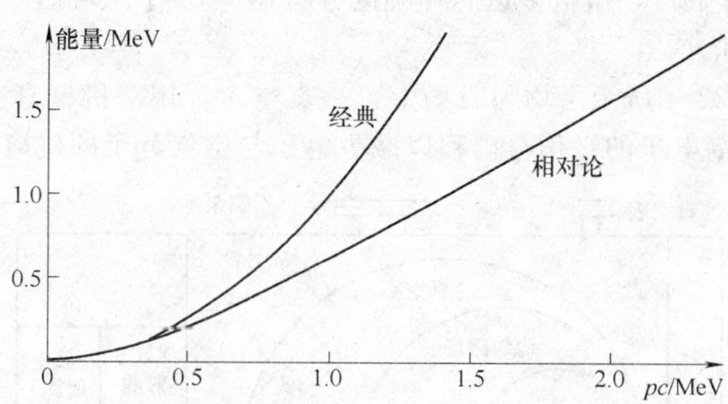

图 3.22-1　经典力学与狭义相对论的电子动量—动能关系

2. β 磁谱仪的原理

由 β 粒子的荷质比可知 β 粒子是高速运动的电子，其速度与 β 粒子的能量(或动量)有关，高能量 β 粒子的速度可接近光速，如 $pc=1\text{MeV}$ 时 $v=0.89c$，$pc=2\text{MeV}$ 时 $v=0.97c$。实验中使用的 ^{90}Sr-^{90}Y 放射源在 0～2.27MeV 的范围内形成一个连续的 β 谱，其强度随动能的增加而减弱，如图 3.22-2 所示。

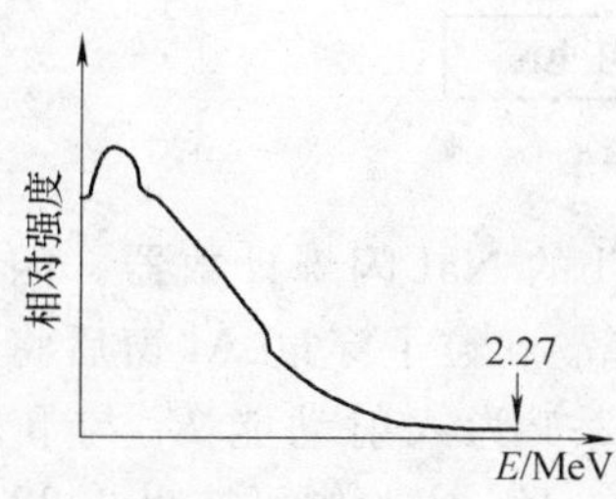

图 3.22-2　^{90}Sr -^{90}Y 的 β 能谱

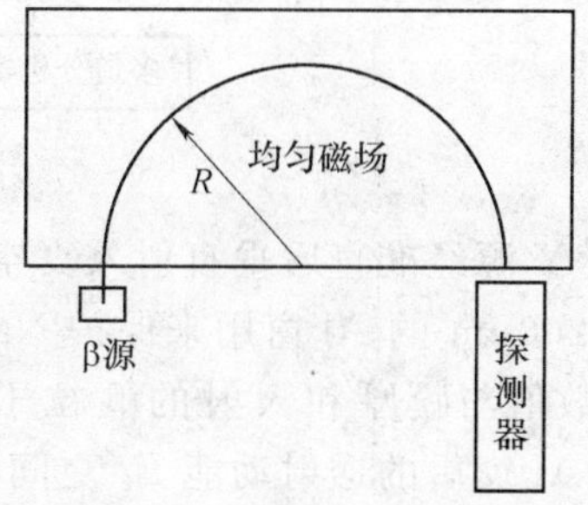

图 3.22-3　半圆形 β 磁谱仪示意图

图 3.22-3 为半圆形 β 磁谱仪的示意图，β 源射出的高速 β 粒子经准直后垂直射入一均匀磁场中，粒子因受到与运动方向垂直的洛伦兹力的作用而作圆周运动，其运动方程为

$$\frac{\mathrm{d}p}{\mathrm{d}t}=-eVB \tag{3.22-7}$$

式中，e 为电子电荷；v 为粒子速度；B 为磁场的磁感应强度。由式(3.22-1)可知 $p=mv$，对某一确定的动量数值 p 其运动速率为一常数，所以质量 m 是不变的，故

$$\frac{\mathrm{d}p}{\mathrm{d}t}=m\,\frac{\mathrm{d}V}{\mathrm{d}t},\quad\left|\frac{\mathrm{d}V}{\mathrm{d}t}\right|=\frac{V^2}{R}$$

所以

$$p = eBR \tag{3.22-8}$$

式中，R 为 β 粒子轨道的半径，等于源与探测器间距的一半。移动探测器即改变 R，可得到不同的动量 p 的 β 粒子，其动量值可由式(3.22-8)算出。如 B 以特斯拉(T)为单位，R 以米(m)为单位，e 取 1，则 p 的单位为 MeV/c，c 为光速。如果采用能测量 β 粒子能量的探测器(如闪烁探测器、Si(Li)探测器)，则可直接测出 β 粒子的能量。这样就可以用实验方法确定测量范围内动能与动量的对应关系，进而验证相对论给出的这一关系的理论公式的正确性。

三、实验仪器

β 磁谱仪，闪烁计数器，微机多道脉冲幅度分析器，^{90}Sr-^{90}Y β 源，^{137}Cs 和^{60}Co γ 源。

四、实验装置简介

实验装置如图 3.22-4 所示。均匀磁场中置一真空盒，用一机械真空泵使盒中气压降到 1～0.1Pa，目的是提高电子的平均自由程以减少电子与空气分子的碰撞。

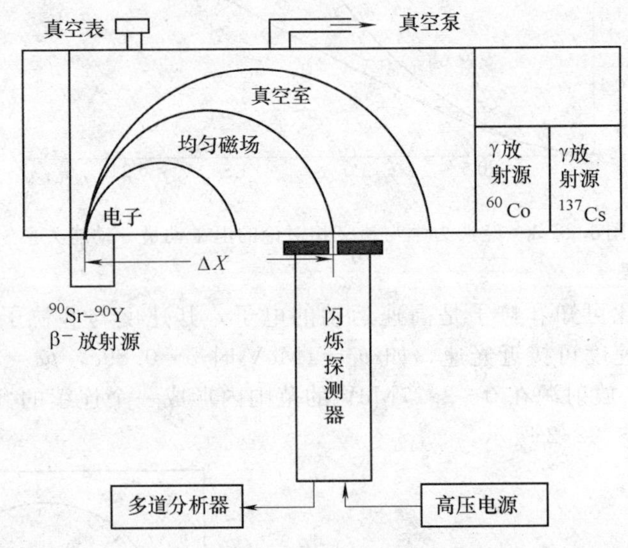

图 3.22-4　实验装置图

^{90}Sr-^{90}Y 源经准直后垂直射入真空室。探测器是掺 Tl 的 NaI 闪烁计数器。闪烁体前有一厚度约 200μm 的 Al 窗用来保护 NaI 晶体和光电倍增管。β 粒子穿过 Al 窗后将损失部分能量，其数值与膜厚和入射的 β 粒子动能有关。表 3.22-1 为入射动能 E_1 与 β 粒子穿过 200μm 厚 Al 窗后的透射动能 E_2 之间的关系表，单位为 MeV。实验中可按表 3.22-1 用线性内插的方法从粒子穿过 Al 窗后的动能 E_2，算出入射动能 E_1。

真空盒面对放射源和探测器的一面是用极薄的高强度有机塑料膜密封的，β 粒子穿过薄膜时所损失的能量可根据表 3.22-2 来修正。

探头可左右移动，以接收不同动量(动能)的 β 粒子。

光电倍增管的电压由高压电源提供。光电倍增管接收的信号送多道分析器，多道分析器采用脉冲幅度分析(PHA)的工作模式，它的道数 CH 与输入脉冲的幅度 U 成正比，而脉冲幅度 U 又与入射粒子的动能 E_i 成正比，故 β 粒子的动能 E_i 与多道分析器的道数 CH 成正比。

图 3.22-5 所示为用多道分析器测出的^{137}Cs 的能谱，其横坐标是通道数 CH，纵坐标是

计数值(代表强度)N，其主峰位于CH_0，称为全能光电峰，CH_0的值与入射粒子的能量E以及光电倍增管的高压值U_H和电路的放大倍数K有关。调节U_H和K均可改变^{137}Cs光电峰的位置CH_0。只有U_H，K不变的情况下，CH_0才唯一与入射粒子的能量成正比。为确定入射粒子的动能E_i与道数CH之间的定量关系，可用几个已知能量的放射源来标定两者的比例系数b和零道所对应的能量a，即

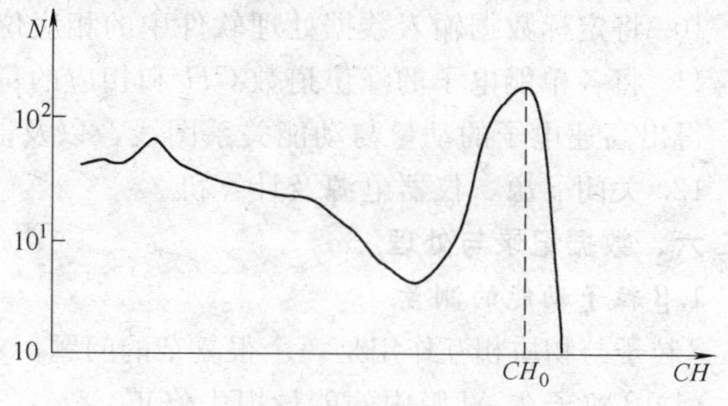

图 3.22-5　多道分析器上的^{137}Cs能谱

$$E=a+b\times CH \tag{3.22-9}$$

常用的标准源有^{137}Cs γ射线的0.184MeV的反射峰和0.662MeV的光电峰，^{60}Co γ射线的1.17MeV和1.333MeV的光电峰。

为了准确地定出峰位，还必须增加纵坐标N的数值。由于核衰变是随机过程，粒子在闪烁体内的碰撞发光也是随机过程，均有统计涨落。实际的能谱曲线并不像图3.22-5那样光滑圆润，而是一条趋势与图3.22-5一致、各相邻点有起伏的折线。这种涨落服从泊松分布，如某一点的计数值为N，其统计涨落的误差为$\sqrt{N}$，相对误差为$1/\sqrt{N}$。因而要减小峰位的判断误差必须增加计数值N，如$N=1000$时，涨落为3%，$N=10000$时涨落为1%。

五、实验步骤

1. 检查仪器线路连接是否正确，然后开启高压电源，开始工作。

2. 打开^{60}Co γ定标源的盖子，移动闪烁探测器使其缝对准^{60}Co源的出射孔并开始记数测量。

3. 调整加到闪烁探测器上的高压和放大倍数，使测得的^{60}Co的1.33MeV的峰位道数在一个比较合理的位置(建议：在多道脉冲分析器总道数的50%～70%之间，这样既可以保证测量高能β粒子(1.8～1.9MeV)时不越出量程范围，又充分利用多道分析器的有效探测范围)。

4. 选择好高压和放大倍数后，稳定10～20min。

5. 正式开始对NaI(Tl)闪烁探测器进行能量定标。首先测量^{60}Co的γ能谱，等1.33MeV光电峰的峰顶计数达到1000以上后(尽量减少统计涨落带来的误差)，对能谱进行分析，记录下1.17Mev和1.33MeV两个光电峰在多道能谱分析器上对应的道数CH_2，CH_3。

6. 移开探测器，关上^{60}Co γ定标源的盖子，然后打开^{137}Cs γ定标源的盖子并移动闪烁探测器使其狭缝对准^{137}Cs源的2孔并开始测量，等0.662MeV光电峰的峰顶计数达到1000后对能谱进行数据分析，并记录下0.662MeV光电峰在多道能谱分析器上对应的道数CH_1。

7. 关上^{137}Cs γ定标源，打开机械泵抽真空(机械泵正常运转2～3min即可停止工作)。

8. 盖上有机玻璃罩，打开β源的盖子开始测量快速电子的动量和动能，探测器与β源的距离ΔX最近要小于9cm。最远要大于24cm，保证获得动能范围0.4～1.8MeV的电子。

9. 选定探测器位置后开始逐个测量单能电子能峰，记下峰位道数CH和相应的位置坐标X。

10. 将定标数据输入数据处理软件中的相应位置，得出能量定标曲线及其斜率与截距。

11. 将各单能电子的峰位道数 CH 和相应的位置坐标 X 一一输入数据处理软件的相应位置，得出高速电子的动量与动能关系图线，以及能量、动量和误差。

12. 关闭 β 源，仪器电源及计算机。

六、数据记录与处理

1. β 粒子动能的测量

β 粒子与物质相互作用是一个很复杂的问题，对其损失的能量进行必要的修正十分重要。

(1) β 粒子在 Al 膜中的能量损失修正

在计算 β 粒子动能时还需要对粒子穿过 Al 膜(220μm：200μm 为 NaI(Tl)晶体的铝膜密封层厚度，20μm 为反射层的铝膜厚度)时的动能予以修正，计算方法如下：

设 β 粒子在 Al 膜中穿越 Δx 的动能损失为 ΔE，则

$$\Delta E=\frac{\mathrm{d}E}{\mathrm{d}x\rho}\rho\Delta x \qquad (3.22\text{-}10)$$

其中$\frac{\mathrm{d}E}{\mathrm{d}x\rho}\left(\frac{\mathrm{d}E}{\mathrm{d}x\rho}<0\right)$是 Al 对 β 粒子的能量吸收系数($\rho$ 是 Al 的密度)，$\frac{\mathrm{d}E}{\mathrm{d}x\rho}$是关于 E 的函数，不同 E 情况下$\frac{\mathrm{d}E}{\mathrm{d}x\rho}$的取值可以通过计算得到。可设$\frac{\mathrm{d}E}{\mathrm{d}x\rho}\rho=K(E)$，则 $E=K(E)\Delta x$；取 $x=0$，则 β 粒子穿过整个 Al 膜的能量损失为

$$E_2-E_1=\int_x^{x+d}K(E)\mathrm{d}x \qquad (3.22\text{-}11)$$

即

$$E_1=E_2-\int_x^{x+d}K(E)\mathrm{d}x \qquad (3.22\text{-}12)$$

其中 d 为薄膜的厚度，E_2 为穿过探测器 Al 膜后的动能，E_1 为穿过探测器 Al 膜前的动能。由于实验探测到的是经 Al 膜衰减后的动能(即 E_2)，所以经公式(3.22-10)可计算出修正后的动能(即 E_1)。表 3.22-1 列出了根据本计算程序求出的 E_2 和 E_1 之间的对应关系。

表 3.22-1　β 粒子的入射动能 E_1 与透射动能 E_2 的关系

E_1/MeV	E_2/MeV	E_1/MeV	E_2/MeV	E_1/MeV	E_2/MeV
0.317	0.200	0.887	0.800	1.489	1.400
0.360	0.250	0.937	0.850	1.536	1.450
0.404	0.300	0.988	0.900	1.583	1.500
0.451	0.350	1.039	0.950	1.638	1.550
0.497	0.400	1.090	1.000	1.685	1.600
0.545	0.450	1.137	1.050	1.740	1.650
0.595	0.500	1.184	1.100	1.787	1.700
0.640	0.550	1.239	1.150	1.834	1.750
0.690	0.600	1.286	1.200	1.889	1.800
0.740	0.650	1.333	1.250	1.936	1.850
0.790	0.700	1.388	1.300	1.991	1.900
0.840	0.750	1.435	1.350	2.038	1.950

(2) β粒子在穿过有机塑料薄膜时能量损失的修正

此外，实验表明封装真空室的有机塑料薄膜对β粒子存在一定的能量吸收，尤其对小于0.4MeV 的β粒子吸收近 0.02MeV。由于塑料薄膜的厚度及物质组分难以测量，可采用实验的方法进行修正。实验测量了不同能量的β粒子在穿过塑料膜前的动能 E_k 和穿过塑料膜后的动能 E_0 的关系，可采用分段插值的方法进行计算。具体数据见表 3.22-2。

表 3.22-2 β粒子通过有机薄膜前后能量(分别为 E_k，E_0)关系

E_k/MeV	0.382	0.581	0.777	0.973	1.173	1.367	1.567	1.752
E_0/MeV	0.365	0.571	0.770	0.966	1.166	1.360	1.557	1.747

2. 数据处理的计算方法和步骤(举例说明)

设对探测器进行能量定标(操作步骤中的第 5、6 步)的数据如下：

能量/MeV	0.661	1.17	1.33
道数/CH	158.8	283.2	321.0

实验测得当探测器位于 25cm 时的单能电子能峰道数为 220，求该点所得β粒子的动能、动量及误差，已知β源位置坐标为 10cm、平均磁场强度为 642.8Gs(高斯)。

(1) 根据能量定标数据求定标曲线

已知：$E_1=0.661$MeV，$CH_1=158.8$；$E_2=1.17$MeV，$CH_2=283.2$；$E_3=1.33$MeV，$CH_3=321.0$；根据最小二乘原理用线性拟合的方法求能量 E 和道数 CH 之间的关系

$$E=a+b\times CH$$

可以推导，其中

$$a=\frac{1}{\Delta}\left[\sum_i CH_i^2\cdot\sum_i E_i-\sum_i CH_i\cdot\sum_i(CH_i\cdot E_i)\right]$$

$$b=\frac{1}{\Delta}\left[n\sum_i(CH_i\cdot E_i)-\sum_i CH_i\cdot\sum_i E_i\right]$$

$$\Delta=n\sum_i CH_i^2-\left(\sum_i CH_i\right)^2$$

代入上述公式计算可得

$$E=0.00877+0.0041\cdot CH$$

(2) 求β粒子动能

对于 $X=25$cm 处的β粒子：

1) 将其道数 220 代入求得的定标曲线，得动能 $E_2=0.9108$MeV，注意：此为β粒子穿过总计 220μm 厚铝膜后的出射动能，需要进行能量修正。

2) 在前面所给出的穿过铝膜前后的入射动能 E_1 和出射动能 E_2 之间的对应关系数据表 3.22-1 中取 $E_2=0.9108$MeV 前后两点作线形插值，求出对应于出射动能 $E_2=0.9108$MeV 的入射动能 $E_1=0.9990$MeV。

E_1/MeV	E_2/MeV
0.988	0.900
1.039	0.950

3) 上一步求得的 E_1 为β粒子穿过封装真空室的有机塑料薄膜后的出射动能 E_0，需要再次进行能量修正求出之前的入射动能 E_k，同上面一步，取 $E_0=0.9990$MeV 前后两点作线形

插值，求出对应于出射动能 $E_0=0.9990\text{MeV}$ 的入射动能 $E_k=1.006\text{MeV}$。

E_k/MeV	0.973	1.173
E_0/MeV	0.966	1.166

$E_k=1.006\text{MeV}$ 才是最后求得的β粒子动能。

(3) 根据β粒子动能由动能和动量的相对论关系求出动量 pc(为与动能量纲统一，故把动量 p 乘以光速，这样两者单位均为 MeV)的理论值

由 $E_k=E-E_0=\sqrt{c^2p^2+m_0^2c^4}-m_0c^2$ 得出

$$pc=\sqrt{(E_k+m_0c^2)^2-m_0^2c^4}$$

将 $E_k=1.006\text{MeV}$ 代入，得 $pc_T=1.428\text{MeV}$，为动量 pc 的理论值。

(4) 由 $p=eBR$ 求 pc 的实验值

β源位置坐标为 10cm，所以 $X=25\text{cm}$ 处所得的β粒子的曲率半径为 $R=[(25-10)/2]\text{cm}=7.5\text{cm}$；电子电荷量 $e=1.60219\times10^{-19}\text{C}$，磁场强度 $B=642.8\text{Gs}=0.06428\text{T}$，光速 $c=2.99\times10^8\text{m}\cdot\text{s}^{-1}$；所以

$$pc=eBRc=1.60219\times10^{-19}\times0.06428\times0.075\times2.99\times10^8\text{J}$$

因为 $1\text{eV}=1.60219\times10^{-19}\text{J}$，所以

$$pc=BRc(\text{eV})=0.06428\times0.075\times2.99\times10^8\text{eV}=1441479\text{eV}\approx1.441\text{MeV}$$

(5) 求该实验点的相对误差 Dpc

$$Dpc=\frac{|pc-pc_T|}{pc_T}=\frac{|1.441-1.428|}{1.428}\times100\%=0.9\%$$

3. 关于非真空条件下的实验方法和数据处理

这一实验也可以在非真空状况下进行，同样可得到较为理想的结果。非真空条件下得到的单能电子峰与真空条件相比其分辨率明显变差，可能出现寻峰困难或不准的情况，建议在寻峰前先利用多道程序软件进行光滑化处理，可以较好地解决这一问题。在数据处理上要对电子在回转路径上因与空气发生相互作用而导致的能量损失进行修正，具体做法是对 E_k 进行电子在回转路径上与空气发生相互作用而导致的能量损失进行修正以得到最终的能量 E'_k。

七、思考题

1. 观察狭缝的定位方式，试从半圆聚焦β磁谱仪的成像原理来论证其合理性。
2. 本实验在寻求 p 与 ΔX 的关系时使用了一定的近似，能否用其他方法更为确切地得出 p 与 ΔX 的关系？
3. 用γ放射源进行能量定标时，为什么不需要对γ射线穿过 220μm 厚的铝膜时进行“能量损失的修正”？
4. 为什么用γ放射源进行能量定标的闪烁探测器可以直接用来测量β粒子的能量？
5. 试论述相对论效应实验的设计思想。
6. 当相对论效应比较显著时，电子速度如何？
7. 实验是否可以在非真空状态下进行？如何进行？
8. 对实验误差进行分析。

八、注意事项

1. 闪烁探测器上的高压电源、前置电源、信号线绝对不可以接错。

2. 装置的有机玻璃防护罩打开之前应先关闭β源。

3. 应防止β源强烈振动，以免损坏它的密封薄膜。

4. 移动真空盒时应格外小心，以防损坏密封薄膜。

附录：空气对粒子的能量吸收系数(取空气密度 $\rho=1.290\text{mg}\cdot\text{cm}^{-3}$)

粒子能量/MeV	$\frac{dE}{\rho dx}$/MeV · cm² · g⁻¹	$\frac{dE}{dx}$/MeV · cm⁻¹
0.1	3.6294	4.682×10^{-3}
0.2	2.4703	3.187×10^{-3}
0.3	2.0871	2.692×10^{-3}
0.4	1.9070	2.460×10^{-3}
0.5	1.8087	2.333×10^{-3}
0.6	1.7510	2.259×10^{-3}
0.7	1.7159	2.214×10^{-3}
0.8	1.6945	2.186×10^{-3}
0.9	1.6819	2.170×10^{-3}
1.0	1.6752	2.161×10^{-3}
2.0	1.7140	2.211×10^{-3}

实验 23 全息摄影

早在 1948 年，加柏(Cabor)就提出了全息摄影的原理，20 世纪 60 年代激光的出现，提供了辐射强度高和干涉性好的光源，才使全息照相术开辟了许多有趣而新颖的用途，在许多科学领域中显示了其独特的优点，被广泛用作一种测量手段。

一、实验目的

了解全息照相术的基本原理。

二、实验原理

1. 全息照相术的原理

从光学的观点看来，物体是许多发光点的聚合体，发光方式可以是辐射、散射或反射，每个物点发射一个球面波。全部物点的光波总和被称为“物光波”。在普通照相法中，用透镜把物光波变换成“像光波”，来自一个物点的像光波仍是球面波，其会聚点(球心)就是“像”点，全部像点组成物体的“像”，照相感光板的乳胶面被置于像点密集地区内的一个平面上，记录的是一个平面上的像光波的光强分布。因此，这方法有两个特点：

(1) 在成像过程中，像光波是不能脱离物光波而独立存在的。

(2) 照相感光板的乳胶面只能对一个平面上各光的光强和位置作一一对应的记录(对透镜来说，这个平面是物平面，乳胶面是像平面)但不能反映光波的相位分布，因此，它不能全部地反映三维物体的各点光强和位置。

决定一个光波的特性的是光强与相位的空间分布，只要已知光波在一个平面上的光强和位相分布，应用惠更斯原理，就可推知这光波在整个空间内的光强和相位分布，从干涉原理知道，在两束光的干涉图样上，干涉条纹的形状和疏密反映了两束光的相位分布情况，条纹的视见度=(极大光强－极小光强)/(极大光强＋极小光强)的分布反映两束光的光强比值的分布情况。因此，如果用一个确知光强和相位分布的光波(一般是球面波或平面波，称为“参考波”)与物光波叠加，形成在时间上是稳定的干涉图样，精确而永久地记录这种干涉图样的照相感光板，称为“全息图”或“全息照片”。在全息图上，照相乳剂的透射率反映着干涉光强，因此，在参考光波的参考对比之下，全息图把物光波的球面波照明全息图。透过全息图的光波主要由三个孪生的光波组成，有一个是精确地复制出原来物光波(称为“再现光波”)，迎着这光波，能看到原来已被移去的物体。因此，全息照相法是一种“两步成像”的方法，全息图确实记录着物光波的全部信息。

为得到在时间上是稳定的干涉条纹，产生干涉条纹的两束光必须是同一束光分出来的。因此，物光波只能是被物体散射、反射或透射的光波，不能是物体的发射光波。图 3.23-1 是拍摄全息照片的典型光路。

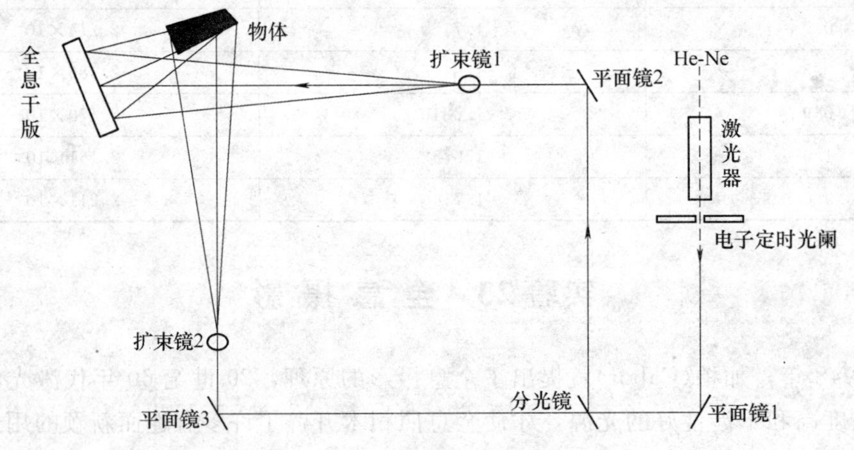

图 3.23-1　全息摄影光路安排

物光波是物体的散射光波，每一物体点的散射球面波在扩散后是覆盖整个图面；因此，全息图上的每一点都记录了整个物体的信息，普通照相术中的一一对应关系已不再存在。因此，只需要全息图的一小部分，就可以形成物体的各部分的像。事实上，在用眼睛观察时，真正被利用到的，也只是大小约与眼睛的瞳孔相当的那一部分。因此，如果全息图破碎，仍有可能观察到物体的各部分像，仅需改变一下观察方向，在这点上，普通照相是无法与之比拟的；但是，在一个观察方向上只能看到一部分的像，不能同时看到整个像，就好像通过小窗口观看室内景物那样。全息图的另一个优点是能在同一张相片上记录数个物体的信息，而仍能得到高质量的再现。

全息照相按其记录介质来分，有两种：若记录介质是二维的，称为“平面全息图”；若记录介质是三维的，就称为“三维全息图”或“体积全息图”。若使物体光波和参考光波由明显不同的方向射到记录介质上，这种组态就称“离轴类型”的全息图。按装置来分，也可分为两类：若照相感光板放在离物体不远的地方，称“菲涅尔全息图”；若物体放在离照相感光板无穷远处，称“夫琅和费全息图”。本实验中摄制的是平面离轴型的菲涅尔全息图。

在全息照相术的应用中，直接测量的是再现像的特性参数，再推算出物体的特性参数。因此，首先要测准再现像的特性参数，这就要求“像是较亮的”；其次，要知道物体与再现像之间的关系式，并且，为了方便，要求这些关系式尽可能接近线性关系，即要求“像的失真尽可能少”。具备哪些条件才能使“再现像失真少而较亮”呢？只有从下面的理论分析中才能找出答案。

2. 全息图的记录

如图 3.23-2 所示，在照相乳剂面（$z=0$ 平面）上取一直角坐标系。设参考光波从 $P_R(x_R, y_R, z_R)$点发出的球面波，物光波是从物点 $P_0(x_0, y_0, z_0)$发出的球面波，都是波长为 λ 的单色光，在$[L(\overrightarrow{P_0P}, \vec{z})]^2 \ll \frac{8\lambda}{|z_0|}$和$[L(\overrightarrow{P_RP}, \vec{z})]^2 \ll \frac{8\lambda}{|z_R|}$的条件下，在照相乳剂面上某观察点 $p(x, y, z=0)$二个球面波的复振幅分别为：

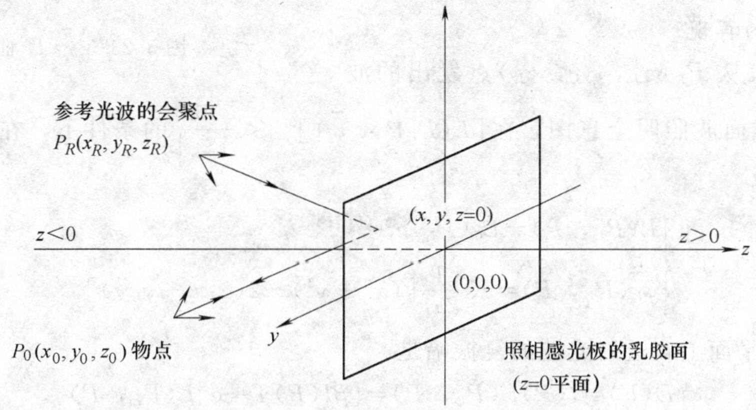

图 3.23-2　全息照相术的原理图

物光波：

$$\left.\begin{aligned} &O(P_0, P) \approx O_0(P_0)\mathrm{e}^{\mathrm{i}\varphi_0(P_0, P)} \\ &\varphi_0(P_0, P) \approx K\frac{1}{2Z_0}[(x^2+y^2)-2(x_0x+y_0y)] \end{aligned}\right\} \tag{3.23-1}$$

参考光波：

$$\left.\begin{aligned} &R(P_R, P) \approx R_0(P_R)\mathrm{e}^{\mathrm{i}\varphi_0(P_R, P)} \\ &\varphi_R(P_R, P) \approx K\frac{1}{2Z_R}[(x^2+y^2)-2(x_Rx+y_Ry)] \end{aligned}\right\} \tag{3.23-2}$$

式中，$K=\frac{2\pi}{\lambda}$。在 P 点的总光场的复振幅是$(O+R)$，光强是

$$\begin{aligned} I(P) &= |O+R|^2 = |O|^2+|R|^2+O\cdot R^*+O^*R \\ &= |O_0|^2+|R_0|^2+O_0R_0^*\mathrm{e}^{\mathrm{i}(\phi_0-\phi_R)}+O_0^*R_0\mathrm{e}^{-\mathrm{i}(\phi_0-\phi_R)} \\ &= |O_0|^2+|R_0|^2+2|O_0||R_0|\cos(\phi_0-\phi_R+\Delta\phi) \end{aligned} \tag{3.23-3}$$

在式(3.23-3)中，$|O_0|^2$ 和$|R_0|^2$ 分别是物光束和参考光束在照相乳剂面上的光强，它们是与 P 点位置无关的；φ_0 和 φ_R 都是 P 点坐标 x 和 y 的函数，$\Delta\varphi$ 是两光波在(0，0，0)点的相位差，因此，$2|O_0||R_0|\cos(\varphi_0-\varphi_R+\Delta\varphi)$是在光强 $I(P)$中随 P 点位置变化的项，它存储了物光波的光强和相位的全部信息。式(3.23-3)说明，在照相乳剂面上呈现的是光强在$(|O_0|+|R_0|)^2$ 和$(|O_0|-|R_0|)^2$ 之间变化着的干涉条纹。

如果，在曝光时间 T 内，在照相感光板的乳剂面上的干涉图样是不移动的，则曝光量

$$H=IT_0 \tag{3.23-4}$$

一般照相乳剂的振幅透射率t(=透射光的振幅/入射光的振幅)与曝光量H的关系如图3.23-3所示。适当选取两光束的光强$|O_0|^2/|R_0|^2$之比和曝光时间及冲洗过程，可使照相乳剂面上各点的t值位于$t\sim H$曲线的直线部分(即在图3.23-3上的线段AB内)，这时，振幅透射率t与曝光量H成正比。

$$t=\beta H+\alpha=\beta IT+\alpha \tag{3.23-5}$$

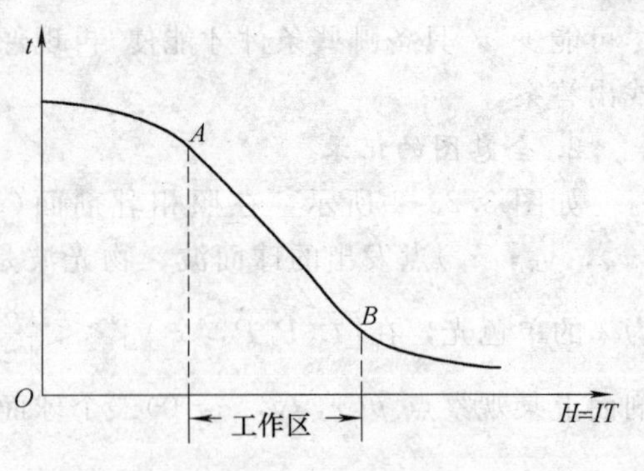

图3.23-3 t-H曲线

3. 全息图的再现

如果有一束从$P_L(x_L, y_L, z_L)$点发出的波长为λ的单色球面波照明全息图，在$[L(\overrightarrow{P_LP}, \vec{z})]^2 \ll \frac{8\lambda}{|z_L|}$的条件下，在$P$点上，照明光波的复振幅是

$$\begin{cases} L(P_L, P)=L_0(P_L)\mathrm{e}^{\mathrm{i}\varphi_L(P_L,P)} \\ \varphi_L(P_L, P)=K\dfrac{1}{2z_L}[(x^2+y^2)-2(x_Lx+y_Ly)] \end{cases} \tag{3.23-6}$$

在$z=0$的平面上，透射光波的复振幅是

$$\begin{cases} D(P)=t(P)L(P_L, P)=[\beta I(P)T+\alpha]L(P_L, P) \\ \qquad =D_L(P)+D_+(P)+D_-(P) \\ D_L(P)=[\beta T(|O_0|^2+|R_0|^2+\alpha)]L(P_L, P) \\ D_+(P)=\beta TO(P_0, P)R^*(P_R, P)L(P_L, P) \\ D_-(P)=\beta TO^*(P_0, P)R(P_R, P)L(P_L, P) \end{cases} \tag{3.23-7}$$

式(3.23-7)被称为“再现方程”，根据惠更斯原理推知，如果光波从$z<0$的空间向$z>0$的空间传布，如果已知$z=0$平面上的光波复振幅分布情况与某个球面波相同，那么，在$z>0$的空间中，这两个光波是完全相同。因此，式(3.23-7)中的$D_L(P)$，$D_+(P)$和$D_-(P)$，不仅代表$z=0$平面上的复振幅分布，而且代表在$z>0$空间中实际传播的光波。下面，细察式(3.23-7)中的各项。

(Ⅰ) $D(P)=$(实数)$\cdot L(P_L, P)$，它表示经过透射衰减后仍沿着原来方向传播的照明光波。

(Ⅱ)

$$\begin{aligned} D_+(P)&=\beta TO_0R_0^*L_0\mathrm{e}^{\mathrm{i}K(\phi_0-\phi_R+\phi_L)} \\ &=\beta TO_0R_0^*L_0\mathrm{e}^{\frac{\mathrm{i}K}{2}(x^2+y^2)\left(\frac{1}{z_0}-\frac{1}{z_R}+\frac{1}{z_L}\right)} \end{aligned} \tag{3.23-8}$$

$$\mathrm{e}^{-\mathrm{i}K\left[\left(\frac{x_0}{z_0}-\frac{x_R}{z_R}+\frac{x_L}{z_L}\right)x+\left(\frac{y_0}{z_0}-\frac{y_R}{z_R}+\frac{y_L}{z_L}\right)y\right]}$$

它包含了物光波振幅$|O_0|$和相位φ_0，一般称为“再现光波”。比较式(3.23-8)和式(3.23-1)，可以得到以下三点：

1) 再现光波的振幅$|D_+(P)|=\beta(T|O_0||P_0|)|L_0|\propto|O_0(P_0)|$，即再现波的振幅分布正比于原物光波的振幅分布。

2) 再现波的会聚点P_+的坐标为

$$\begin{cases} z_+ = A_+ z_0 \\ x_+ = A_+ x_0 + B_+ \\ y_+ = A_+ y_0 + C_+ \end{cases} \tag{3.23-9}$$

其中

$$A_+ = \frac{z_R z_L}{z_R z_L - z_0 z_L + z_0 z_R}$$

$$B_+ = \frac{z_0 z_R x_L - z_0 z_L x_R}{z_R z_L - z_0 z_L + z_0 z_R}$$

$$C_+ = \frac{z_0 z_R z_L - z_0 z_L y_R}{z_R z_L - z_0 z_L + z_0 z_R}$$

即这个波好像是从 $P_+(x_+, y_+, z_+)$点发出的球面波。当我们透过全息图观察时（如图3.23-4 所示），将看到在 $P_+(x_+, y_+, z_+)$处有一个发光点，亮度与 $P_0(x_0, y_0, z_0)$处的物点亮度成正比，我们称这个发光点是物点 P_0 的"再现像"。对于由许多物点组成的三维物体，对应于每一物点都将形成自己的再现像点，这些像点的位置和光强都与原物点的位置和光强一一对应，于是得到了逼真的三维物体的再现像。

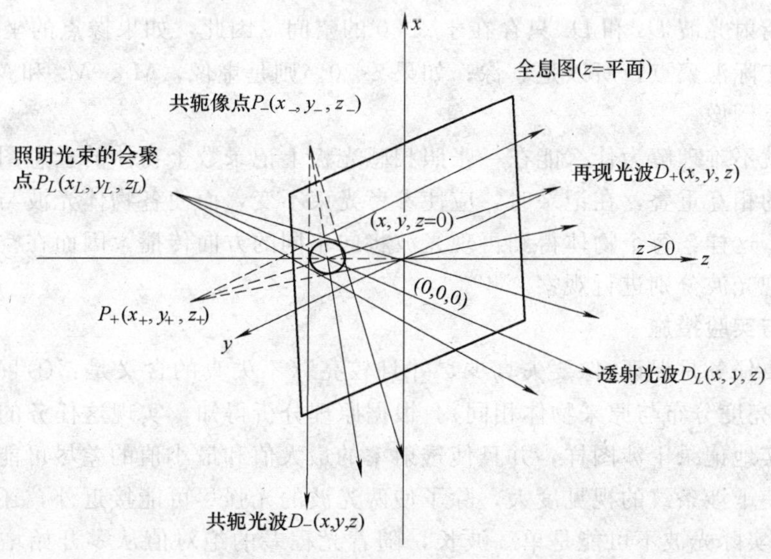

图 3.23-4　用全息图产生像光波（p 点在全息图 $z=0$ 平面上方）

3）再现像在三个方向的放大率

$M_z = \dfrac{\Delta z_+}{\Delta z_0}$，$M_x = \dfrac{\Delta x_+}{\Delta x_0}$和 $M_y = \dfrac{\Delta y_+}{\Delta y_0}$的值是由式(3.23-9)求得

$$M_x^+ = M_y^+ = A_+(z_0, z_R, z_L) \tag{3.23-10}$$

在 $\Delta z_0 \ll z_0$ 时，

$$M_z^+ = A_+^2(z_0, z_R, z_L)$$

由式(3.23-10)可见，只有平行于全息图的平面物体的再现像，或与原物体大小相同的再现像，才无畸变。在一般情况下，$M_x = M_y \neq M_z$，并且二值都是 z_0 的函数，因此，立体物的再现像有畸变，(例如物体是球面，再现像就不是球面，而是一个旋转对称的两面，对称曲线在全息图的法线方向上)，放大率越接近 1，再现像的畸变越小。

当照明光束与参考光束完全相同时，$\varphi_L=\varphi_R$，使 $D_+(P)=(\beta TR_0^* L_0)O(P_0, P)$，$\beta TR_0^* L_0$ 是一个恒量复数。因此，这时的衍射光波 $D_+(P)$是物光波 $O(P_0 P)$的再现，再现像与物体的各对应点都重合，并且，相对光强分布都相同。

$D_-(P)$代表位于 $P_-(x_-, y_-, z_-)$点的“共轭像”的“再现光波”。其中

$$\begin{cases} z_-=A_- z_0 \\ x_-=-A_- x_0+B_- \\ y_-=-A_- y_0+C_- \\ A_-=\dfrac{z_R z_L}{-z_R z_L+z_0 z_L+z_0 z_R} \\ B_-=\dfrac{z_0 z_R x_L+z_0 z_L x_R}{-z_R z_L+z_0 z_L+z_0 z_R} \\ C_-=\dfrac{z_0 z_R y_L-z_0 z_L y_R}{-z_R z_L+z_0 z_L+z_0 z_R} \end{cases} \tag{3.23-11}$$

至于共轭像的放大率：$M_x^-=M_y^-=-A_-(z_0, z_R, z_L)$，在 $\Delta z_0 \ll z_0$ 的条件下，$M_z^-=-A_-^2(z_0, z_R, z_L)$。

由于两个衍射光波 D_+和 D_-只存在于 $z>0$ 的空间，因此，如果像点的坐标值 $z>0$，则像点是光束的实际汇聚点，所以是真像；如果 $z<0$，则是虚像，M_x、M_y 和 M_z 值的正负决定像是正像还是倒像。

现在我们就不难理解为什么能在一张照相感光板上记录数个物体的全息图。为了避免各个全息图的像的相互重叠，在记录时，应使参考光束不变，而使各物体光波与参考光波之间的夹角不相同。这样，每个物体得到再现光波将向不同的方向传播，因而在空间分离开，使能对每一个再现光波分别进行观察。

三、装置与实验措施

实验的首要任务是保证“像要失真少，并且较亮”(不失真的含义是：①$|M_x|=|M_y|=|M_z|$；②相对亮度分布与原来物体相同)。根据原理分析得知，实现这任务的关键在于：使全息图详细如实地记录干涉图样，并且使透射率的最大值和最小值的差尽可能大。

首先，要使干涉条纹的视见度大，除了使两光波的光强尽可能接近外，还必须考虑到如下事实：“由于实际光波不可能是单一波长，随着光程差的绝对值从零开始增加，视见度从最大值开始下降”。因此，要使两光波的光程尽可能接近。

如果已得到了视见度好的干涉条纹，但在拍摄过程中，由于某种因素引起条纹移动。只要移动位置等于条纹间隔的一半，整个干涉图样就遭破坏，由于全息图的干涉条纹是极细的，因此，在记录全息图时，必须采取严格的防震措施。本实验所用的全息实验台是GSZ—Ⅱ型光学平台，中间有两层隔振层，表面是导磁不锈钢平板，实验台上的所有光学元件底座均有圆环形磁钢被牢牢吸附在钢板上，以保证拍摄时光学系统的稳定性。

现在估算全息图上的条纹间距；设有二个平面波 $O=O_0 e^{ikx\sin\theta_0}$ 和 $R=R_0 e^{ikx\sin\theta_R}$ 在照相乳剂面上产生干涉，参照图 3.23-5 和式(3.23-8)的推导，可知照相感光板上的光强是由 $\cos[kx(\sin\theta_0-\sin\theta_R)]$调制的，$\theta_R=-\theta_0$，得条纹间距为

$$\Delta x=\frac{\lambda}{2\sin\theta_0} \tag{3.23-12}$$

其倒数即空间频率(每毫米的条纹数)，若取 $\theta_0=30°$，则空间频率是 10^3 条/mm，如此精细的条纹，自然经不起任何振动(即使你认为是极微小的)。另一方面，这样细而密的条纹对记录介质的分辨率也提出了更高的要求。普通照相感光板的分辨率为 200 条/mm，全息感光板的分辨率在 10^3 条/mm 的数量级。从式(3.23-12)看，θ_0 越大，条纹的空间频率越高，对实验装置的防振要求和照相感光板的分辨率的要求就越高。相反，θ_0 小条纹间距大对这两方面的要求就越低。在本实验的具体条件下，参考光波和物光波的夹角不宜大于 45°。为了使被制成全息图的感光板上的振幅透射率 t 都处于 t-H 曲线的线性区域内，应当控制曝光时间 T 使在照相感光板上的平均曝光量$[=(|O_0|^2+|R_0|^2)T]$位于线性区域的中央，并且，应使参考波的强度适当地大于物体光波的强度，使全息感光板上的曝光量的极大值和极小值都在线性区域内。在实际工作中，这两光波的比值可为 5 到 10 倍，甚至 20 倍。考虑到本实验所用激光束的功率≤3mW，并且，杂散光总是不能完全避免的。为了使再现像亮到可以用眼睛直接观察再现像及像光波的特性，就把光强比值取在 1～2 之间，这时，全息图上各点的曝光量不是全部位于 t-H 的线性区域内。这当然会影响到再现像的质量。但是，对于离轴的全息图，这种影响较小。

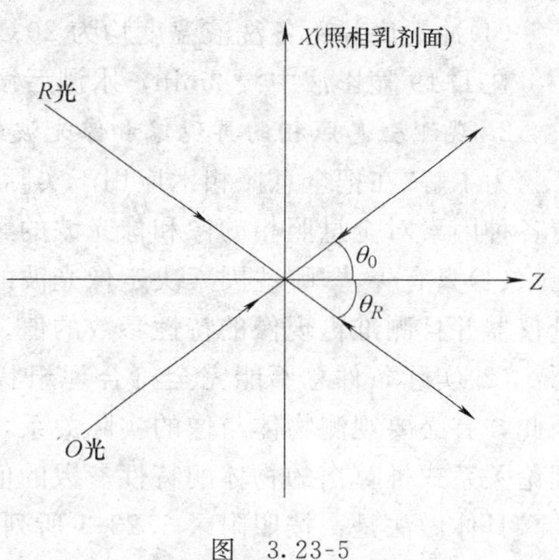

图　3.23-5

由图 3.23-4 可见，如果透射光波 D_L 与再现光波 D_+ 之间的夹角太小，在观察再现像时，强得多的透射光波 D_L 也将进入视场，就可能使再现像被淹没而看不清。因此，如果要求能观察到与原物相对亮度分布完全一致的再现像，在记录全息时，就必须使参考波与物光波之间的夹角不能太小，一般在 30°以上。

四、实验步骤

1. 在一块全息感光板上记录一个或多个物体的全息图

(1)按图 3.23-1 安排光路，放入分束器，反射镜 M_1、M_2 和物体后，调节好两光束的夹角和光程差，并使光斑在 M_2、M_3 和物体的中央，再放入感光板架，使 M_2 的反射光斑在位于感光板架中央，再放入扩束透镜 L_1 和 L_2，调节物体取向和 L_2 的位置，直到从感光板架中央看到物体处于良好的照明状态，再调节 L_1 的位置，使(参考光强)/(物光强)在(2 和 1)之间。有时，可能要调换分束器或在光路中放入半透明平镜才能使两光强比值适当。

玻璃棱镜或镀有半透明膜的厚玻璃平板，均可作分束镜，前者的透射率约为 90%，后者约 30%～70%。

(2)根据实验室提供的 t-H 曲线和测得的参考光强和物光强的数值，确定曝光时间，将曝光定时器的指示旋钮拨向所需的曝光时间，把“遮光”拨键拨向遮光位置。这时，光闸处于闭合状态，借助定时器上的暗绿色指示灯，小心地装上全息感光板(使乳剂面朝向光束)。静等震动停止后，启动曝光按钮，这时光闸通光。到了预定时间，光闸自动闭合，曝光结束，取下感光板妥善放置在暗盒中(勿使照相乳剂面接触任何东西，并记住拍摄时的取向)。

(3)如果重复上述步骤，可记录第二个物体的全息图，注意应使物光波以明显不同的方向入射到底片上。

(4)冲洗底片：各洗液温度均为20℃左右。

在D-19显影液中浸2min，水漂后浸入F-5定影液中约5min，水漂后晾干。

2. 观测全息照相的再现像和像光波的特性

为了解“在把全息照相术应用于实际的时候注意哪些问题”，还必须做一系列的观测。弄清各种因素对全息照相的像和像光波的影响。理由是：

(1)只有弄清“哪些因素决定像光波的光波空间分布和传播方向”，才能把像光波送进测量仪器并且测准再现像的特性参数的值。

(2)实际条件总不能完全符合理想状态，还可能有外界干扰和意想不到的因素的影响。因此，有必要观测物体与像的实际关系，找出它和理论关系式有多大的差别，就可估计：用理论关系式推算出的物体的特性参数的值有多大误差。

具体做法是：按照附录3.23-1所列各条进行观测，然后结合原理，进行推理，得出一些结论，对现象要有粗略的定量描述，在作出结论之前要摆事实讲道理，结论要有实用价值，要对提高实验质量有启发作用。

五、思考题

1. 为得到一个亮而失真少的再现像，在拍摄全息图时，应当采取哪些措施？

2. 观察再现像时，照明光束的会聚点 P 的位置，在全息图上的有效照明面积和照明光强，对再现像的亮度分布有什么影响？

3. 在防振工作台上安排一个迈克耳逊干涉仪，可以取得哪些对拍摄全息图有用的数据。

六、注意事项

1. 激光束的光强很强，眼睛千万不能直视激光。

2. 严禁用手触摸光学元件表面。

3. 遵守暗室操作规程。

附录 3.23-1 观测全息照相的再现像和像光波的特性

一、证实“用原参考光束照明全息片时，再现像是不失真的虚像”。

1. 拍摄好全息照片后，保持实验装置不动，把照片装回感光板架上，如果从不同方位看到的再现像的各点与原物体的各对应点之间始终无视差，就可以说：“再现像与原物体完全重合”。

2. 轮流地挡住原照明光束和原参考光束，反复比较原物体与再现像各对应点之间的相对亮度分布。

二、增强照明光束，观察“全息照片的照明方式对再现像的影响(如位置、大小和亮度分布等)”。

1. 改变照明光束的会聚点到照片的垂直距离。

2. 改变照片的法线方向。

3. 改变观察方向(眼睛要离照片远些)。

提示：像光束的发散角是有限的。

三、证实“共轭像与再现像(或原物像)两者各对应点在全息照片的法线方向上的位置排列方向是相反的”。并且，估测共轭像的三个放大率。

提示：利用可移动的白纸片(纸片上有黑线划分的小方格)。如果改变观察方向时，白纸片上的黑线与共轭像的某一部分的相对位置始终不变，这时，这部分像就位于白纸片上。

四、观察全息照片的有效照明面积对被看到的再现像的影响。证实“有效照明面积对衍射光束的发射角的约束作用相当于一个光阑”。

1. 使全息照片全部照明，用一个可变光阑改变照明面积。当眼睛在远处观察时有何影响？改变观察方向呢？

2. 用未经扩束的激光束照明全息照片，用白纸片或磨砂玻璃作屏，改变屏和照相片的垂直距离(约 1m)，观察衍射光束光强的空间分布情况，试回答：屏上的图形是再现像或共轭像吗？

提示：

(1) 在光学中，像点的定义是“从物点发出的光束的会聚点”；

(2) 用眼睛直接看再现像，它的取向与屏上的图形取向是一致的还是相反的？

五、(选做)设计一个初步方案，一个平面物体的再现像记录在照相感光板上，要求失真小。请用白屏与单凸透镜($f\approx10$cm)分别代替感光板与照相透镜，实施这方案，并得出注意事项。

附录 3.23-2　全息底片冲洗药液配方

1. 显影液

一般采用 D-19 高反差显影液，其配方如下：

(1) 温水 50℃	800ml
(2) 米土尔	2g
(3) 无水亚硫酸钠	90g
(4) 对苯二酸	8g
(5) 无水碳酸钠	48g
(6) 溴化钾	5g

将上述药品放入容器中溶解后，再加水至 1000ml 即可。显影温度控制在 20～25℃，显影时间为 3～5min。

2. 停显液

冰醋酸　13.5ml　加水至 1000ml 即可

3. 定影液

一般可用 F-5 酸性坚定膜定影液，其配方如下：

(1) 温水 60～70℃	600ml
(2) 结晶硫代硫酸钠	240g
(3) 无水亚硫酸钠	15g
(4) 冰醋酸	13.5ml
(5) 硼酸	7.5g
(6) 铝钾钒	15g

将上述药品溶解后，加水至 1000ml。定影时间约 10min。

4. 漂白液

配方一：	(1) 硫酸铜溶液 20%	42.5ml
	(2) 溴化钾溶液 20%	42.5ml
	(3) 饱和重铬酸钾溶液	15ml

(4) 浓盐酸 10 滴

混合后加水至 300ml。

配方二：(1) 氯化汞 25g

(2) 溴化钾 25g

混合后加水至 1000ml。

实验 24 核磁共振

自旋是微观物理学中的最重要概念之一，1924 年泡利(W · Pauli)提出核自旋的假设，1930 年为埃斯特曼(L · Esterman)在实验上证实，这一原子核基态的重要特性表明原子核不是一个质点而有电荷分布，还有自旋角动量和磁矩。据此才会发生核磁共振现象。拉比(I · I · Rabi)以及随后的伯塞(E · M · Purcell)和布洛赫(F · Bloch)因观察到此现象而分别获得 1944 年和 1952 年诺贝尔物理奖。原子核可看成自然界安排在物质内部的微小探针，其线度极小($<10^{-15}$ m)。只要很少的射频量子能量($<10^{-4}$ eV)就可探到物质微观结构的信息。所以有人认为原子核自旋世界是演示量子力学和统计力学基本概念最简单而有效的实验系统。当然要探测到共振信号至少需要 $10^{14}\sim10^{15}$ 个同类核自旋，为数众多的同类核遵循统计规律。核磁共振已成为确定物质分子结构、组成和性质的重要实验方法，在有机化学分析中更具有独特的优点。如 1977 年研制成功的人体核磁共振断层扫描仪(NMR-CT)因能获得人体软组织的清晰图像而成为用于疑难病症的临床诊断。核磁共振是重要的物理现象。核磁共振实验技术在物理、化学、生物、临床诊断、计量科学和石油分析与勘探等许多领域得到重要应用。

一、实验目的

1. 了解核磁共振的基本原理，观察核磁共振现象。

2. 学习利用核磁共振现象测量磁场和测量 g 因子的方法。

二、实验原理

原子核处于静磁场中时其核能级发生塞曼分裂，当这样的原子核系统受到一定频率的电磁波(射频场)作用时，在它们的塞曼能级之间产生共振跃迁，这种现象称为核磁共振。产生核磁共振的必要条件是原子核具有核自旋即自旋角动量不为零。只有质子数和中子数两者或其一为奇数的原子核才有核自旋，才能产生核磁共振。

1. 共振吸收

自旋角动量 p 不为零的原子核具有与之相联系的核自旋磁矩，简称核磁矩。其大小为

$$\mu=g\frac{e}{2M}p \tag{3.24-1}$$

式中，e 为质子的电荷；M 为质子的质量；g 是一个由原子核结构决定的因子，称为原子核的 g 因子。值得注意的是 g 可能是正数，也可能是负数。因此，核磁矩的方向可能与核自旋角动量方向相同，也可能相反。

按照量子力学的观点，原子核自旋角动量大小由下式决定

$$p=\sqrt{I(I+1)}\hbar \tag{3.24-2}$$

式中，$\hbar=h/2\pi$，h 为普朗克常量，I 为核的自旋量子数，只能取 0，1，2，3，…整数值或

1/2，3/2，5/2，…半整数值。对于不同的核素，I 分别有不同的确定数值。本实验涉及的质子和氟核^{19}F 的自旋量子数 I 都等于 1/2。

当核自旋系统处于外磁场 B 中时，可取坐标轴 Z 方向为 B 的方向。核的角动量在 B 方向的投影值由下式决定

$$p_z = m\hbar \tag{3.24-3}$$

m 叫磁量子数，可取 $m=I$，$I-1$，…，$-(I-1)$，$-I$ 共$(2I+1)$个数值。

核磁矩在 B 方向的投影值为

$$\mu_z = g\frac{e}{2M}p_z = gm\frac{e\hbar}{2M} = gm\mu_N \tag{3.24-4}$$

式中

$$\mu_N = \frac{e\hbar}{2M} = 5.050787\times10^{-27}\,\mathrm{J\cdot T^{-1}}$$

称为核磁子，用作核磁矩的单位。

当不存在外磁场时，每一个原子核的能量都相同，所有原子核处在同一能级。但是，施加外磁场 B 后，由于核自旋和磁场 B 间的相互作用，核能级发生塞曼能级分裂。外磁场 B 与磁矩的相互作用能为

$$E = -\mu\cdot B = -\mu_z B = -gm\mu_N B \tag{3.24-5}$$

因此磁量子数 m 取值不同，核磁矩的能量也就不同，从而从原来简并的同一能级分裂为$(2I+1)$个子能级。任何两个能级之间的能量差为

$$E(m_1)-E(m_2) = -g\mu_N B(m_1-m_2) \tag{3.24-6}$$

对于氢核、氟核、碳核这类 $I=1/2$ 的简单核系统，磁量子数 m 只能取两个值，即 1/2 与 −1/2。原能级仅分裂成上、下两个能级 E_2 和 E_1，原子核在上、下能级上的分布服从玻耳兹曼分布，显然处在下能级的粒子数 N_1 要比上能级的粒子数 N_2 多，其差数(N_1-N_2)由 ΔE 大小、系统的温度和系统的总粒子数决定，如图 3.24-1 所示。塞曼分裂成的上、下两能级间的能量差为

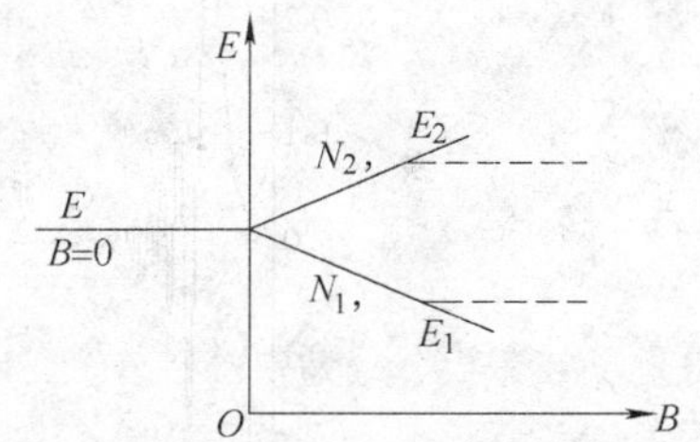

图 3.24-1 核塞曼能级分裂

$$\Delta E = E_2 - E_1 = g\mu_N B \tag{3.24-7}$$

若在垂直于 B 的方向上加一个频率为 ν 的射频$(10^6\sim10^9\,\mathrm{Hz})$场 $B_1\cos2\pi\nu t$ $(B_1\ll B)$，当射频的量子能量 $h\nu$ 与塞曼分裂的能级差 ΔE 正好相等，即满足

$$h\nu = \Delta E = g\mu_N B \tag{3.24-8}$$

时，即发生能级间的核自旋粒子由 E_1 到 E_2 的受激跃迁和由 E_2 到 E_1 的发射跃迁，这两种相反方向的跃迁几率相等且与 B_1^2 成正比，但由于 $N_1>N_2$，故对为数众多的自旋系统(自旋粒子数在 $10^{14}\sim10^{15}$ 以上)，统计上的净结果从射频磁场吸收能量而产生核磁共振吸收，式(3.24-8)为核磁共振条件。

为了观察到核磁共振现象通常有两种方法：一种是固定 B，连续改变射频场的频率，这种方法称为扫频法；另一种方法，也就是本实验采用的方法，即固定射频场的频率，连续改变磁场的大小，这种方法称为扫场法。

为了能连续观察共振信号，在磁场 B_z 上外加扫描磁场。当射频的频率固定为 f_0 时，在

磁场 B_z 扫过共振点 B_z^0 时产生共振信号，(B_z^0 为 f_0 所对应的共振磁场)如图 3.24-2 所示。I 为输出信号强度。对于长 T_2 样品信号会出现尾波，如图 3.24-3 所示。

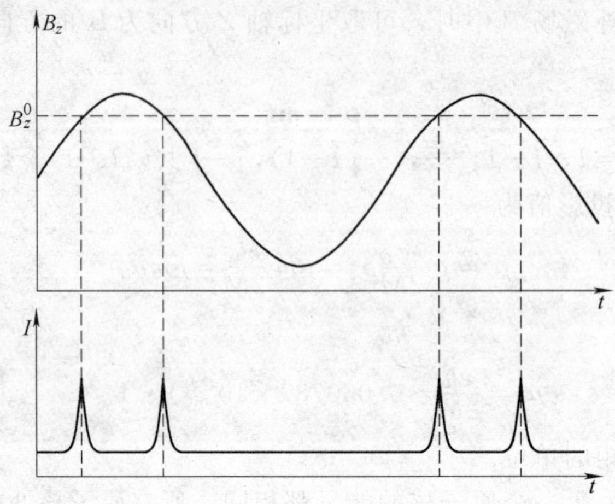

图 3.24-2　扫场法检测共振吸收信号

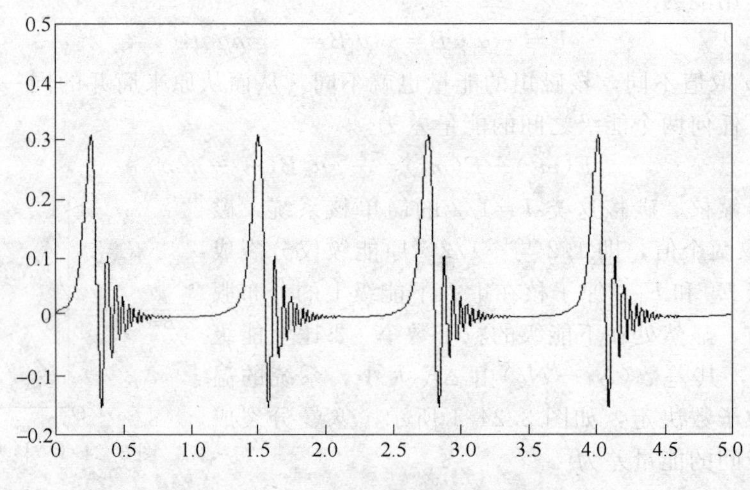

图 3.24-3　示波器观测核磁共振信号

2. 纵向弛豫和横向弛豫

核自旋系统，通过自旋和晶格之间的相互作用以及自旋之间的相互作用，逐步由非平衡态又恢复到平衡态的过程，称为弛豫过程。

按宏观理论，宏观的核磁化强度矢量 $\boldsymbol{M}$ 的 $\boldsymbol{Z}$ 分量等于粒子差数(N_1-N_2)乘以核磁矩 μ，即 $M_z=(N_1-N_2)\mu$。热平衡时的 M_z 记为 M_0，当偏离热平衡后，由于自旋晶格的相互作用 M_z 按下列式所示的规律趋于 M。

$$\frac{\mathrm{d}M_z}{\mathrm{d}t}=\frac{1}{T_1}(M_z-M_0) \tag{3.24-9}$$

T_1 称为纵向弛豫时间，其实它就是自旋—晶格弛豫时间。T_1 越小表示自旋晶格相互作用越强烈。

综上所述，在磁共振时有两个过程在同时起作用。一是受激跃迁过程，核磁矩系统吸收电磁波的能量，使上下能级的粒子数趋于相等。另一个是自旋晶格弛豫过程，磁矩系统把能量传给晶格，使上下能级的粒子数趋于玻耳兹曼分布。这两个过程达到动态平衡：由于射频共振场作用粒子差数 n 的变化率 $-\left(\frac{\mathrm{d}n}{\mathrm{d}t}\right)_{共振}=2np$（$p$ 为下能级到上能级的跃迁几率），由于弛豫作用，粒子差数 n 的变化率 $-\left(\frac{\mathrm{d}n}{\mathrm{d}t}\right)_{弛豫}=-\frac{1}{T_1}(n-n_0)$，当达到动态平衡时总的 $\frac{\mathrm{d}n}{\mathrm{d}t}=0$，即

$$\left(\frac{\mathrm{d}n}{\mathrm{d}t}\right)_{共振}+\left(\frac{\mathrm{d}n}{\mathrm{d}t}\right)_{弛豫}=0 \tag{3.24-10}$$

$$2n_s p+\frac{1}{T_1}(n_s-n_0)=0$$

即

$$n_s=\frac{n_0}{1+2pT_1} \tag{3.24-11}$$

n_s 为平衡时上、下能级的粒子数差。

当 $pT_1\gg 1$ 时，$n_s\to 0$，这时样品完全饱和就会看不到信号。当 $pT_1\ll 1$ 时就可以允许有一定的 p 也不致于饱和，人体组织的骨、脂肪、内脏、血液的 T_1 都不同，所以在医用核磁共振仪上容易区别它们。T_1 小的共振峰就较人。

核的宏观磁化强度矢量 $\boldsymbol{M}$ 在 xy 平面上投影 M_{xy} 由于在射频场作用下会偏离平衡位置，使 $M_{xy}\neq 0$，由于自旋和自旋的相互的磁作用使它们进动相位趋于无规则的分布，导致 M_{xy} 重新趋于零。可以用下式表示上述过程：

$$\frac{\mathrm{d}M_{xy}}{\mathrm{d}t}=-\frac{M_{xy}-0}{T_2} \tag{3.24-12}$$

即

$$M_{xy}=M_{xy\max}\mathrm{e}^{-\frac{1}{T_2}} \tag{3.24-13}$$

T_2 称为横向弛豫时间。若不考虑其他使变宽的因素，则横向弛豫时间 T_2 定义为

$$T_2=\frac{2}{\Delta\omega}=\frac{2}{(\omega_1-\omega_0)\omega_{扫}\ \Delta t} \tag{3.24-14}$$

用示波器观察共振信号（示波器采用内扫描方式）：ω_1 是指共振信号 3 峰等间隔时的角频率，ω_0 是指共振信号 2 峰合一时的角频率，$\omega_{扫}$ 等于市电频率 50 乘以 2π。Δt 指 3 峰等间隔时共振峰半高宽的时间间隔，它可以通过如图 3.24-4 的比例求得。

由于静磁场的不均匀会使共振峰变宽，所以在测量 Δt 时必须使样品处在磁场均匀的地方。用移相法观察：磁场和示波器都用同一音频正弦波（50 周）进行同步扫描，示波器上看到李萨如图形，如图 3.24-5 所示，示波器 Y 轴接共振信号，X 轴接 R（平衡式移相器的输出信号端，电位器 W_1 用于移相电位器，W_2 则用于调幅），ω_1 指 2 峰在中间的角频率，ω_0 指 2 峰一起移到边缘时的角频率，Δt 通过图 3.24-6 的比例求得，$\omega_{扫}$ 等于市电频率 50 乘以 2π，计算公式同内扫描方法。

T_2 的大小反比于盐浓度。人体组织的骨、脂肪、内脏、血液的盐浓度都不一样，所以

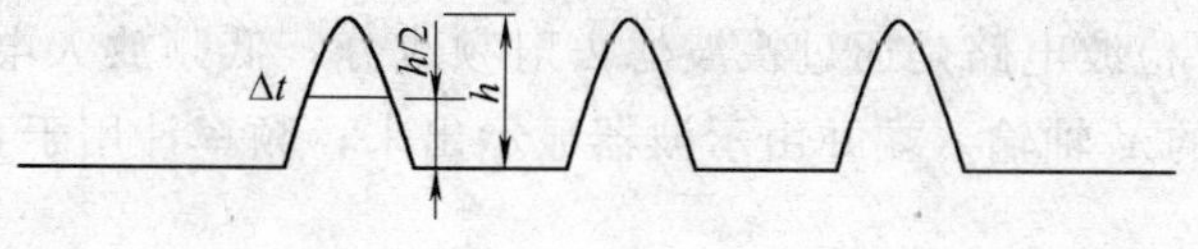

图 3.24-4 内扫描

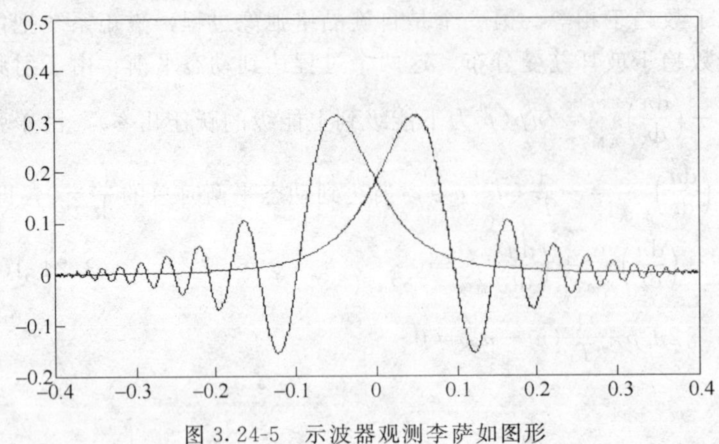

图 3.24-5　示波器观测李萨如图形

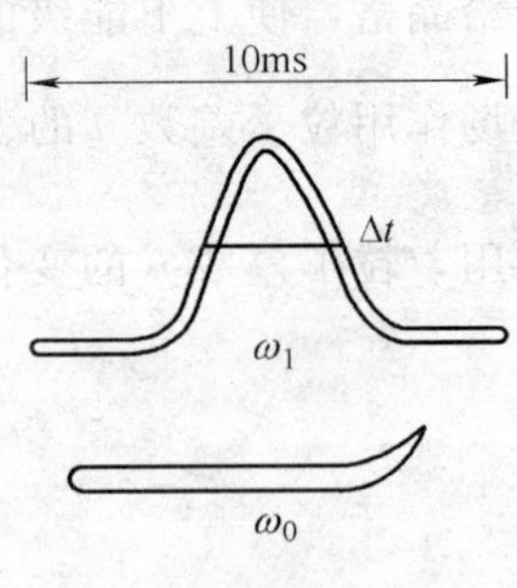

图 3.24-6　移相法

在医用核磁共振仪上容易区别它们。T_2 小的即共振峰越宽。

三、实验仪器

NMR—Ⅱ型核磁共振仪，数字频率计，示波器。

四、实验装置简介

实验装置由永久磁铁(内有调制线圈)、射频边限振荡器(附外接探头、振荡接收线圈和样品管以及检波放大电路)、音频(市电)调制磁场电源(包括移相器)、频率计以及示波器等组成，如图 3.24-7 所示。

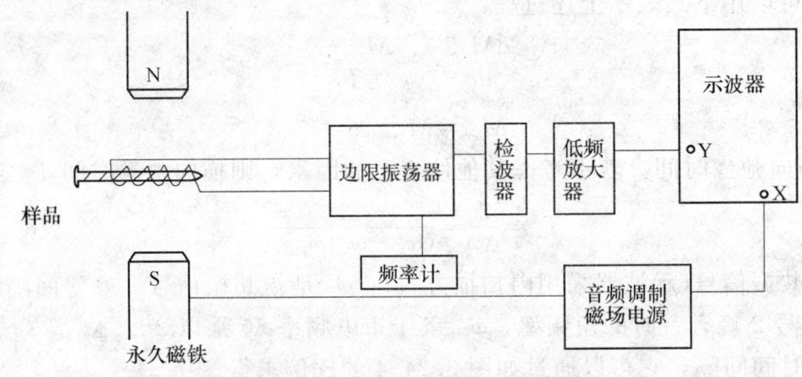

图 3.24-7　连续波核磁共振仪

其中永久磁铁提供样品磁能级塞曼分裂 ΔE 所需要的直流磁场 B；射频边限振荡器因处于振荡与非振荡的边缘状态而得名，它提供核磁共振所需的射频磁场 B_1，B_1 连续可调，通过微安电表监视，此振荡器的振荡特性随振荡线圈和样品不同而明显变化；单一振荡线圈起振荡和接收的双重作用；音频(市电)调制信号把 $B_m\cos 2\pi\nu_m t$ 的 50Hz 信号接在永久磁铁的调场线圈上，B_m 值可连续调节并通过电压表监视。因此，磁场中的样品受到 B 和 $B_m\cos 2\pi\nu_m t$(形成的合成磁场为 $B+B_m\cos 2\pi\nu_m t$)以及射频磁场 $B_1\cos 2\pi\nu t$ 三种磁场，即 B，B_m，B_1 的共同作用，检波电路是通过检波滤去射频成分，低频放大电路对核磁共振信号进行放大后送至示波器的 Y 轴输入端并由示波器显示出来；频率计用于直读射频频率值。

五、实验内容

1. 用 1# 溶硫酸铜的水样品(或 2# 溶三氯化铁的水样品)中 H 的 g 因子，μ_N(g_H =

5.585，$\mu_N=5.0508\times10^{-27}JT^{-1}$)，测出共振频率，计算永久磁铁的磁场 B，并测量离中心前后 1cm 处的磁场 B'，来分析磁场的均匀度。(等间隔条件)

2. 在不同的空间位置观察尾波，了解磁场均匀性对尾波的影响。

3. 使用 3# 氟碳样品，测出共振频率，计算氟核的 g 因子，并与标准值($g=5.259$)比较，分析误差来源及实验的改进措施。

4. 使用硫酸铜溶液或三氯化铁溶液样品，用内扫描法和移相法测出水的横向弛豫时间 T_2。

5. 改变射频场强度得到图的 I-B_1 关系，从而了解饱和现象。

六、注意事项

1. 磁极面经过了精心抛光，要防止损伤表面，以免影响磁场的均匀性。

2. 样品线圈的几何形状和绕线状况，对吸收信号的质量影响较大，在安装时应注意保护，防止变形及损坏。

3. 适当提高射频幅度可提高信噪比，然而，过大的射频幅度会引起振荡器的自激。

七、思考题

1. 是否任何原子核系统均可产生核磁共振现象？

2. 设永久磁铁的磁场分别为 0.2 和 0.4T(特斯拉)，用公式估计 H 核相应的共振频率 ν_0。

3. 如何从实验上获得核磁共振信号的最佳信噪比？

4. 核磁共振信号为什么会有一定的宽度？

实验 25　光泵磁共振实验

在 20 世纪 50 年代初期阿尔弗雷德·卡斯特勒(Alfred Kastler)等人提出了光抽运技术。1966 年 A. Kastler 由于在光抽运技术方面的贡献而荣获诺贝尔物理学奖。光磁共振，是把光频跃迁和射频磁共振跃迁结合起来的一种物理过程，是利用光抽运效应来研究原子超精细结构塞曼子能级间的磁共振。所研究的对象是碱金属原子铷 Rb。天然铷中含量大的同位素有两种：^{87}Rb 占 27.85%，^{85}Rb 占 72.15%。

气体原子塞曼子能级间的磁共振信号非常弱，用磁共振的方法难于观察。由于本实验中把原子对射频磁场的磁共振与光抽运效应结合起来，巧妙地将一个低频光子(<10MHz)的能量吸收转换成一个高频光子(10^8MHz)的能量吸收，既保持了磁共振分辨率高的优点，同时将探测灵敏度提高了 7～8 个数量级。此方法一方面可用于基础物理研究，另一方面在量子频标、精确测定磁场等问题上也都有很大的实际应用价值。通过实验可加深对原子超精细结构、光跃迁及磁共振的理解。

一、实验目的

1. 掌握光抽运和光检测的原理和实验方法，加深对原子超精细结构、光跃迁及磁共振的理解。

2. 测量铷(Rb)原子的 g_F 因子及地磁场的大小。

二、实验原理

1. 铷原子基态和最低激发态的能级

铷(Z=37)是一价金属元素，天然铷有两种稳定的同位素：^{85}Rb 和^{87}Rb，它们的基态都是 $5^2S_{1/2}$，即电子的主量子数 $n=5$，轨道量子数 $L=0$，自旋量子数 $S=1/2$，总角动量量子数 $J=1/2$(L-S 耦合)。

在 L-S 耦合下，铷原子的最低激发态仅由价电子的激发所形成，其轨道量子数 $L=1$，自旋量子数 $S=1/2$，电子的总角动量 $J=L+S$ 和 $L-S$，即 $J=3/2$ 和 $1/2$，形成双重态：$5^2p_{1/2}$ 和 $5^2p_{3/2}$，这两个状态的能量不相等，产生精细分裂。因此，从 $5p$ 到 $5s$ 的跃迁产生双线，分别称为 D_1 和 D_2 线，它们的波长分别是 794.8nm 和 780.0nm(见图 3.25-1)。

通过 L-S 耦合形成了电子的总角动量 $\boldsymbol{p}_J$，与此相联系的核外电子的总磁矩 $\boldsymbol{\mu}_J$ 为

$$\boldsymbol{\mu}_J=-g_J\frac{e}{2m}\boldsymbol{p}_J \tag{3.25-1}$$

式中

$$g_J=1+\frac{J(J+1)-L(L+1)+S(S+1)}{2J(J+1)} \tag{3.25-2}$$

就是著名的 Longde 因子；m 是电子质量；e 是电子电荷量。

原子核也有自旋和磁矩，核自旋量子数用 I 表示。核角动量 $\boldsymbol{p}_I$ 和核外电子的角动量 $\boldsymbol{p}_J$ 耦合成一个更大的角动量，用符号 $\boldsymbol{p}_F$ 表示，其量子数用 F 表示，则

$$\boldsymbol{p}_F=\boldsymbol{p}_J+\boldsymbol{p}_I \tag{3.25-3}$$

与此角动量相关的原子总磁矩为

$$\boldsymbol{\mu}_F=-g_F\frac{e}{2m}\boldsymbol{p}_F \tag{3.25-4}$$

式中

$$g_F=g_J\frac{F(F+1)+J(J+1)-I(I+1)}{2F(F+1)} \tag{3.25-5}$$

在有外磁场 $\boldsymbol{B}$ 的情况下，总磁矩将与外场相互作用，使原子产生附加的能量

$$E=-\boldsymbol{\mu}_F\cdot\boldsymbol{B}=g_F\frac{e}{2m}\boldsymbol{p}_F\cdot\boldsymbol{B}=g_F\frac{e}{2m}M_F\hbar B=g_FM_F\mu_BB \tag{3.25-6}$$

式中，$\mu_B=\frac{e\hbar}{2m}=9.2741\times10^{-24}\text{JT}^{-1}$ 称为玻尔磁子，磁量子数 M_F 的取值为 $-F$，$-F+1$，…，$F-1$，F，共有 $2F+1$ 值。我们看到，原子在磁场中的附加能量 E 随 M_F 变化，原来对 M_F 简并的能级发生分裂，称为超精细结构，一个 F 能级分裂成 $2F+1$ 个子能级，相邻的子能级的能量差为

$$\Delta E=g_F\mu_BB \tag{3.25-7}$$

^{87}Rb 的核自旋 $I=3/2$，^{85}Rb 的核自旋 $I=5/2$，因此，两种原子的超精细分裂将不同。以^{87}Rb 为例(如图 3.25-1 所示)。

对于电子态 $5^2S_{1/2}$，角动量 p_J 与角动量 p_I 耦合成的角动量 p_F 有两个量子数：$F=I+J$ 和 $I-J$，即 $F=2$ 和 1。

同样，对于电子态 $5^2p_{1/2}$，耦合成的角动量 p_F 也有两个量子数：$F=2$ 和 1。对于电子态 $5^2p_{3/2}$，耦合后的角动量 p_F 有 4 个量子数：$F=3，2，1，0$。

实验中，对铷光源进行滤光和变换，只让 $D_1\sigma^+$(左旋圆偏振光)光通过并照射到铷原子蒸气上，观察铷蒸气对 $D_1\sigma^+$ 光的吸收情况。

2. 光抽运效应

由于光的电场部分的作用，一定频率的光可以激发原子间的跃迁。已知铷原子 $5^2p_{1/2} \to 5^2s_{1/2}$ 跃迁时产生 D_1 线，波长为 794.8nm，$5^2p_{3/2} \to 5^2s_{1/2}$ 的跃迁产生 D_2 线，波长为 780nm。当用入射光为左旋圆偏振的 D_1 光（即 $D_1\sigma^+$ 光）照射 ^{87}Rb 时，$5^2s_{1/2}$ 态的原子会跃迁到 $5^2p_{1/2}$ 态的有关塞曼子能级上。这个过程满足跃迁的选择定则：

$$\Delta L = \pm 1 \quad \Delta F = \pm 1,\ 0$$

$$\Delta M_F = +1$$

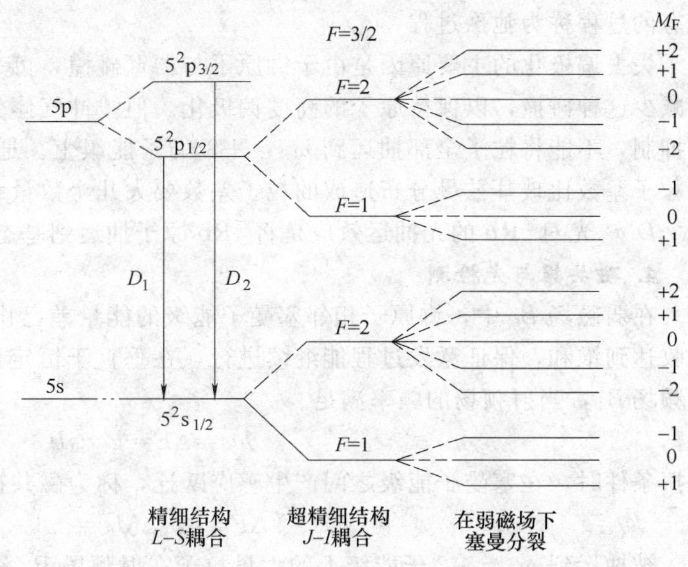

图 3.25-1　^{87}Rb 原子能级示意图

即基态上量子数为 m_F 的原子，将吸收偏振光能量，跃迁到量子数为 $m_F = +1$ 的激发态能级上去，原子被激发至高能级后，又会通过自发辐射发射一定波长的电磁波，从而以几乎相等的几率落回到基态，这样在基态 $5^2s_{1/2}$ 中，$m_F = +2$ 子能级上的原子不能吸收偏振光跃迁到激发态，即其跃迁几率是零，如图 3.25-2 所示。

由于落在基态 $m_F = +2$ 上的粒子不能向上跃迁，而落在基态其他子能级上的粒子继续吸收 σ^+ 光子向上跃迁，这样经过多次循环，基态 $m_F = +2$ 子能级上的粒子数会大大增加，可形象地认为有大量粒子被“抽运”到基态的 $m_F = +2$ 的子能级上，形成了所谓的“光抽运”效应。

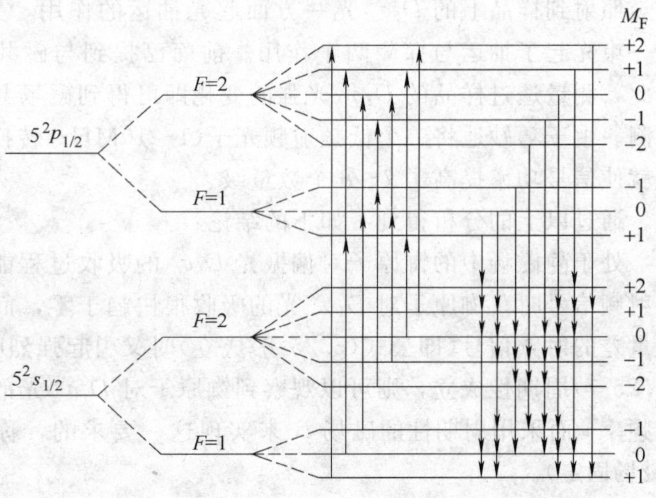

图 3.25-2　^{87}Rb 原子对 $D_1\sigma^+$ 光的吸收和退激跃迁

光抽运的目的就是要使各子能级上的粒子数产生不均匀分布，即“偏极化”。有了偏极化，就可以在子能级之间得到较强的磁共振信号。它是指在基态中其他超精细能级上的原子数逐渐减少，继续下去就会妨碍激发过程的进行，使对光的吸收慢慢停止，最终是光的吸收达到饱和，这时透过样品的光变得最强。

3. 弛豫过程

基态子能级上的粒子数在热平衡状态时遵从玻耳兹曼分布，此时各子能级上粒子数可近似地认为是相等的，子能级间的能量差也很小，考虑抽运的作用，各子能级上的粒子数会出现差异，从而使系统处于非热平衡分布状态，系统由非热平衡的偏极化状态趋向于平衡分布状态的过程称为弛豫过程。

失去偏极化的主要原因是由于铷原子与器壁碰撞，可采用在样品泡中充进缓冲气体的方法减少这种碰撞，以保持原子的高度偏极化。但缓冲气体分子不可能将子能级之间的跃迁全部抑制，不能将粒子全部抽运到 $m_F=+2$ 的子能级上。通常是光抽运造成塞曼子能级之间的粒子差数比玻耳兹曼分布造成的粒子差数要大几个数量级。

$D_1\sigma^+$ 光对 ^{85}Rb 的光抽运效应是将 ^{85}Rb 原子抽运到基态的 $m_F=+3$ 的子能级上。

4. 磁共振与光检测

在弱磁场 B_0 中，铷原子相邻塞曼子能级的能量差已由式(3.25-7)给出。为了破坏光的吸收达到饱和，保证激发过程能继续进行，在垂直于恒定磁场 B_0 的方向加一角频率为 ω 的射频场 B_1，当射频场的频率满足

$$h\omega=\Delta E=g_F\mu_B B \tag{3.25-8}$$

共振条件时，在塞曼子能级之间产生感应跃迁，称为磁共振。跃迁遵守选择定则

$$\Delta F=0,\ \Delta M_F=\pm1$$

被抽运到 $m_F=+2$ 子能级上的大量粒子在射频场 B_1 作用下产生感应跃迁，由 $m_F=+2$ 跃迁到 $m_F=+1$，进而跃迁到 $m_F=0$，…等基态中其他超精细能级上，这时 δ 吸收跃迁又可以继续进行了，透过样品的光通量又变小了。同时，基态中处于非 $m_F=+2$ 子能级的原子又将被抽运到 $m_F=+2$ 子能级上，感应跃迁与光抽运将达到一个新的动态平衡，此时基态非 $m_F=+2$ 子能级上的粒子数大于没有共振时的粒子数，从而对 D_1 光的吸收增大。

5. 光探测

照射到样品上的 $D_1\sigma^+$ 光一方面起光抽运的作用，另一方面透过样品的光兼作探测光，使一束光起了抽运与探测两个作用。前面已提到与磁共振相伴随有对 $D_1\sigma^+$ 光吸收的变化，因此，测量透过样品的 $D_1\sigma^+$ 光强的变化即可得到磁场共振的信号，这就实现了磁共振的光探测。由于巧妙地将一个低频射频光子(1～10MHz)转换成了一个高频光频光子(10^8MHz)，这就使信号功率提高了 7～8 个数量级。

通过以上的分析得到了如下的结论：

处于静磁场中的铷原子对偏振光 $D_1\sigma^+$ 的吸收过程能够受到一个射频信号的控制，当没有射频信号时，铷原子对 $D_1\sigma^+$ 光的吸收很快趋于零，而当加上一个能量等于相邻子能级的能量差的射频信号(即公式(3.25-8)成立)时又引起强烈吸收。根据这一事实，如果能让公式(3.25-7)周期性成立，则可以观察到铷原子对 $D_1\sigma^+$ 光的周期性吸收的现象。实验中如是固定频率 ν 而采用周期性的磁场 B 来实现这一要求的，称为“扫场法”。改变频率称为扫频法(磁场固定)。

三、实验装置

本实验系统由主体单元、主电源、辅助源、射频信号发生器及示波器五部分组成，如图3.25-3 所示。

其中射频信号发生器提供频率和幅度可调的射频(功率)信号；主电源提供水平磁场线圈和垂直磁场线圈的励磁电源；辅助源提供水平磁场调制信号(10Hz 方波和 20Hz 三角波，调制电流的方向可颠倒)以及对样品室的温度进行控制等；主体单元的各组成部分装在一光具座上，包括铷光源、光学变换器件、光探测器、样品室和水平及垂直磁场线圈等。样品室是一个封装了铷原子饱和气体的玻璃泡，其中还混有浓度比铷蒸气浓度高几个数量级的所谓

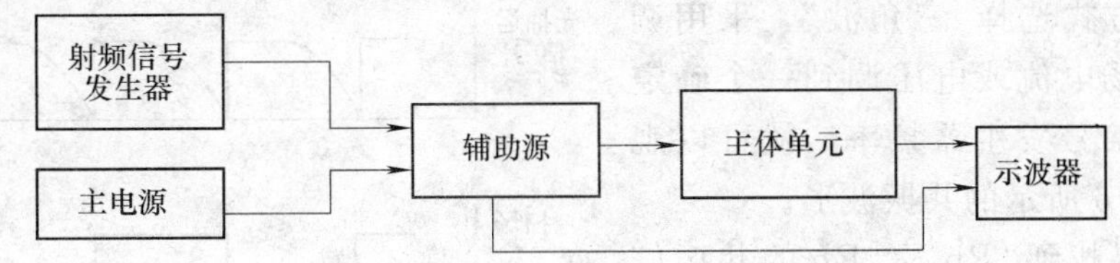

图 3.25-3　光磁共振实验装置方框图

“缓冲气体”，例如 N_2 或 Ne 等无分子磁矩的气体，以减缓极化的铷的退极化过程。现只将主体单元画在图 3.25-4 中。

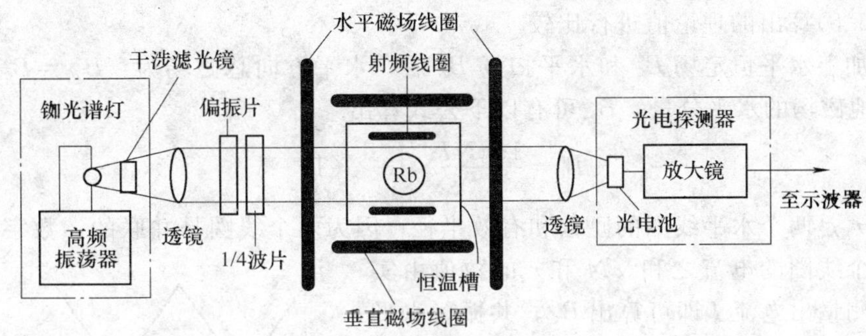

图 3.25-4　主体单元示意图

四、实验步骤和内容

1. 仪器的调节

(1) 调整主体单元

1) 借助水平仪，调节地脚螺钉，使小亥姆霍兹线圈的平面成水平。

2) 将吸收池置于相互垂直的两对亥姆霍兹线圈的正中磁场均匀处，然后以吸收池为基准，调节透镜、铷灯、光电管等在同一光轴。

3) 调节两个透镜，使铷灯和光电管分别处在两个透镜的焦平面内。

4) 借助指南针，仔细调整光具座，使大亥姆霍兹线圈上的轴线与地磁场的水平分量平行。方法是，将指南针放在吸收池上，给线圈加以微弱的励磁电流，根据指南针的偏转情况，整体地移动主体单元，使得亥氏线圈产生的中心磁场的方向与地磁场的水平分量平行（这时切断和接通励磁电流，指南针均不应偏转）。

(2) 连接光磁共振装置，示波器和射频发生器。

(3) 检查各连线是否正确，然后将“垂直场”、“水平场”、“扫场幅度”旋钮调至最小，接通主电源开关和池温开关，约 30min 后，灯温、池温指示灯点亮，实验装置进入工作状态。

2. 观测光抽运信号

(1) 扫场方式选择“方波”，调节扫场幅度和方向，使其与地磁场水平分量相反。调节时观察光抽运信号，调节到信号最大为止。

(2) 进一步调节光路、旋转偏振片，调节到信号最大为止。

(3) 给小亥姆霍兹线圈加上直流磁场，用来抵消地磁场垂直分量，然后调节扫场幅度、垂直场大小和方向，使光抽运信号幅度最大，可得到图 3.25-5 所示的光抽运信号。

(4) 将观察到的光抽运信号变化情况记录下来，并加以说明。

3. 观测光磁共振信号和测量铷原子的 g_F 因子

(1) 扫场方式选择“三角波”，采用调频法，将水平场电流或电压调到一个确定值。调节射频信号发生器频率，就可以观察到如图 3.25-6 所示的共振波形。

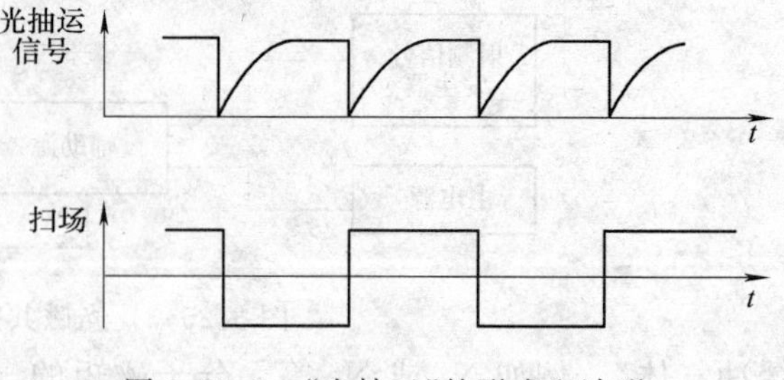

图 3.25-5 “光抽运”的形成和波形

(2) 先后寻找到^{87}Rb 及^{85}Rb 的共振信号，并分别测量它们的共振频率。频率高的对应^{87}Rb，频率低的对应^{85}Rb，为什么？由实验结果计算^{87}Rb 及^{85}Rb 的 g_F 值，并与由式(3.25-5)算出的理论值进行比较。

注意：加上水平恒定场 B_0 和水平扫场 B_S 后，水平方向总磁场为：$B_{/\!/}=B_0+B_S+B_{e/\!/}$ 其中 $B_{e/\!/}$ 为地磁场的水平分量，B_0 可有以下公式算出

$$B_0=\frac{16\pi NI}{5^{3/2}r}\times 10^{-17}(\mathrm{T})$$

式中，N 和 r 是两个水平线圈的匝数和有效半径；因为两个线圈是并联的，数字表显示的 I 值是流过两个线圈的电流之和。N 和 r 的数值由实验室给出，测量出电流 I 即可算出 B_0。共振时水平总磁场的三个分量中 B_0 可以由 N、r 及电流的测量值 I 算出，而 $B_{e/\!/}$ 及共振时刻 B_S 的数值事先并不知道，要用实验的方法消除 $B_{e/\!/}$ 及 B_S 的影响。

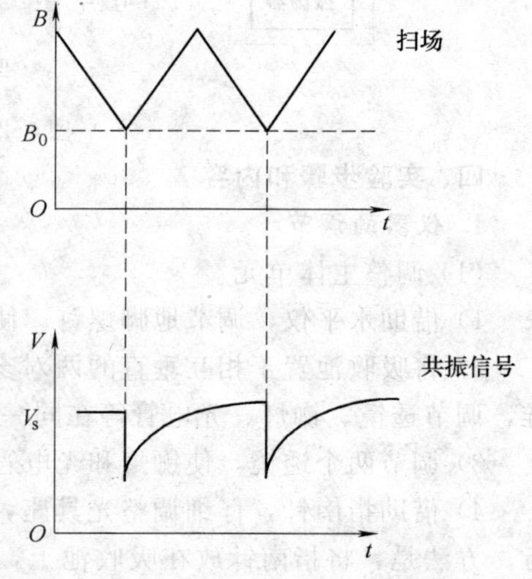

图 3.25-6 光磁共振的信号图像

4. 测量共振谱线线宽

观测了两个同位素的光磁共振后，选定其中一个同位素(例^{85}Rb)作为实验对象，在某一水平磁场下，改变射频频率，可观测到两个共振峰(图 3.25-7)所对应的两个频率 γ_1^1 和 γ_2^1，这对共振信号移动 Δx 距离，通过信号平移所对应的示波器上的刻度，可得到单位刻度的频率，由 $\Delta\gamma/\Delta x$ 可直接从示波器上读出谱线的宽度。

5. 测量地磁场

(1) 同测 g_F 因子方法类似，先使扫场和水平场与地磁场水平分量方向相同，测得 ν_1；

(2) 再按动扫场及水平场方向开关，使扫场、水平场方向与地磁场水平分量方向相反，又得到 ν_3。这样由式(3.25-8)可得地磁场水平分量 $B_{e/\!/}$。

(3) 地磁场垂直分量由下式计算：

$$B_{e\perp}=\frac{16\pi NI}{5^{3/2}r}\times 10^{-7}(\mathrm{T})$$

式中，N 和 r 是两个垂直磁场线圈的匝数和有效半径。因为两个垂直场线圈是串联的，数字表显示的 I 值是流过单个线圈的电流。

由 $B_{e/\!/}$ 和 $B_{e\perp}$ 可得到地磁场的大小和方向

$$B_e=(B_{e/\!/}^2+B_{e\perp}^2)^{1/2}$$

$$\tan\theta=B_{e\perp}/B_{e/\!/}$$

6. **建立零磁场（选做）**

利用光磁共振原理，可在相互垂直的两对亥姆霍兹线圈中心处建立 $B=0$ 的区域，其实质，在亥氏线圈中加励磁电流，抵消地磁场。

(1) 抵消地磁场的垂直分量的方法如前所述。

(2) 抵消地磁场的水平分量的方法如下：

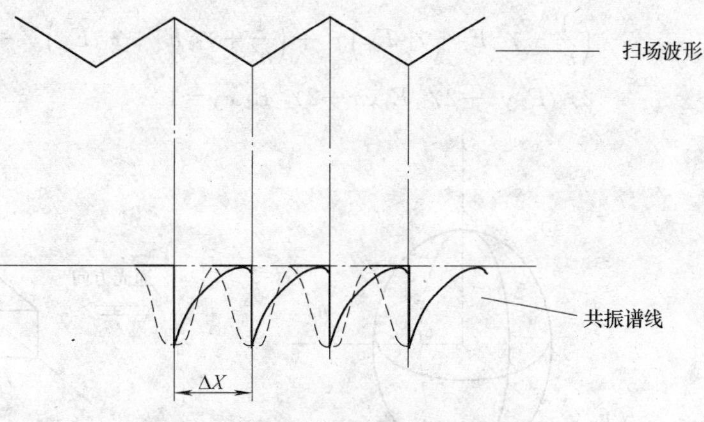

图 3.25-7　测量共振谱线线宽示意图

首先找出与 $B_{e/\!/}$ 一起满足磁共振条件的频率 ν_0，固定此频率值，调节水平磁场（与 $B_{e/\!/}$ 反向）的励磁电流当它所提供的水平磁场是 $B_{e/\!/}$ 的两倍时，在调节电流的过程中，消失了的光磁共振信号会复现。

(3) 将上述励磁电流减小到一半时，正好抵消 $B_{e/\!/}$，则在亥氏线圈中心处的磁场为零，若将指南针放置到吸收池处，指南针应处于随电平衡状态。

(4) 进一步检验零磁场的存在。为此，切断射频场源，加大扫场电流，再微调水平磁场的励磁电流。可在示波器上观察到光磁共振信号，这是由于 50Hz 的电磁辐射场与处在极弱磁场下的 Rb 原子光磁共振，此时的水平磁场约为 7×10^{-9}T。

五、注意事项

1. 在精确测量时，为避免吸收池加热丝所产生的剩余磁场影响测量的准确性，可短时间断掉池温电源。

2. 为避免杂散光影响信号的幅度及波形，主体单元应当罩上遮光罩。

3. 在实验过程中，本装置主体单元一定要避开其他铁磁性物体，强电磁场及大功率电源线。

实验 26　电光调制

一、实验目的

1. 掌握晶体电光调制的原理和实验方法。

2. 观察电光调制实验现象，并测量电光晶体的各参数。

3. 实现模拟光通信。

二、实验原理

晶体加上电场后，其折射率发生变化的现象称为电光效应。铌酸锂（$LiNbO_3$，简称 LN）晶体具有优良的压电、电光、声光、非线性等性能，它属于是三方晶体，其折射率椭球方程为

$$\frac{x^2+y^2}{n_o^2}+\frac{z^2}{n_e^2}=1 \tag{3.26-1}$$

式中，n_o、n_e 分别为单轴晶体寻常光和非常光的折射率，如图 3.26-1 所示。

加上电场之后，其折射率椭球变为

$$\left(\frac{1}{n_o^2}-\gamma_{22}E_2+\gamma_{13}E_3\right)x^2+\left(\frac{1}{n_o^2}+\gamma_{22}E_2+\gamma_{13}E_3\right)y^2+\left(\frac{1}{n_e^2}+\gamma_{33}E_3\right)z^2+$$
$$2\gamma_{51}E_2yz+2\gamma_{51}E_1zx-2\gamma_{22}E_1xy=1 \tag{3.26-2}$$

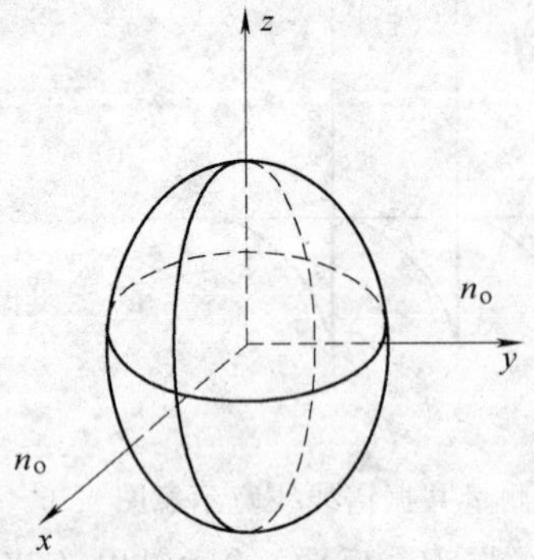

图 3.26-1　折射率椭球

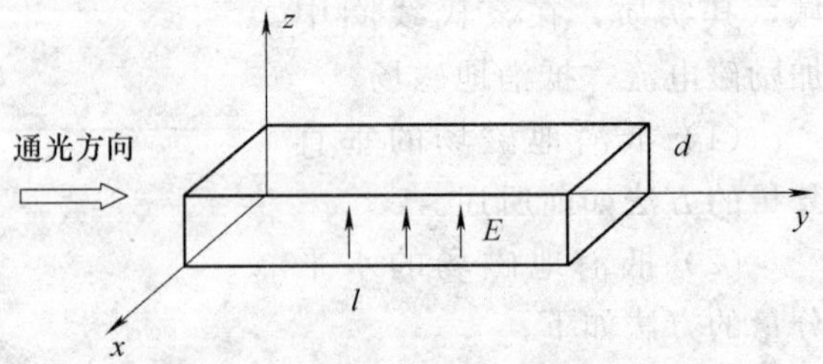

通光方向

图 3.26-2　晶体主轴与通光方向

本实验采用的是 y 轴通光，z 轴加电场，如图 3.26-2 所示。此时有 $E_1=E_2=0$，$E_3=E$，则上式可变为

$$\left(\frac{1}{n_o^2}+\gamma_{13}E_3\right)(x^2+y^2)+\left(\frac{1}{n_o^2}+\gamma_{33}E_3\right)z^2=1 \tag{3.26-3}$$

式中没有出现交叉项，说明新的折射率椭球的主轴与旧折射率椭球的主轴完全重合。所以新的主轴折射率为

$$\begin{cases} n_x'=n_y'=\left(\dfrac{1}{n_o^2}+\gamma_{13}E\right)^{-\frac{1}{2}}\approx n_o-\dfrac{1}{2}n_o^3\gamma_{13}E \\ n_z'=\left(\dfrac{1}{n_e^2}+\gamma_{33}E\right)^{-\frac{1}{2}}\approx n_e-\dfrac{1}{2}n_e^3\gamma_{33}E \end{cases} \tag{3.26-4}$$

上式表明，LN 晶体沿 z 轴方向加电场之后，可以产生横向电光效应，但是不能够产生纵向电光效应。

经过晶体后，o 光和 e 光产生的相位差为

$$\delta=\frac{2\pi l}{\lambda}(n_o-n_e)+\frac{\pi}{\lambda}n_o^3\gamma_c l\frac{U}{d} \tag{3.26-5}$$

式中，$\gamma_c=\left(\dfrac{n_e}{n_o}\right)^3\gamma_{33}-\gamma_{13}$ 称为有效电光系数；l、d 分别为晶体在 y 方向的长度和 z 方向的厚度。

设入射光经起偏器后的振动方向与 x 轴和 z 轴的夹角均为 45°，则它在晶体 x 轴和 z 轴上投影的振幅和相位均相等，设分别为

$$e_x=A\cos\omega t,\quad e_z=A\cos\omega t$$

或用复振幅的表示方法，将位于晶体表面($z=0$)的光波表示为

$$E_x(0)=A, E_z(0)=A$$

所以，入射光的强度是

$$I_i\propto[|E_x(0)|^2+|E_y(0)|^2]=2A^2$$

光通过长为 l 的电光晶体后，x 和 z 两分量之间会产生相位差 δ，即

$$E_x=A,\quad E_z=Ae^{-i\delta}$$

从检偏器出射的光，是该两分量在检偏器透振方向上的投影之和。设检偏器与起偏振的透振方向相互垂直，则检偏器透射光的复振幅为

$$E_t = \frac{A}{\sqrt{2}}(e^{i\delta} - 1)$$

其对应的输出光强 I_t 可写成

$$I_t \propto [E_t \cdot E_t^*] = \frac{A^2}{2}[(e^{-i\delta} - 1)(e^{i\delta} - 1)] = 2A^2 \sin^2 \frac{\delta}{2}$$

所以光强透过率 T 为

$$T = \frac{I_t}{I_i} = \sin^2 \frac{\delta}{2} \qquad (3.26\text{-}6)$$

将 $\delta = \frac{2\pi l}{\lambda}(n_o - n_e) + \frac{\pi}{\lambda} n_o^3 \gamma_c l \frac{U}{d}$ 代入上式，就可以发现，透过率与加在晶体两端的电压是上面的函数关系。也就是说，电信号调制了光强度，这就是电光调制的原理。

使晶体产生 π 的附加位相差$\left(即\frac{\pi}{\lambda} n_o^3 \gamma_c l \frac{U}{d}等于\pi\right)$时的电压叫做晶体的半波电压，记为 U_π。如果在晶体上加有直流电压 U_0 的同时，还加有正弦电压 $U_m \sin\omega t$，即 $u = U_0 + U_m \sin\omega t$，则信号源各参数对输出特性的影响如下。

(1) 当 $U_0 = \frac{U_\pi}{2}$，$U_m \ll U_\pi$ 时，将工作点选定在线性工作区的中心处，如图 3.26-3a 所示。此时，可获得较高效率的线性调制，把 $U_0 = \frac{U_\pi}{2}$ 代入式(3.26-6)，得

$$\begin{aligned} T &= \sin^2\left(\frac{\pi}{4} + \frac{\pi}{2U_\pi} U_m \sin\omega t\right) = \frac{1}{2}\left[1 - \cos\left(\frac{\pi}{2} + \frac{\pi}{U_\pi} U_m \sin\omega t\right)\right] \\ &= \frac{1}{2}\left[1 + \sin\left(\frac{\pi}{U_\pi} U_m \sin\omega t\right)\right] \approx \frac{1}{2}\left[1 + \left(\frac{\pi U_m}{U_\pi}\right)\sin\omega t\right] \end{aligned} \qquad (3.26\text{-}7)$$

$U_m \ll U_\pi$ 时，

$$T \approx \frac{1}{2}\left[1 + \left(\frac{\pi U_m}{U_\pi}\right)\sin\omega t\right] \qquad (3.26\text{-}8)$$

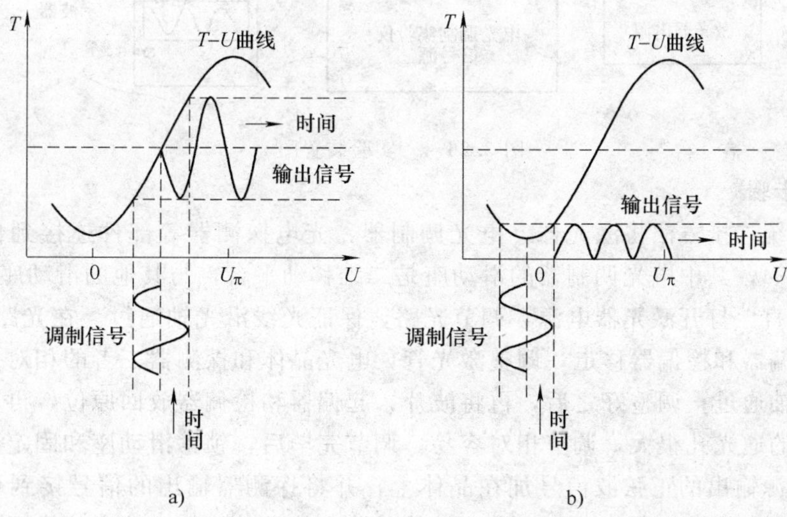

图 3.26-3　晶体调制曲线

这时，调制器输出的信号和调制信号虽然振幅不同，但是两者的频率却是相同的，输出信号不失真，我们称为线性调制。

(2) 当 $U_0=0$，$U_m \ll U_\pi$ 时，如图 3.26-3b 所示，把 $U_0=0$ 代入式(3.26-6)

$$T=\sin^2\left(\frac{\pi}{2U_\pi}U_m\sin\omega t\right)=\frac{1}{2}\left[1-\cos\left(\frac{\pi}{U_\pi}U_m\sin\omega t\right)\right]$$

$$\approx\frac{1}{4}\left(\frac{\pi}{U_\pi}U_m\right)^2\sin^2\omega t\approx\frac{1}{8}\left(\frac{\pi U_m}{U_\pi}\right)^2(1-\cos2\omega t) \tag{3.26-9}$$

从式(3.26-9)可以看出，输出信号的频率是调制信号频率的 2 倍，即产生"倍频"失真。若把 $U_0=U_\pi$ 代入式(3.26-6)，经类似的推导，可得

$$T\approx1-\frac{1}{8}\left(\frac{\pi U_m}{U_\pi}\right)^2(1-\cos2\omega t) \tag{3.26-10}$$

输出信号仍是"倍频"失真的信号。

(3) 直流偏压 U_0 在 0V 附近或在 U_π 附近变化时，由于工作点不在线性工作区，输出波形将失真。

(4) 当 $U_0=\frac{U_\pi}{2}$，$U_m>U_\pi$ 时，调制器的工作点虽然选定在线性工作区的中心，但不满足小信号调制的要求，式(3.26-7)不能写成式(3.26-8)的形式。因此，工作点虽然选定在了线性区，输出波形仍然是失真的。

三、实验仪器

电光效应实验仪，示波器等，如图 3.26-4 所示。

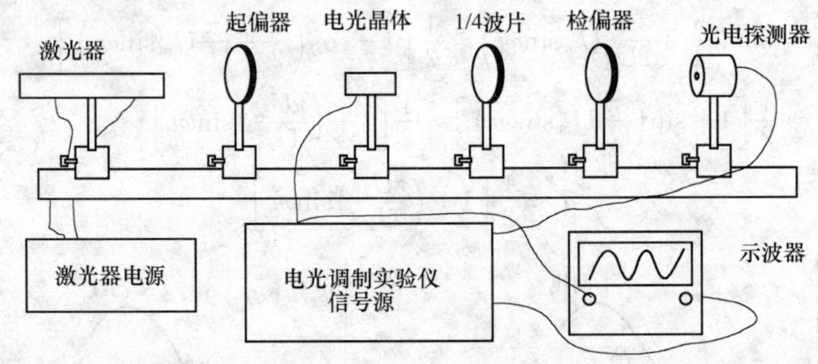

图 3.26-4 实验装置图

四、实验步骤

1. 按照系统连接方法将激光器，电光调制器，光电探测器等部件连接到位。系统连接方法如图 3.26-4，其中电光调制器的滑动座是二维移动平台，与其他的滑动座有所不同。

2. 光路准直。打开激光器电源，调节光路，保证光线沿光轴通过。在光路调节过程中，先将波片，起偏器和检偏器移走，调整激光管，电光晶体和探测器三者的相对位置，使激光能够从晶体光轴通过；调整好之后，再将波片，起偏器和检偏器放回原位，再调节它们的高度，因为它们的通光孔很大，调节相对容易。调节完毕后，锁紧滑动座和固定各部件。

3. 将信号源输出的正弦波信号加在晶体上，并将探测器输出的信号接到示波器上，调节波片，观察输出信号的变化，记下调节最佳时输出信号的幅值；改变信号源输出信号的幅值与频率，观察探测器输出信号的变化；去掉 1/4 波片，加上直流偏压，改变其大小，观察

输出信号的变化，并与加波片的情况进行比较。

4. 测量晶体的半波电压。

(1) 极值法。晶体上只加直流电压，不加交流信号，把直流电压从小到大逐渐改变，输出的光强将会出现极大极小值，相邻极大极小值对应的直流电压之差就是半波电压。具体步骤是：去掉 1/4 波片，将信号源中正弦波的输出幅度调节至零，调节检偏器使输出光强最小，打开高压开关，逐渐增加直流偏压，同时读出示波器上硅光电探测器输出的电压值，当输出电压值达到最大时，记下信号源上直流偏压的读数，此读数即为该晶体的半波电压。

(2) 调制法。晶体上直流电压与交流电压同时加上，当出现第一次倍频现象时，继续加大电压，直到出现第二次倍频现象。出现两次倍频现象的直流电压之差即为半波电压。此法虽然精度很高，但需要精确进行调节。注意：在加直流偏压的时候，一定要先从零开始慢慢增加电压！

5. 测电光晶体的消光比和透过率。

由输出光电流的极大极小值得消光比为

$$M=\frac{I_{\max}}{I_{\min}}$$

将电光晶体从光路中取出，旋转检偏器 A，测出最大光强 I_0 那么透过率

$$T=\frac{I_{\max}}{I_0}$$

6. 电光调制与光通信实验演示。

将音频信号输入到本机的“音频输入”插座，光电探测器输出口接到信号源“调制信号”口，将有源扬声器输入端插入“解调信号”插座，加晶体偏压或旋转波片使电光晶体进入调制特性曲线的线性区域，即可使扬声器播放音频节目。改变偏压或旋转波片试听扬声器音量与音质的变化。用不透光物体遮住激光光线，声音消失，说明音频信号是调制在激光上的，验证光通信。

五、注意事项

1. 本实验使用的晶体根据其绝缘性能最大安全电压约为 500V，超值易损坏晶体。
2. 本实验仪所采用的激光器电源两极有千伏高压，在使用时要注意安全！
3. 在实验过程中，应避免激光直射到人眼，以免对眼睛造成伤害。
4. 本实验仪所用光学器件均为精密仪器，在使用时应十分小心。

实验 27　声 光 调 制

声光效应是指光通过某一受到超声波扰动的介质时发生衍射的现象，这种现象是光波与介质中声波相互作用的结果。早在 20 世纪 30 年代就开始了声光衍射的实验研究。20 世纪 60 年代激光器的问世为声光效应的研究提供了理想的光源，促进了声光效应理论和应用研究的迅速发展。声光效应为控制激光束的频率、方向和强度提供了一个有效的手段。利用声光效应制成的声光器件，如声光调制器、声光偏转器和可调谐滤光器等，在激光技术、光信号处理和集成光通讯技术等方面有着重要的应用。

一、实验目的

1. 了解声光相互作用的原理。

2. 掌握喇曼-奈斯衍射和布拉格衍射的基本原理和工作特性。

3. 利用喇曼-奈斯衍射测量声波波长并通过各衍射光强的测量验证相关理论。

4. 观察声光调制现象。

二、实验原理

当超声波在介质中传播时，将引起介质的弹性应变作时间上和空间上的周期性的变化，并且导致介质的折射率也发生相应的变化。当光束通过有超声波的介质后就会产生衍射现象，这就是声光效应。有超声波传播着的介质如同一个相位光栅。

声光效应有正常声光效应和反常声光效应之分。在各向同性介质中，声-光相互作用不导致入射光偏振状态的变化，产生正常声光效应。在各向异性介质中，声-光相互作用可能导致入射光偏振状态的变化，产生反常声光效应。反常声光效应是制造高性能声光偏转器和可调滤光器的物理基础。正常声光效应可用喇曼-纳斯的光栅假设作出解释，而反常声光效应不能用光栅假设作出说明。在非线性光学中，利用参量相互作用理论，可建立起声-光相互作用的统一理论，并且运用动量匹配和失配等概念对正常和反常声光效应都可作出解释。本实验只涉及各向同性介质中的正常声光效应。

设声光介质中的超声行波是沿 y 方向传播的平面纵波，其角频率为 ω_s，波长为 λ_s，波矢为 k_s。入射光为沿 x 方向传播的平面波，其角频率为 ω，在介质中的波长为 λ，波矢为 k。介质内的弹性应变也以行波形式随声波一起传播(图 3.27-1)。由于光速大约是声波的 10^5 倍，在光波通过的时间内介质在空间上的周期变化可看成是固定的。由于应变而引起的介质折射率的变化由下式决定：

$$\Delta\left(\frac{1}{n^2}\right)=PS \qquad (3.27\text{-}1)$$

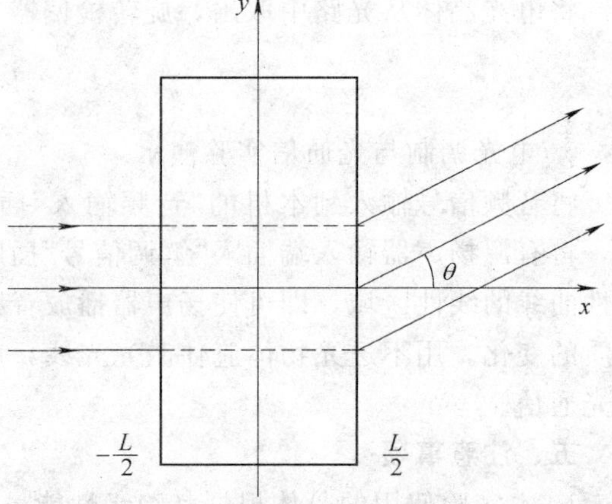

图 3.27-1　声光衍射

式中，n 为介质折射率，S 为应变，P 为光弹系数。通常，P 和 S 为二阶张量。当声波在各向同性介质中传播时，P 和 S 可作为标量处理，如前所述，应变也以行波形式传播，所以可写成

$$S=S_0\sin(\omega_s t-k_s y) \qquad (3.27\text{-}2)$$

当应变较小时，折射率作为 y 和 t 的函数可写作

$$n(y,\ t)=n_0+\Delta n\sin(\omega_s t-k_s y) \qquad (3.27\text{-}3)$$

式中，n_0 为无超声波时的介质折射率；Δn 为声波折射率变化的幅值，由式(3.27-1)可求出

$$\Delta n=-\frac{1}{2}n^3PS_0$$

设光束垂直入射($k\perp k_S$)并通过厚度为 L 的介质，则前后两点的相位差为

$$\begin{aligned}\Delta\Phi&=k_0n(y,\ t)L=k_0n_0L+k_0\Delta nL\sin(\omega_s t-k_s y)\\&=\Delta\Phi_0+\delta\Phi\sin(\omega_s t-k_s y)\end{aligned} \qquad (3.27\text{-}4)$$

式中，k_0 为入射光在真空中的波矢的大小；右边第一项 $\Delta\phi_0$ 为不存在超声波时光波在介质

前后二点的相位差；第二项为超声波引起的附加相位差(相位调制)，$\delta\Phi=k_0\Delta nL$（超声波引起的附加相位差峰值）。可见，当平面光波入射在介质的前界面上时，超声波使出射光波的波阵面变为周期变化的皱折波面，从而改变了出射光的传播特征，使光产生衍射。

设入射面上 $x=-\dfrac{L}{2}$ 的光振动为 $E_i=Ae^{i\omega t}$，A 为一常数，也可以是复数。考虑到在出射面 $x=\dfrac{L}{2}$ 上各点相位的改变和调制，在 xy 平面内离出射面很远一点处的衍射光叠加结果为

$$E\propto A\int_{-\frac{b}{2}}^{\frac{b}{2}}e^{i[(\omega t-k_0 n(y,t)L)-k_0 y\sin\theta]}dy$$

写成等式为

$$E=Ce^{i\omega t}\int_{-\frac{b}{2}}^{\frac{b}{2}}e^{i\delta\Phi\sin(k_s y-\omega_s t)}e^{-ik_0 y\sin\theta}dy \tag{3.27-5}$$

式中，b 为光束宽度；θ 为衍射角；C 为与 A 有关的常数，为了简单可取为实数。利用一与贝塞耳函数有关的恒等式

$$e^{ia\sin\theta}=\sum_{m=-\infty}^{\infty}J_m(a)e^{im\theta}$$

式中，$J_m(\alpha)$为(第一类)m 阶贝塞耳函数。将式(3.27 5)展开并积分得

$$E=Cb\sum_{m=-\infty}^{\infty}J_m(\delta\Phi)e^{i(\omega-m\omega_s)t}\frac{\sin[b(mk_s-k_0\sin\theta)/2]}{b(mk_s-k_0\sin\theta)/2} \tag{3.27-6}$$

上式中与第 m 级衍射有关的项为

$$E_m=E_0e^{i(\omega-m\omega_s)t} \tag{3.27-7}$$

$$E_0=CbJ_m(\delta\phi)\frac{\sin[b(mk_s-k_0\sin\theta)/2]}{b(mk_s-k_0\sin\theta)/2} \tag{3.27-8}$$

因为函数 $\sin x/x$ 在 $x=0$ 时取极大值，因此有衍射极大的方位角 θ_m 由下式决定：

$$\sin\theta_m=m\frac{k_s}{k_0}=m\frac{\lambda_0}{\lambda_s} \tag{3.27-9}$$

式中，λ_0 为真空中光的波长；λ_s 为介质中超声波的波长。与一般的光栅方程相比可知，超声波引起的有应变的介质相当于一光栅常数为超声波长的光栅。由式(3.27-7)可知，第 m 级衍射光的频率 ω_m 为

$$\omega_m=\omega-m\omega_s \tag{3.27-10}$$

可见，衍射光仍然是单色光，但发生了频移。由于 $\omega\gg\omega_s$，这种频移是很小的。

第 m 级衍射极大的强度 I_m 可用式(3.27-7)模数平方表示

$$I_m=E_0E_0^*=C^2b^2J_m^2(\delta\varphi)=I_0J_m^2(\delta\phi) \tag{3.27-11}$$

式中，E_0^* 为 E_0 的共轭复数，$I_0=C^2b^2$。

第 m 级衍射极大的衍射效率 η_m 定义为第 m 级衍射光的强度与入射光强度之比。由式(3.27-11)可知，η_m 正比于 $J_m^2(\delta\varphi)$。当 m 为整数时，$J_{-m}(\alpha)=(-1)^mJ_m(\alpha)$。式(3.27-9)和式(3.27-11)表明，各级衍射光相对于零级对称分布。

当光束斜入射时，如果声光作用的距离满足 $L<\lambda_s^2/2\lambda$，则各级衍射极大的方位角 θ_m 由下式决定：

$$\sin\theta_m=\sin i+m\frac{\lambda_0}{\lambda_s} \tag{3.27-12}$$

式中，i 为入射光波矢 $\boldsymbol{k}$ 与超声波波面之间的夹角。

上述的超声衍射称为喇曼-纳斯衍射，有超声波存在的介质起一平面相位光栅的作用。

当声光作用的距离满足 $L>2\lambda_s^2/\lambda$，而且光束相对于超声波波面以某一角度斜入射时，在理想情况下除了0级之外，只出现1级或者-1级衍射，如图3.27-2所示。这种衍射与晶体对X光的布拉格衍射很类似，故称为布拉格衍射。能产生这种衍射的光束入射角称为布拉格角。此时的有超声波存在的介质起体积光栅的作用。可以证明，布拉格角满足

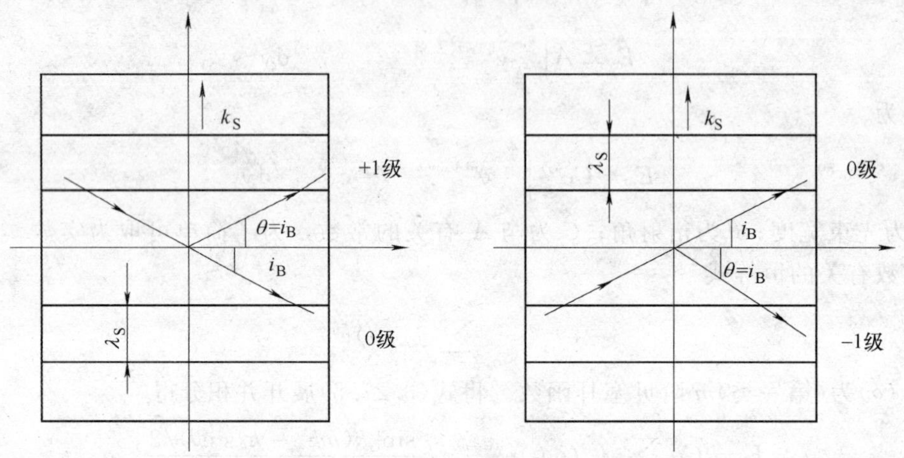

图 3.27-2 布拉格衍射

$$\sin i_B=\frac{\lambda}{2\lambda_s} \tag{3.27-13}$$

式(3.27-13)称为布拉格条件。因为布拉格角一般都很小，故衍射光相对于入射光的偏转角 φ 为

$$\varphi=2i_B\approx\frac{\lambda}{\lambda_s}=\frac{\lambda_0}{nv_s}f_s \tag{3.27-14}$$

式中，v_s 为超声波波速；f_s 为超声波频率；其他量的意义同前。在布拉格衍射的情况下，一级衍射光的衍射效率为

$$\eta=\sin^2\left[\frac{\pi}{\lambda_0}\sqrt{\frac{M_2LP_s}{2H}}\right] \tag{3.27-15}$$

式中，P_s 为超声波功率；L 和 H 为超声换能器的长和宽；M_2 为反映声光介质本身性质的一常数，$M_2=n^6P^2/\rho v_s^3$；ρ 为介质密度；P 为光弹系数。在布拉格衍射下，衍射光的频率也由(3.27-10)式决定。

理论上布拉格衍射的衍射效率可达到100%，喇曼-纳斯衍射中一级衍射光的最大衍射效率仅为34%，所以实用的声光器件一般都采用布拉格衍射。

由式(3.27-14)和式(3.27-15)可看出，通过改变超声波的频率和功率，可分别实现对激光束方向的控制和强度的调制，这是声光偏转器和声光调制器的物理基础。从式(3.27-10)可知，超声光栅衍射会产生频移，因此利用声光效应还可制成频移器件。超声频移器在计量方面有重要应用，如用于激光多普勒测速仪等。

以上讨论的是超声行波对光波的衍射。实际上，超声驻波对光波的衍射也产生喇曼-纳斯衍射和布拉格衍射，而且各衍射光的方位角和超声频率的关系与超声行波时的相同。不

过，各级衍射光不再是简单地产生频移的单色光，而是含有多个傅里叶分量的复合光。

三、实验仪器

声光效应实验装置，示波器。

四、实验内容

1. 观察衍射图样

（1）将激光管装入激光器架，移动光靶装在一个无横向调节装置的普通滑座上，光传感器的探头装在移动测量架上。先转动百分手轮，将测量架调到适当位置，并使移动光靶倒退，直到靶后的圆筒能够套在测量架的进光口上。

（2）接通激光器电源，在沿导轨逐步移动光靶的过程中，随时调节激光器架上的 6 个手钮，使光点始终打在靶心上，再反复调节。

（3）装上声光调制器件，确保驱动电源的"调制输出"与声光调制器相连接，通过支架调整声光器件的位置使得激光束通过调制器电极中心。此时"调制切换"为 OFF 状态，即无外加调制。

（4）在光传感器前放上白屏，观察衍射图样，微调声光调制器或者支架，使得一级衍射强度调到最高。

2. 显示声光调制加载信号

（1）将控制电箱的"调制切换"切换到 ON 挡，此时可以在调制输出的基础上加载外调制信号。

（2）将控制电箱的"正弦信号输出"通过连接线接到"调制信号输入"，此时将内置的 1KHz 的正弦信号加载到声光晶体上。横向微调移动测量架，使衍射次级大进入光传感器接收口，然后仔细调节。

（3）此时可以通过示波器连接控制电箱的"解调输出"，通过示波器观察解调波形，同时可以与"正弦信号输出"这一内置 1kHz 的正弦信号比较。

3. 测量

（1）将滑动座上的白屏取下，并给光电流放大器接通 220V 电源。横向微调移动测量架（转动百分鼓轮），使衍射中央主极大进入光传感器接收口，然后仔细微调，观察数显值。

（2）按直尺和鼓轮上的读数和光电流放大器数字显示，记下光电探头位置和相对光强数值。

（3）选定任意的单方向转动鼓轮，并且每转动 0.1mm（百分鼓轮上的 10 个格）记录一次数据，直到测完主极大和次极大位置和对应的光强值示数。

激光器的功率输出或光传感器的电流输出有些起伏，属正常现象。使用前经 10～20min 预热，会好些。实际上，接收装置显示数值的起伏变化小于 10%时，对衍射图样的绘制并无明显影响。

4. 计算声光调制器衍射效率

衍射效率 η 定义为

$$\eta=\frac{I_m}{I_i}$$

即 m 级衍射光强 I_m 与入射级光强 I_i 之比，分别测得最强衍射光与入射光的光强值，其比值即为衍射效率。

5. 计算布拉格衍射角

测量 1 级衍射光和 0 级衍射光之间的距离 ΔL，以及声光调制器出射孔和光电探头之间

的距离 L，可得到布拉格衍射角在空气中的大小 $i_B = \Delta L/2L$。

6. 计算声速

衍射光相对于入射光的偏转角度 $\varphi' = 2i_B = \lambda_0/\lambda_s$，其中 λ_0 为激光波长，λ_s 为超声波波长。已知超声波频率为 $f_s = 100\text{MHz}$，根据 $v_s = f_s\lambda_s$，可以得到在晶体中声音传播速度大小。

7. 声光调制与光通讯实验演示

(1) 将控制电箱的“调制切换”切换到 ON 挡，此时可以在调制输出的基础上加载外调制信号。

(2) 将音频信号(来自 MP3 或者收音机等)通过连接线连接到电箱的“调制信号输入”。

(3) 将音箱与控制面板的“解调输出”连接，适当调节“调制信号幅度”、声光调制器和移动测量架，即可使音箱发出输入的声音信号。

(注：在音箱发音的同时，亦可由示波器监视调制波形和解调波形；如需观察载波或调幅波信号需用带宽 100MHz 以上的示波器)。

五、注意事项

1. 氦氖激光器的功率较大，不要用眼睛直接观察激光束。

2. 氦氖激光器不可直接入射探测器，避免损坏探测器。

3. 不允许用激光或其他强光近距离直接照射光传感器。

实验 28　CCD 技术基本原理和应用

电荷耦合器件(Charge Coupled Device，CCD)是 1970 年由美国贝尔实验室首先研制出来的一种新型固体摄像器件，它具有光电转换和自动扫描功能，因而在摄像、信号处理和存储三大领域里应用广泛。由于它具有空间分辨率高、动态范围大、畸变小、驱动及接口电路简单、体积小、固态化、工作稳定、可靠性高等优点，因而 CCD 在静态、动态、闭环自动控制中用作非接触测量器件已引起用户的极大兴趣，诸如在图像识别、遥感检测、飞行物的轨迹辨别、方位测量等方面都表现出了高分辨率、高准确度、高可靠性的突出优点。近年来，CCD 在计量测试、工业过程监视和质量控制等领域中已得到越来越广泛的应用，其突出特点是可以自动进行实时在线测量，自动进行具有复杂信息和数据运算处理的脱机测量。

一、实验目的

1. 了解 CCD 器件的基本原理。

2. 测量线阵 CCD 各路驱动脉冲的波形、周期、频率和幅度。

3. 了解 CCD 输出信号二值化处理的原理、线阵 CCD 测量物体外径尺寸的方法和线阵 CCD 检测物体振动的方法。

二、实验原理

1. 光电转换与电荷存储

CCD 器件是由许多光敏像元组成的，每个像元就是一个 MOS 电容器(现今大多为光敏二极管)。MOS 光敏元的结构是以硅(Si)半导体作为衬底，在其上部生长一层二氧化硅。然后再蒸涂具有一定形状的金属层作为电极。由此可见，它是由金属(M)、氧化物(O)和半导体(S)三层组成，如图 3.28-1 所示。

下面以 P 型半导体衬底为例，说明该光敏元的工作原理。在金属电极上加正电压 U 时，由于电场的作用，P 型区内的多数载流子——空穴被排斥，从而形成一定的“耗尽区”。但对少数载流子——电子来说相当于一个势能很低的区域，称作“势阱”。如果这时有光束从背面或正面入射到光敏元的 P 型 Si 衬底内并产生电子——空穴对，其中光生电子将被势阱所收集，而光生空穴则被电场排斥出耗尽区。这样的一个 MOS 单元就叫光敏单元或一个像素，一个势阱所收集的电荷合起来叫一个电荷包。MOS 电容器存储信号电荷的容量为

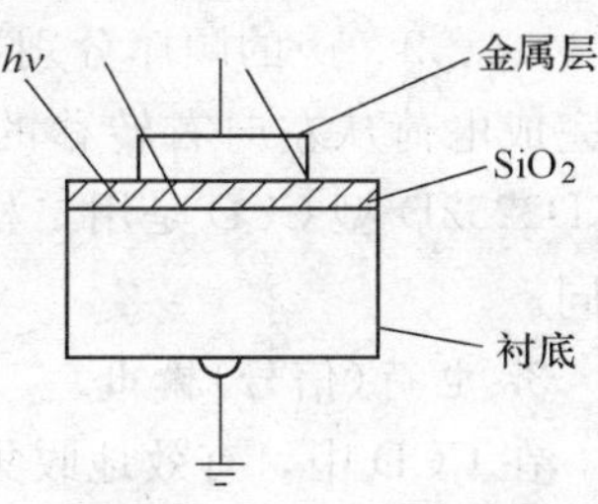

图 3.28-1　MOS 二极管

$$Q = C_{OX} \cdot V_G \cdot A \tag{3.28-1}$$

式中，C_{OX} 为 MOS 电容器单位面积氧化层电容；V_G 为栅极电压；A 为栅极面积。

上述单个光敏单元是没有实用意义的。通常在半导体硅片上，制有成百上千个相互独立的 MOS 光敏单元，并在电极上加相应的正电压，则将形成成百上千个互相独立的势阱。如果这时入射到该器件上的是一幅明暗起伏的图像，那么在各光敏单元相应的耗尽区中，将产生对应的电荷图像，因而得到影像信号。

2. 电荷转移(传输)

存储于各像元势阱中的电荷可以通过按顺序移动像元偏置电压的方法沿表面转输，图 3.28-2 显示了一个三相驱动工作的 CCD 中电荷转移的过程。

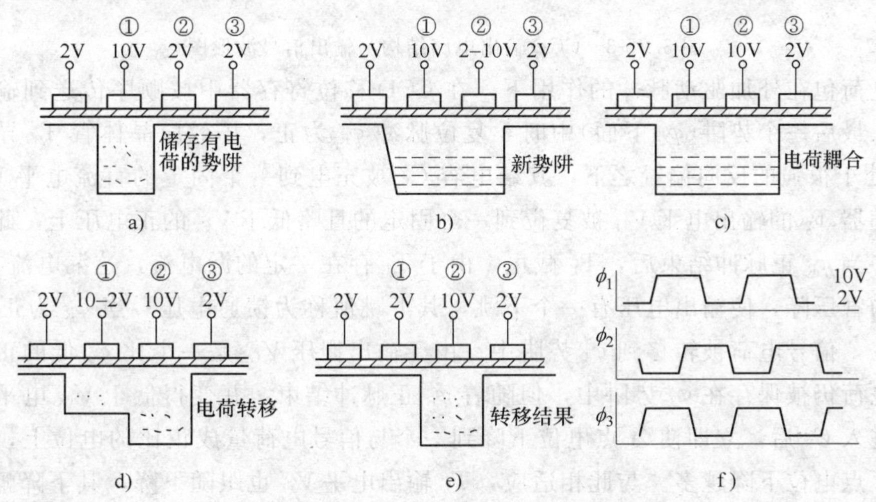

图 3.28-2　三相 CCD 电荷转移过程

假设电荷最初存储在电极①(加有 10V 电压)下面的势阱中，如图 3.28-2a 所示，加在 CCD 所有电极上的电压(例如 2V)，通常都要保持在高于某一临界值电压 V_{th}，V_{th} 称为 CCD 阈值电压。设 $V_{th} = 1.4\text{V}$，所以每个电极下面都有一定深度的势阱。显然，电极①下面的势阱最深，如果逐渐将电极②的电压由 2V 增加到 10V，这时①、②两个电极下面的势阱具有同样的深度，并合并在一起，原先存储在电极①下面的电荷，就要在两个电极下面均匀分布，如图 3.28-2a、b、c 所示，然后，再逐渐将电极①的电压降到 2V，使其势阱深度减小，如图 3.28-2d、e 所示。这时电荷全部转移到电极②下面的势阱中，此过程就是电荷从电极①到电极②的转移过程。如果电极有许多个，可将其电极按照 1、4、7、…、2、5、8、…

和 3、6、9、…的顺序分别连接在一起，加上一定时序的驱动脉冲，如图 3.28-2f 所示，即可完成电荷从左向右转移的过程，用三相时钟驱动的 CCD 称为三相 CCD。本实验使用的 TCD2252D 型 CCD 是用二相时钟驱动的 CCD，称为二相 CCD，其电荷传输原理与三相 CCD 相同。

3. 电荷(信号)输出

在 CCD 中，有效地收集和检测电荷是一个重要问题。通常 CCD 信号电荷的输出是采用选通电荷积分器结构，以三相 CCD 为例，其电荷输出原理如图 3.28-3 所示。

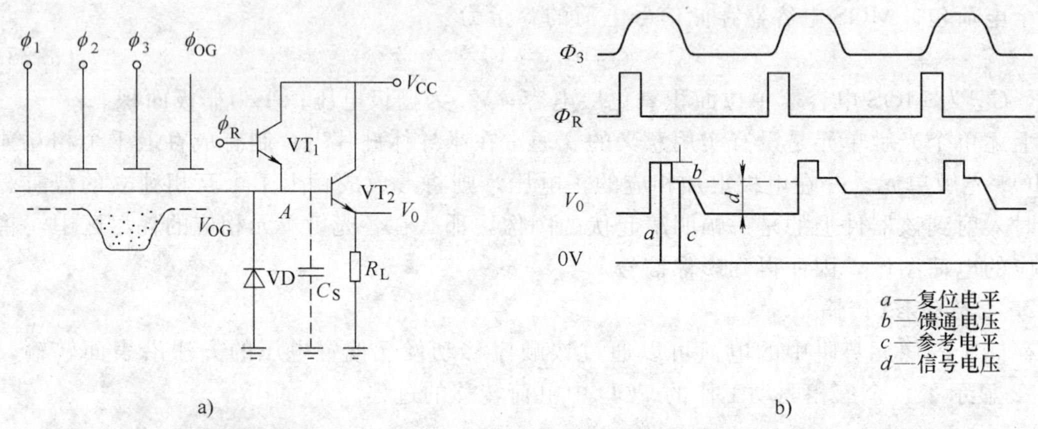

图 3.28-3　CCD 输出电路结构与输出信号波形图

信号电荷包在外加驱动脉冲的作用下，在 CCD 移位寄存器中按顺序传送到输出级。当电荷包进入最后一个势阱(φ_3 下面)中时，复位脉冲 φ_R 为正，场效应晶体管 T_1 导通，输出二极管 D 处于很强的反向偏置之下，其结电容 C_S 被充电到一个固定的直流电平 V_{CC} 上，于是源极跟随器 T_2 的输出电平 V_O 被复位到一个固定的且略低于 V_{CC} 的正电压上，此电平称为复位电平。当 φ_R 正脉冲结束后，T_1 截止，由于 T_1 存在一定的漏电流，这漏电流在 T_1 上产生一个小的管压降，使输出电压有一个下跳，其下跳值称为馈通电压。当 φ_R 为正时，φ_3 也处于高电位，信号电荷被转移到 φ_3 势阱中。由于输出栅压 V_{OG} 是一个比 φ_3 低的正电压，因此，信号电荷仍被保存在 φ_3 势阱中，但随着 φ_R 正脉冲结束，并变得低于 V_{OG} 电平时，这时信号电荷进入 C_S 后，立即使 A 点电位下降到一个与信号电荷量成正比的电位上，即信号电荷越多，A 点电位下降越多。与此相适应，T_2 输出电平 V_O 也跟随下降，其下降幅度才是真正的信号电压，CCD 输出波形如图 3.28-3b 所示。

综上所述，CCD 经光电转换、信号电荷存储、转移(传输)，最终输出信号电压

$$V_O = G\frac{\Delta Q_S}{C_S} \tag{3.28-2}$$

式中，ΔQ_S 为电荷包的电荷量；C_S 为输出二极管结电容；G 为输出放大器增益。

三、实验仪器

TD2252D 型线阵 CCD 实验仪，示波器，游标卡尺或千分尺一把。

四、实验内容

1. 检查驱动器的各路脉冲波形

检查 CCD 驱动器的各路脉冲波形是否正确(参考时序图)。如正确，分别测出 Φ_1、Φ_2、Φ_R 在各个驱动频率档位下的周期、频率、幅度，并记录在表格中。

2. 观察 CCD 的转移脉冲的周期变化

观察 CCD 的转移脉冲 Φ_{SH} 的周期(即积分时间)随驱动频率挡位或积分时间挡位改变而变化的情况。

3. 用线阵 CCD 测量物体外径尺寸

(1) 简单了解 CCD 视频信号二值化处理的概念和方法，并观察测量结果随阈值的不同而改变的情况。

(2) 测量系统的定标。首先，用一个已知外径尺寸的物体作为被测物体，这个物体可以是用高精度测量仪器测量过外径的，也可以就是一个有标准外径的物体，然后对数据采集软件界面中的基本参量(阈值，光学系统放大率等)进行调节，使测量值与标准器件的外径尺寸一致。

(3) 采用定标时确定的参量值，测量另外两个未知尺寸物体的外径(选择多次平均测量方式进行测量)。

(4) 将设定的参数和测量结果列入表中。

4. 用线阵 CCD 系统测量物体的振动

(1) 进入物体振动实验程序，设置所要测量的波形的测量点数 M；再设置二值化阈值电平 V_{th}之后，用手沿平行于多功能 CCD 实验仪入射窗的方向摆动实验板窄缝，产生振动的光信号。然后执行振动测量程序，经过一段时间的采集后，计算机将自动地显示实验板窄缝的振动波形，从波形上可以分析计算出其振幅、频率和初相位。

(2) 将计算机所测得的数据打印出来，以时间为横坐标，以 1048 像元值为纵坐标的零点，将测得的每个数据标在这个坐标轴上，便可得到所测得的振动波形，再与计算机画出的波形相比较。(选做)

五、数据记录与处理

1. 驱动频率的测量(见表 3.28-1)

表 3.28-1　Φ_1、Φ_2、Φ_R 驱动频率测量数据记录表

驱动频率	项目	Φ_1	Φ_2	Φ_R
0 挡	周期/ms			
	频率/Hz			
	幅度/V			
1 挡	周期/ms			
	频率/Hz			
	幅度/V			
2 挡	周期/ms			
	频率/Hz			
	幅度/V			
3 挡	周期/ms			
	频率/Hz			
	幅度/V			

2. 物体外径尺寸测量(表格自拟)。

3. 用线阵 CCD 检测物体的振动(表格自拟)

六、注意事项

1. 在进行 CCD 实验过程中，不允许带电插拔 CCD 器件，否则会造成 CCD 器件的损坏。

2. 不允许用带电的烙铁焊接 CCD 各电气连接的导线、元件。必须焊接时，应将烙铁的电源拔下来。利用烙铁的余热焊接，或者将 CCD 芯片拔下来后再焊接。

七、附录：TCD2252D 型线阵 CCD 引脚定义及工作时序图

分别见表 3.28-2 和图 3.28-4。

表 3.28-2 TCD2252D 的引脚定义

引脚号	符号	功能描述	引脚号	符号	功能描述
1	OS2	信号输出(蓝)	12	SS	地
2	OS3	信号输出(红)	13	Φ_{1A1}	时钟 1(第一相)
3	SS	地	14	SH1	转移栅 1
4	NC	未连接	15	Φ_{2A1}	时钟 1(第二相)
5	$\overline{RS}$	复位栅	16	V_{DD}	电源(数字)
6	Φ_{2B}	末级时钟(第二相)	17	Φ_{1B}	末级时钟(第一相)
7	SS	地	18	$\overline{CP}$	箝位栅
8	Φ_{2A2}	时钟 2(第二相)	19	$\overline{SP}$	采样保持栅
9	SH3	转移栅 3	20	OD	电源(模拟)
10	Φ_{1A2}	时钟 2(第一相)	21	SS	地
11	SH2	转移栅 2	22	OS1	信号输出(绿)

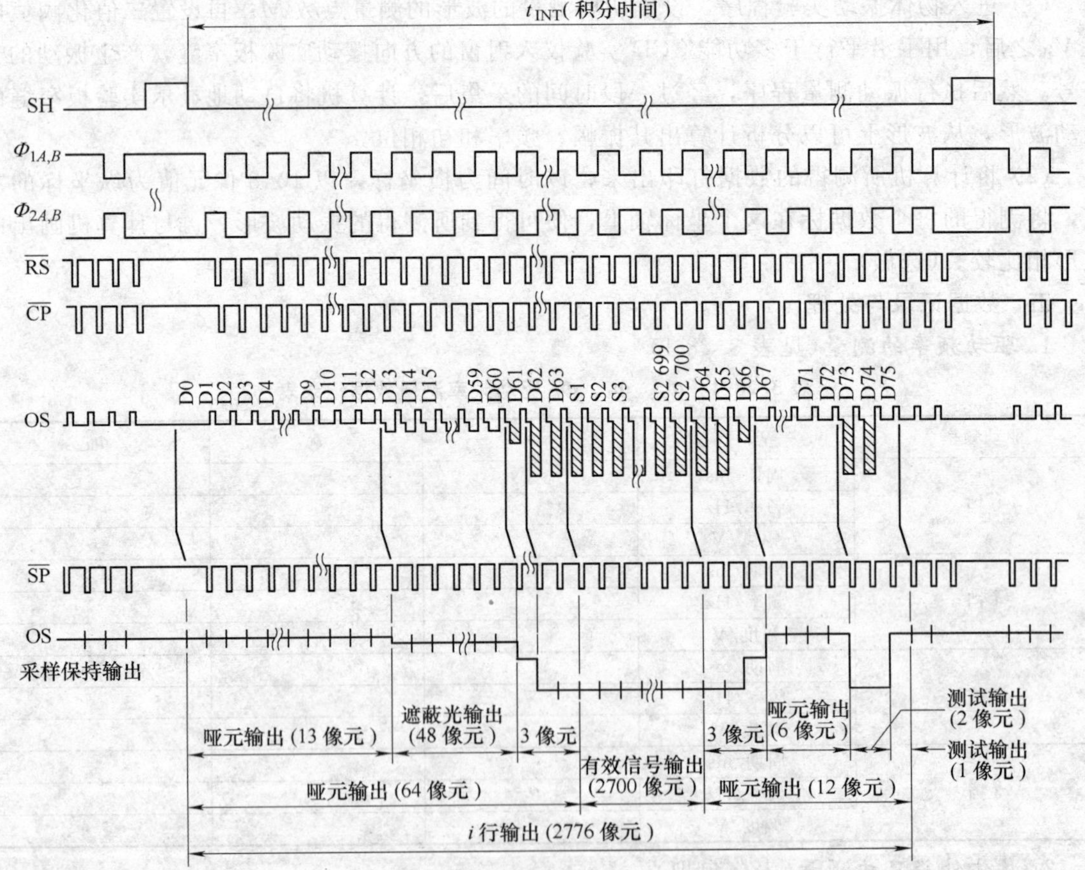

图 3.28-4 TCD2252D 的工作时序图

实验 29　微波的光学特性研究

微波波长从 1m 到 0.1mm，其频率范围从 300MHz～3000GHz，是无线电波中波长最短的电磁波。微波波长介于一般无线电波与光波之间，因此微波有似光性，它不仅具有无线电波的性质，还具有光波的性质，即具有光的直线传播、反射、折射、衍射、干涉等现象。由于微波的波长比光波的波长在量级上大 10000 倍左右，因此用微波进行波动实验将比光学方法更简便和直观。

一、实验目的

1. 学习微波产生的基本原理以及传播和接收等基本特性。
2. 观测微波干涉、偏振等实验现象。
3. 观测模拟晶体的微波布拉格衍射现象。
4. 通过迈克耳逊实验测量微波波长。

二、实验原理

1. 微波的产生和接收

实验使用的微波发生器是采用电调制方法实现的，优点是应用灵活，参数调配方便，适用于多种微波实验，其工作原理框图见图 3.29-1。微波发生器内部有一个电压可调控制的 VCO，用于产生一个 4.4～5.2GHz 的信号，它的输出频率可以随输入电压的不同作相应改变，经过滤波器后取二次谐波 8.8～9.8GHz，经过衰减器作适当的衰减后，再放大，经过隔离器后，通过探针输出至波导口，再通过 E 面天线发射出去。

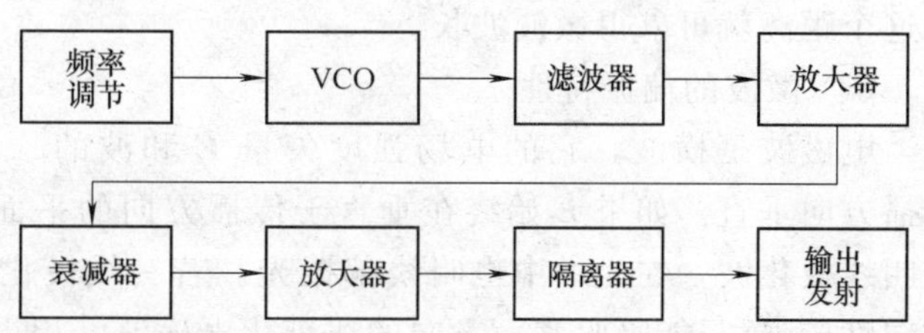

图 3.29-1　微波产生的原理框图

接收部分采用检波/数显一体化设计。由 E 面喇叭天线接收微波信号，传给高灵敏度的检波管后转化为电信号，通过穿心电容送出检波电压，再通过 A/D 转换，由液晶显示器显示微波相对强度。

2. 微波光学实验

微波是一种电磁波，它和其他电磁波如光波、X 射线一样，在均匀介质中沿直线传播，都具有反射、折射、衍射、干涉和偏振等现象。

(1) 微波的双缝干涉

当一平面波垂直入射到一金属板的两条狭缝上，狭缝就成为次级波波源。由两缝发出的次级波是相干波，因此在金属板的背后面空间中，将产生干涉现象。当然，波通过每个缝都有衍射现象。因此实验将是衍射和干涉两者结合的结果。为了只研究主要来自两缝中央衍射波相互干涉的结果，令双缝的缝宽 α 接近 λ，例如：$\lambda=3.2\text{cm}$，$\alpha=4\text{cm}$。当两缝之间的间隔 b 较大时，干涉强度受单缝衍射的影响小，当 b 较小时，干涉强度受单缝衍射影响大。干涉加强的角度为

$$\varphi=\arcsin\left(\frac{k\cdot\lambda}{\alpha+b}\right)\quad k=1,\ 2,\ 3,\ \cdots \tag{3.29-1}$$

干涉减弱的角度为

$$\varphi=\arcsin\left(\frac{2k+1}{2}\cdot\frac{\lambda}{\alpha+b}\right)\quad k=1,\ 2,\ 3,\ \cdots \tag{3.29-2}$$

(2) 微波的迈克耳逊干涉

在微波前进的方向上放置一个与波传播方向成 45°角的半透射半反射的分束板(图 3.29-2)。将入射波分成一束向金属板 A 传播，另一束向金属板 B 传播。由于 A、B 金属板的全反射作用，两列波再回到半透射半反射的分束板，会合后到达微波接收器处。这两束微波同频率，在接收器处将发生干涉，干涉叠加的强度由两束波的光程差(即相位差)决定。当两波的相位差为 $2k\pi$，($k=\pm1,\ \pm2,\ \pm3,\ \cdots$)时，干涉加强；若两波的相位差为$(2k+1)\pi$ 时，则干涉最弱。当 A、B 板中的一块板固定，另一块板可沿着微波传播方向前后移动，当微波接收信号从极小(或极大)值到又一次极小(或极大)值时，则反射板移动了 $\lambda/2$ 距离。由这个距离就可求得微波波长。

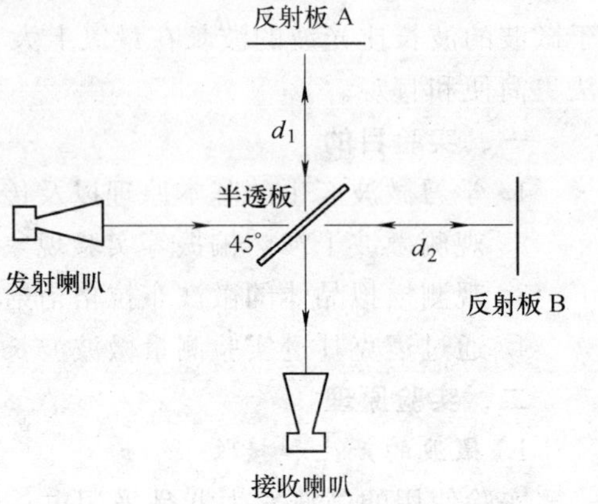

反射板 A
d_1
半透板
45°
d_2
发射喇叭
反射板 B
接收喇叭

图 3.29-2　迈克耳逊干涉原理示意图

(3) 微波的偏振特性

电磁波是横波，它的电场强度矢量 $\boldsymbol{E}$ 和波的传播方向垂直。如果 $\boldsymbol{E}$ 始终在垂直于传播方向的平面内某一确定方向变化，这样的横电磁波叫线极化波，在光学中也叫线偏振光。若一线极化电磁波以强度 I_0 发射，由于接收器的方向性较强(只能吸收某一方向的线极化电磁波，相当于一光学偏振片，如图 3.29-3 所示)，发射的微波电场强度矢量 $\boldsymbol{E}$ 如在 P_1 方向，经接收方向为 P_2 的接收器后(发射器与接收器类似起偏器和检偏器)，其强度为 $I=I_0\cos^2\alpha$，其中 α 为 P_1 和 P_2 的夹角。这就是光学中的马吕斯(Malus)定律，在微波测量中同样适用(实验中由于喇叭口的影响会有一定的误差，因此当有消光现象出现时便可验证马吕斯定律)。

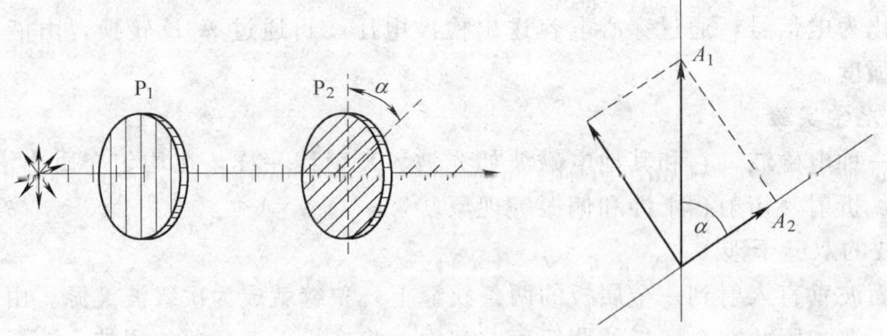

图 3.29-3　光学中的马吕斯定律

(4) 模拟晶体的布拉格衍

布拉格衍射是用 X 射线研究微观晶体结构的一种方法。因为 X 射线的波长与晶体的晶格常数同数量级，所以一般采用 X 射线研究微观晶体的结构。而在此用微波模拟 X 射线，照射到放大的晶体模型上，产生的衍射现象与 X 射线对晶体的布拉格衍射现象与计算结果都基本相似。所以，通过此实验对加深理解微观晶体的布拉格衍射实验方法是十分直观的。

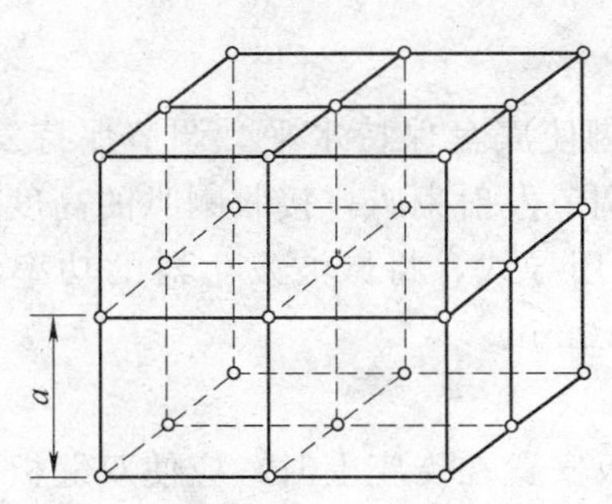

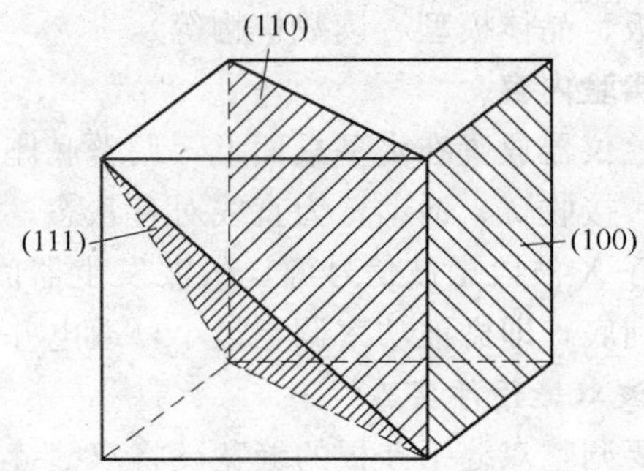

图 3.29-4 晶体结构模型

固体物质一般分晶体与非晶体两大类，晶体又分单晶与多晶。组成晶体的原子或分子按一定规律在空间周期性排列，而多晶体是由许多单晶体的晶粒组成。其中最简单的晶体结构如图 3.29-4 所示，在直角坐标中沿 X、Y、Z 三个方向，原子在空间依序重复排列，形成简单的立方点阵。组成晶体的原子可以看做处在晶体的晶面上，而晶体的晶面有许多不同的取向。

如图 3.29-4 左方为最简立方点阵，右方表示的就是一般最重要也是最常用的三种晶面。这三种晶面分别为(100)面、(110)面、(111)面，圆括号中的三个数字称为晶面指数。一般而言，晶面指数为$(n_1 n_2 n_3)$的晶面族，其相邻的两个晶面间距 $d=a/\sqrt{n_1^2+n_2^2+n_3^2}$。显然其中(100)面的间距 d 等于晶格常数 a；相邻的两个(110)面的晶面间距 $d=a/\sqrt{2}$；而相邻两个(111)面的晶面间距 $d=a/\sqrt{3}$，实际上还有许许多多更复杂的取法形成其他取向的晶面族。

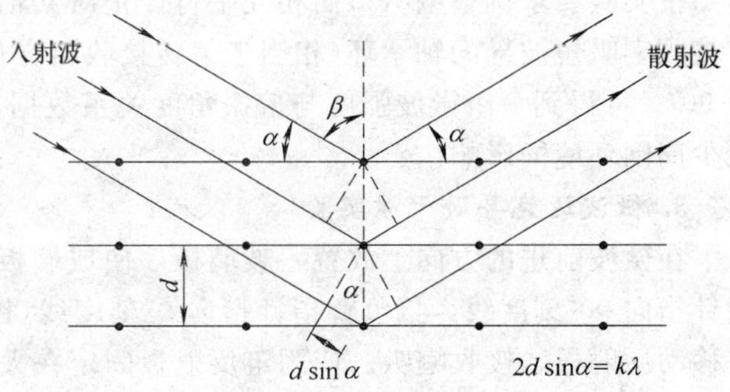

图 3.29-5 布拉格衍射

因微波的波长可在几厘米，所以可用一些铝制的小球模拟微观原子，制作晶体模型。具体方法是将金属小球用细线串联在空间有规律地排列，形成如同晶体的简单立方点阵。各小球间距 d 设置为 4cm(与微波波长同数量级)左右。当如同光波的微波入射到该模拟晶体结构的三维空间点阵时，因为每一个晶面相当于一个镜面，入射微波遵守反射定律，反射角等于入射角，如图 3.29-5 所示。而从间距为 d 的相邻两个晶面反射的两束波的程差为 $2d\sin\alpha$，其中 α 为入射波与晶面的夹角。显然，只有当满足

$$2d\sin\alpha=k\lambda,\ k=1,\ 2,\ 3,\ \cdots \qquad (3.29\text{-}3)$$

时，才出现干涉极大。式(3.29-3)称为晶体衍射的布拉格公式。

如果改用通常使用的入射角 β 表示，则式(3.29-3)可改写为

$$2d\cos\beta=k\lambda,\ k=1,\ 2,\ 3,\ \cdots \qquad (3.29\text{-}4)$$

三、实验仪器与用具

DHMS—1 型微波光学综合实验仪。包括：微波信号源、微波发生器、发射喇叭、接收喇叭、微波检波器、检波信号数字显示器、可旋转载物平台和支架，以及实验用附件(分束

板、双缝板、晶体模型、读数机构等)。

四、实验内容

将实验仪器放置在水平桌面上，调整底座 4 只脚使底盘保持水平。调节保持发射喇叭、接收喇叭、接收臂、活动臂为直线对直状态，并且调节发射喇叭，接收喇叭的高度相同。

连接好 X 波段微波信号源、微波发生器间的专用导线，将微波发生器的功率调节旋钮逆时针调到底，即微波功率调至最小，通电并预热 10min。

1. 微波双缝干涉实验

按需要调整双缝干涉板的缝宽。将双缝缝干射板安置在支座上时，应使双缝板平面与载物圆台上 90°指示线一致。转动小平台使固定臂的指针在小平台的 180°处，此时相当于微波从双缝干涉板法线方向入射。让活动臂置小平台 0°处，调整信号使液晶显示器显示较大，然后在 0°线的两侧，每改变 1°～3°读取一次液晶显示器的读数，并记录下来。画出双缝干涉强度与角度的关系曲线，并根据微波衍射强度一级极大角度和双缝间距$(a+b)$，计算微波波长 λ 和其百分误差。

2. 微波偏振实验

按实验要求调整喇叭口面相互平行、正对共轴，调整信号使显示器显示一定值。然后旋转接收喇叭短波导的轴承环(相当于偏转接收器方向)，每隔 10°记录液晶显示器的读数。直至 90°。可得到一组微波强度与偏振角度关系数据，验证马吕斯定律。注意，实验时应尽量减少周围环境的影响。

3. 微波迈克耳逊干涉实验

在微波前进的方向上放置一玻璃板，使玻璃板面与载物圆台 45°线在同一面上，固定臂指针指向 90°刻度线，接收臂指针指向 0°刻度线(图 3.29-2)。按实验要求安置固定反射板、可移动反射板、接收喇叭。使固定反射板固定在大平台上，并使其法线与接收喇叭的轴线一致。可移动反射板装在一旋转读数机构上后，移动旋转读数机构上的手柄，使可移反射板移动，测出 $n+1$ 个微波极小值，并同时从读数机构上读出可移反射板的移动距离 L(注意：旋转手柄要慢，并注意回程差的影响)。波长满足：$\lambda=2L/n$。

4. 微波布拉格衍射

实验时将支架从载物台上取下，模拟铝球要调节，使上下应成为一方形点阵，各金属球点阵间距相同(4cm)。将模拟晶体架插在载物平台上的 4 颗螺柱上，这样便使所研究的晶面(100)法线正对小平台上的 90°线，固定臂指针对准一侧的 0°线，接收臂指针对准另一侧 180°线。顺时针转动载物台一定刻度(如 30°)，此时入射角为 60°，同时把接收臂顺时针转动 60°，这样便满足入射角和发射角相等。实验时每隔 3°～5°记录一次，在估计发生衍射极大处可适当增加测试点。为了避免两喇叭之间波的直接入射，入射角 β 取值范围最好在 30°～70°之间，寻找一级衍射最大。

五、数据记录与处理

1. 微波双缝干涉实验

根据表 3.29-1 中实验数据，画出双缝干涉强度与角度的关系曲线。并根据微波双缝干涉强度一级极大角和双缝间距$(a+b)$，计算微波波长 λ 和其百分误差。

2. 微波偏振实验

利用表 3.29-2 中实验数据，验证马吕斯定律。

表 3.29-1 微波的双缝干涉实验数表

φ/°		0	2	4	6	8	10	12	14	16	…	30
U/mV	左侧											
	右侧											

表 3.29-2 微波偏振实验数表

转角	0°	10°	20°	30°	40°	50°	60°	70°	80°	90°
U/mV										

3. 微波迈克耳逊干涉实验

表 3.29-3 微波迈克耳逊干涉实验数表

最小点读数/mm								

根据表 3.29-3 中实验数据，求微波波长，并与标称值比较。

4. 微波布拉格衍射

表 3.29-4 微波布拉格衍射实验数表

入射角/°	30	33	36	39	42	45	48	…	70
反射角/°									
U/mV									

从表 3.29-4 中实验数据，寻找一级衍射最大时的角度，根据布拉格公式求微波波长，并与标称值比较。

六、注意事项

1. 实验前要先检查电源线是否连接正确。
2. 电源连接无误后，打开电源使微波源预热 10min 左右。
3. 实验时，先要使两喇叭口正对，可从接收显示器看出(正对时示数最大)。
4. 为减少接收部分电池消耗，在不需要观测数据时，要把显示开关关闭。
5. 实验结束后，关闭电源。

实验 30 真空获得与真空镀膜

压强低于一个标准大气压的稀薄气体空间称为真空。真空分为自然真空和人为真空。自然真空：气压随海拔高度增加而减小，存在于宇宙空间。人为真空：用真空泵抽掉容器中的气体。1643 年，意大利物理学家托里拆利(E. Torricelli)首创著名的大气压实验，获得真空。

在真空状态下，由于气体稀薄，分子之间或分子与其他质点之间的碰撞次数减少，分子在一定时间内碰撞于固体表面上的次数亦相对减少，导致产生一系列新的物化特性，诸如热传导与对流小、氧化作用少、气体污染小、汽化点低、高真空的绝缘性能好等等。真空技术是基本实验技术之一。真空技术在近代尖端科学技术，如表面科学、薄膜技术、空间科学、高能粒子加速器、微电子学、材料科学等工作中都占有关键的地位，在工业生产中也有日益广泛的应用。

薄膜技术在现代科学技术和工业生产中有着广泛的应用。例如，光学系统中使用的各种反射膜、增透膜、滤光片、分束镜、偏振镜等；电子器件中用的薄膜电阻，特别是平面型晶体管和超大规模集成电路也有赖于薄膜技术来制造；硬质保护膜可使各种经常受磨损的器件表面硬化，大大增强表面耐磨程度；在塑料、陶瓷、石膏和玻璃等非金属材料表面镀以金属膜具有良好的美化装饰效果，有些合金膜还起着保护层的作用；磁性薄膜具有记忆功能，在电子计算机中用作存储记录介质而占有重要地位。

薄膜制备的方法主要有真空蒸发、溅射、分子束外延、化学镀膜等。真空镀膜，是指在真空条件中采用蒸发和溅射等技术使镀膜材料气化，并在一定条件下使气化的原子或分子牢固地凝结在被镀的基片上形成薄膜。真空镀膜是目前用来制备薄膜最常用的方法，真空镀膜技术目前正在向各个重要的科学领域中延伸，引起了人们广泛的注意。

一、实验目的

1. 了解真空技术的基本知识。
2. 掌握低、高真空的获得和测量的基本原理及方法。
3. 了解真空镀膜的基本知识。
4. 学习掌握蒸发镀膜的基本原理和方法。

二、实验原理

1. 真空度与气体压强、真空的测量

真空度是对气体稀薄程度的一种客观度量，单位体积中的气体分子数越少，表明真空度越高。由于气体分子密度不易度量，通常真空度用气体压强来表示，压强越低真空度越高。按照国际单位制(SI)，压强单位是 $N \cdot m^{-2}$，称为帕斯卡，简称帕(Pa)。

真空度单位换算：

1 标准大气压＝760mmHg＝760(Torr)

1 标准大气压＝1.013×10^5Pa

1Torr＝133.3Pa

通常按照气体空间的物理特性及真空技术应用特点，将真空划分为几个区域，见表3.30-1。

表 3.30-1 真空区域划分

低真空	$10^5 \sim 10^3$	高真空	$10^{-1} \sim 10^{-6}$
中真空	$10^3 \sim 10^{-1}$	超高真空	$10^{-6} \sim 10^{-12}$

真空的测量采用真空计。本实验使用的真空计为热电偶真空计和热阴极电离真空计，又叫做热偶规和电离规。其结构及工作原理请参阅其他资料。

2. 真空的获得——真空泵

用来获得真空的设备称为真空泵，真空泵按其工作机理可分为排气型和吸气型两大类。排气型真空泵是利用内部的各种压缩机构，将被抽容器中的气体压缩到排气口，排出泵体之外，如机械泵、扩散泵和分子泵等。吸气型真空泵则是在封闭的真空系统中，利用各种表面(吸气剂)吸气的办法将被抽空间的气体分子长期吸着在吸气剂表面上，使被抽容器保持真空，如吸附泵、离子泵和低温泵等。

1) 真空泵的主要性能可用下列指标衡量：

极限真空度：无负载(无被抽容器)时泵入口处可达到的最低压强(最高真空度)。

2) 抽气速率：在一定的温度与压力下，单位时间内泵从被抽容器抽出气体的体积，单位是 L/s。

3) 启动压强：泵能够开始正常工作的最高压强。

(1) 机械泵

机械泵是运用机械方法不断地改变泵内吸气空腔的容积，使被抽容器内气体的体积不断膨胀压缩从而获得真空的泵。机械泵的种类很多，目前常用的是旋片式机械泵。

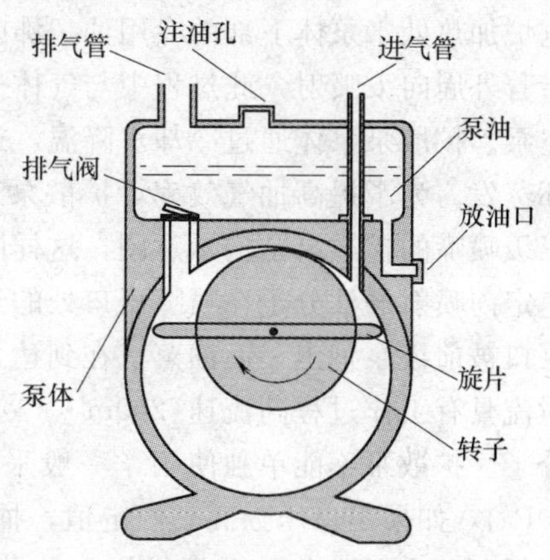

图 3.30-1　旋片式机械真空泵结构示意图

图 3.30-1 是旋片式机械泵的结构示意图，它是由一个定子和一个偏心转子构成。定子为一圆柱形空腔，空腔上装着进气管和出气阀门，转子顶端保持与空腔壁相接触，转子上开有槽，槽内安放了由弹簧连接的两个刮板。当转子旋转时，两刮板的顶端始终沿着空腔的内壁滑动。整个空腔放置在油箱内。工作时，转子带着旋片不断旋转，就有气体不断排出，完成抽气作用。旋片旋转时的几个典型位置如图 3.30-2 所示。当刮板 A 通过进气口（图 3.30-2a 所示的位置）时开始吸气，随着刮板 A 的运动，吸气空间不断增大，到图 3.30-2b 所示位置时达到最大。刮板继续运动，当刮板 A 运动到图 3.30-2c 所示位置时，开始压缩气体，压缩到压强大于一个大气压时，排气阀门自动打开，气体被排到大气中，如图 3.30-2d 所示。之后就进入下一个循环，整个泵体必须浸没在机械泵油中才能工作，泵油起着密封润滑和冷却的作用。

机械泵可在大气压下启动正常工作，其极限真空度可达 10^{-1} Pa，它取决于：①定子空间中两空腔间的密封性，因为其中一空间为大气压，另一空间为极限压强，密封不好将直接影响极限压强；②排气口附近有一“死角”空间，在旋片移动时它不可能趋于无限小，因此，不能有足够的压力去顶开排气阀门；③泵腔内密封油有一定的蒸汽压（室温时约为 10^{-1} Pa）。

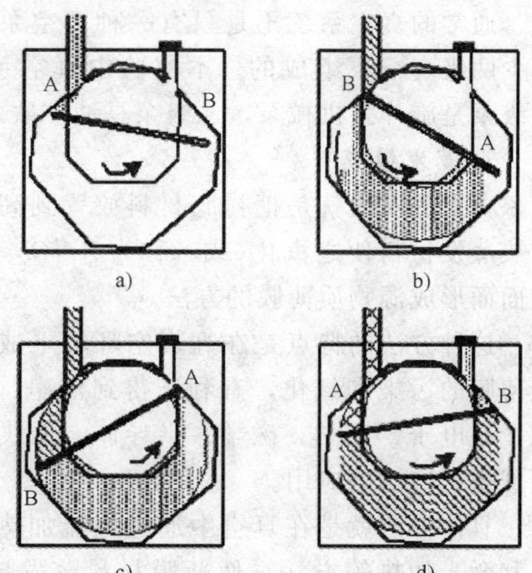

图 3.30-2　旋片式机械泵工作原理

旋片式机械泵使用时必须注意以下几点：

1）启动前先检查油槽中的油液面是否达到规定的要求，机械泵转子转动方向与泵的规定方向是否符合（否则会把泵油压入真空系统）。

2）机械泵停止工作时要立即让进气口与大气相通，以清除泵内外的压差，防止大气通过缝隙把泵内的油缓缓地从进气口倒压进被抽容器（“回油”现象）。这一操作一般都由与机械泵进气口上的电磁阀来完成，当泵停止工作时，电磁阀自动使泵的抽气口与真空系统隔绝，并使泵的抽气口接通大气。

3）泵不宜长时间抽大气，否则因长时间大负荷工作会使泵体和电动机受损。

（2）扩散泵

扩散泵是利用气体扩散现象来抽气的，最早用来获得高真空的泵就是扩散泵，目前依然广泛使用。油扩散泵的工作原理不同于机械泵，其中没有转动和压缩部件。它的工作原理是通过电炉加热处于泵体下部的专用油，沸腾的油蒸汽沿着伞形喷口高速向上喷射，遇到顶部阻碍后沿着外周向下喷射，此过程中与气体分子发生碰撞，使得气体分子向泵体下部运动进入前级真空泵。扩散泵泵体通过冷却水降温，运动到下部的油蒸汽与冷的泵壁接触，又凝结为液体，循环蒸发。为了提高抽气效率，扩散泵通常由多级喷油口组成(3～4 个)，图 3.30-3 是一个具有三级喷嘴的扩散泵结构示意图，这样的泵也称为多级扩散泵。扩散泵具有极高的抽气速率，高速定向喷射的油分子在喷嘴出口处的蒸汽流中形成一低压，将扩散进入蒸汽流的气体分子带至泵口被前级泵抽走，而油蒸汽在到达泵壁后被冷却水套冷却后凝聚，返回泵底再被利用。由于射流具有工作过程高流速($200\mathrm{m}\cdot\mathrm{s}^{-1}$)、高密度、高分子量(300～500)，故能有效地带走气体分子。扩散泵不能单独使用，一般采用机械泵为前级泵，以满足出口压强低于规定值(最大40Pa)，如果出口压强高于规定值，抽气作用就会停止。因为只有出口压强在规定值以下，才可保证绝大部分气体分子以定向扩散形式进入高速蒸汽流。此外，若扩散泵在较高空气压强下加热，会导致具有大分子结构的扩散泵油分子的氧化或裂解。油扩散泵的极限真空度主要取决于油蒸气压和反扩散两部分，目前一般能达到 $10^{-5}\sim10^{-7}$ Pa。根据扩散泵的工作原理，可以知道扩散泵有效工作一定要油冷水辅助，因此，实验中一定要特别注意冷却水是否通畅和是否有足够的压力。另外，扩散泵油在较高的温度和压强下容易氧化而失效，所以不能在低真空范围内起动油扩散泵。油扩散泵一个不容忽视的问题是扩散泵泵油反流进入真空腔室造成污染，对于清洁度要求高的材料制备和分析过程，这样的污染是致命的，所以现在的高端材料制备、分析设备都采用无油真空系统，避免油污染。

通常的真空系统不是只有一种真空泵在工作，而是由至少两级真空泵组成的。本实验中真空系统由两级构成，前级泵是旋片式机械泵，二级泵是油扩散泵。

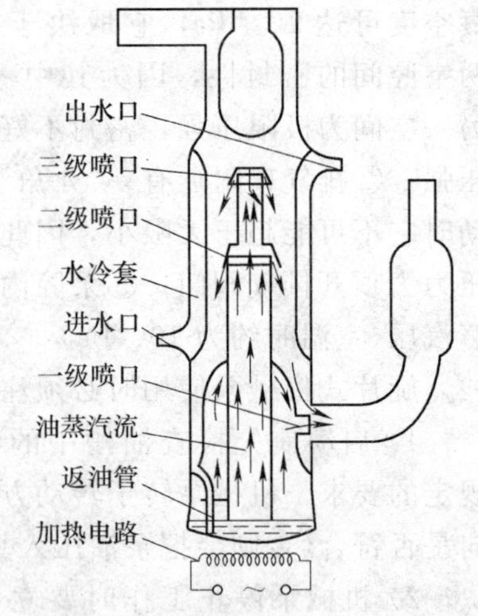

图 3.30-3 三级喷嘴油扩散泵

3. 蒸发镀膜

真空蒸发法就是把衬底材料放置到高真空室内，通过加热蒸发材料使之汽化(或者称为升华)，然后沉积到衬底表面而形成源物质薄膜的方法。

这种方法的特点是在高真空环境下成膜，可以有效防止薄膜的污染和氧化，有利于得到洁净、致密的薄膜，因此，在电子、光学、磁学、半导体、无线电以及材料科学领域得到广泛的应用。

具体方法就是在真空中通过电流加热、电子束轰击加热和激光加热等方法，使薄膜材料蒸发成为原子或分子，它们随即以较大的自由程作直线运动，碰撞基片表面而凝结，形成一层薄膜。蒸发镀膜要求镀膜室内残余气体分子的平均自由程大于蒸发源到基片的距离，尽可能减少蒸发物的分子与气体分子碰撞的机会，这样才能保证薄膜纯净和牢固，蒸发物也不至于氧化。由分子动力学可知气体分子的平均自由程为

$$\lambda=\frac{kT}{\sqrt{\pi}\sigma^2 p} \tag{3.30-1}$$

式中，k 为玻耳兹曼常量；T 为气体温度；σ 为气体分子有效直径；p 为气体压强。此式表明，气体分子的平均自由程与压强成反比，与温度成正比。在 25℃的空气情况下

$$\lambda \approx \frac{6.6 \times 10^{-2}}{p}(\mathrm{m}) \tag{3.30-2}$$

对于蒸发源到基片的距离为 0.15～0.2m 的镀膜装置，镀膜室的真空度须在 10^{-2}～10^{-4} Pa之间才能满足要求。蒸发镀膜时，薄膜材料被加热蒸发成为原子或分子，在一定的温度下，薄膜材料单位面积的质量蒸发速率由朗谬尔(Langmuir)导出的公式决定

$$G \approx 4.37 \times 10^{-3} p_V \sqrt{\frac{M}{T}}(\mathrm{kg \cdot m^{-2} \cdot g^{-1}}) \tag{3.30-3}$$

式中，M 为蒸发材料的摩尔质量；p_V 为蒸发材料的饱和蒸气压；T 为蒸发材料温度。材料的饱和蒸气压随温度的上升而迅速增大，温度变化 10%，饱和蒸气压就要变化约一个数量级。由此可见，蒸发源温度的微小变化可引起蒸发速率的很大变化。因此，在蒸发镀膜过程中，要想控制蒸发速率，必须精确控制蒸发源的温度。

蒸发镀膜最常用的加热方法是电阻大电流加热，采用钨、钼、钽、铂等高熔点化学性能稳定的金属，做成适当形状的加热源，其上装入待蒸发材料，让电流通过，对蒸发材料进行直接加热蒸发，或者把待蒸发材料放入氧化铝、氮化硼或石墨等坩埚中进行间接加热蒸发。例如蒸镀铝膜，铝的熔点为 659℃，到 1100℃时开始迅速蒸发，常选用钨丝作为加热源，钨的熔化温度为 3380℃。

在真空镀膜中，飞抵基片的汽化原子或分子，除一部分被反射外，其余的被吸附在基片的表面上。被吸附的原子或分子在基片表面上进行扩散运动，一部分在运动中因相互碰撞而结聚成团，另一部分经过一段时间的滞留后，被蒸发而离开基片表面。聚团可能会与表面扩散原子或分子发生碰撞时捕获原子或分子而增大，也可能因单个原子或分子脱离而变小。当聚团增大到一定程度时，便会形成稳定的核，核再捕获到飞抵的原子或分子，或在基片表面进行扩散运动的原子或分子就会生长。在生长过程中核与核合成而形成网络结构，网络被填实即生成连续的薄膜。显然，基片的表面条件(如清洁度和不完整性)、基片的温度以及薄膜的沉积速率都将影响薄膜的质量。

三、实验仪器

DH2010 型多功能真空实验仪(主要由真空室、真空系统、控制电路与仪表部件等部分组成)。

四、实验步骤

1. 打开循环水和总电源，取下钟罩装基片。

2. 工作选择：机械泵，至复合真空计<5Pa(热偶规 2 测管路，复合真空计测真空室)。

3. 工作选择：机械泵→扩散泵(机械泵与真空室阀门关闭，机械泵与扩散泵阀门打开)，至热偶规 2<5Pa。

4. 工作选择：机械泵→扩散泵工作。开扩散泵加热，至油沸腾到第三级喷口有油蒸气喷出(约 10～15min)。

5. 开蝶阀(逆时针转 90°至竖直向下位置)，至复合真空计 5.0～6.0×10^{-3} Pa(约50min)。

6. 开蒸发。电流 0→50A→100A(钼舟变红)→130A，约 1min 后钟罩变黑。移开挡板→约 1min 后蒸发结束。电流退回 50A→退回至零。

7. 关蒸发→关蝶阀→关扩散泵加热→关复合真空计。扩散泵冷却 40～50min。

8. 工作选择：扩散泵工作→断；按充气，至大气压。

9. 关总电源和循环水，取下钟罩和载玻片。

10. 擦洗钟罩内壁，并放回原位；用机械泵对真空室预抽至 5Pa 以下。

实验 31 电子衍射

早在 1924 年，法国物理学家德布罗意在光的波粒二象性的启示下，提出了一切微观粒子(电子、质子等)也和光子一样具有波粒二象性。1927 年戴维逊和革末两人先后做了电子衍射实验，证明了电子的波动性，从而证实了德布罗意波的存在。

电子衍射实验不仅是物理实验中验证了微观粒子波动性的重要实验之一，同时也是现代晶体结构分析、表面物理研究的不可缺少的重要实验手段。

本实验的目的就是通过对电子衍射现象的观察和电子波波长的测定，加深对微观粒子波粒二象性的认识。验证德布罗意公式。

一、实验原理

德布罗意根据“光既在某些情况下具有波动性，在另一些情况下又具有微粒性”，那么那些实物粒子如电子、质子等也应具有波动性和微粒性。他认为，用以描述微观粒子运动状态的动量 p 和能量 E，既可用表征粒子特性的质量 m 和速度 v 来表示，也可用表征波的特性的频率 ν 和波长 λ 来表示，它们之间遵循德布罗意关系

$$E = mc^2 = h\nu$$

$$p = mv = \frac{h}{\lambda} = h\tilde{\gamma}$$

式中，$\tilde{\gamma}$为波长的倒数，称为波数。

这样就可得到物质波的波长

$$\lambda = \frac{h}{p} = \frac{h}{mv} \qquad (3.31\text{-}1)$$

人们称此关系为德布罗意方程式，同实物粒子联系着的波为德布罗意波。此式告诉我们，德布罗意波的波长由粒子的动量决定，动量越大，波长越短，如果微观粒子的质量轻，动量很小，这种波长便可大到可能被观察到的程度。

设电子在电位为 U 的电场中加速获得的动能

$$E = \frac{p^2}{2m} = eU$$

则有动量

$$p = \sqrt{2meU}$$

那么

$$\lambda = \frac{h}{p} = \frac{h}{\sqrt{2meU}} \qquad (3.31\text{-}2)$$

将已知值代入，可得

$$\lambda = \sqrt{\frac{150}{U}} \quad (\text{Å})$$

这里我们假设电子质量为一恒量，只适用于电压 U 值不太大的情况下，而当加速电压在数千伏以上时，对高速电子，经典公式已不适用，必须考虑相对论效应，电子的质量以下式表示：

$$m = m_0(\sqrt{1 - v^2/c^2})^{-1} \quad (m_0 \text{ 为静止质量})$$

动能表示式为

$$E_k = (m - m_0)c^2 = m_0 c^2\left[(\sqrt{1 - v^2/c^2})^{-1} - 1\right] = eU \tag{3.31-3}$$

从式(3.31-3)得到

$$v = \frac{c\sqrt{e^2U^2 + 2m_0c^2eU}}{eU + m_0c^2} \tag{3.31-4}$$

及

$$\sqrt{1 - \frac{v^2}{c^2}} = \frac{m_0c^2}{eU + m_0c^2} \tag{3.31-5}$$

将式(3.31-4)和式(3.31-5)代入式(3.31-1)得

$$\lambda = h/\sqrt{2m_0eU(1 + eU/2m_0c^2)} \tag{3.31-6}$$

将各常数值代入，式(3.31-6)将变成

$$\lambda = \sqrt{\frac{150}{U}} \cdot \frac{1}{\sqrt{1 + 0.978 \times 10^{-6}U}} \text{Å} \approx \frac{12.25}{\sqrt{U}} \cdot (1 - 0.489 \times 10^{-6}U)(\text{Å}) \tag{3.31-7}$$

表 3.31-1 列出了加速电压 U 与波长 λ 间的关系。

表 3.31-1　加速电压 U 与波长 λ 间的关系

加速电压/kV	0.15	10	20	30	40	50
波长/Å	1.0	0.122	0.0886	0.0698	0.0602	0.0536
加速电压/kV	60	70	100	200		
波长/Å	0.047	0.0448	0.0370	0.0251		

关于布拉格公式：在波动光学中研究衍射时已经知道，对于一个狭缝宽度 a，两狭缝间距为 b 的光栅，所获得的明亮干涉条纹可由下式决定：

$$(a + b)\sin\phi = k\lambda \quad (k = 0, 1, 2, \cdots)$$

式中，$(a+b)$称为光栅常数；ϕ 称为偏离角。对一个给定光栅常数，若光波波长很小，偏离角就会很小，甚至无法分辨出明暗的干涉条纹，要想获得明显的衍射条纹，最好入射波的波长能与光栅常数在同一个数量级，而电子波的波长在 $10^{-8} \sim 10^{-9}$ cm 数量级，人工刻制这种光栅是无法做到的。

但是，我们知道，晶体是原子有规则地排列起来的结构，相邻原子间的距离一般正好为 10^{-8} cm 的数量级，所以晶体对电子波来说，可以看做是一个三维空间的衍射光栅，这种三维衍射光栅对入射电子波散射所形成的衍射线在空间的分布规律可用最常用的布拉格定律表示。

有布拉格定律来描述衍射线的分布规律，是把晶体看做是许多互相平行的原子面(晶面)堆积而成，把原子对电子波散射相干所构成的衍射线归结为这些晶体面对入射线的反射，也就是说，衍射线可以看作是由一组平行的晶面族的反射波叠加。

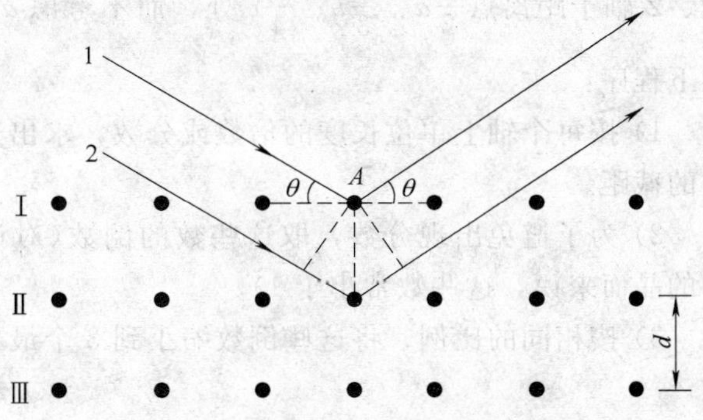

图 3.31-1　相邻晶面的电子波的程差

为了理解其中所涉及的原理，先考虑图 3.31-1 所示的简单模型。当一电子

束射入晶体而发生衍射时，从一组间距为 d 的平行晶面上，其中出射方向对平面的倾角与入射角 θ 相等的射线，如果满足布拉格公式 $2d\sin\theta=n\lambda$，那么出射线就会加强(式中 λ 为电子波的波长，n 为正整数)，而在其他一些方向上将趋于抵消。把衍射线方向看做是晶面对入射线的反射(这样处理可以使问题简单而直观，应用起来也极为方便)，使我们研究的衍射，只有在波长 λ，掠入角 θ 和晶面间距 d 三者之间的关系满足布拉格公式时反射才会发生。

关于多晶体和单晶体的衍射图样。

电子对于单晶体和多晶体的衍射花样具有十分明显的区别，当一电子束垂直入射到一单晶薄膜时，只有在某些符合布拉格公式的特殊方向上得到透射衍射线，因而在薄膜下方的平面底片上看到的是衍射斑点如图 3.31-2 所示。

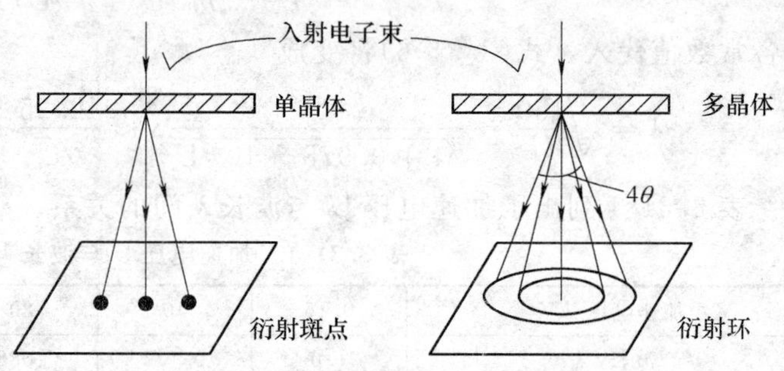

图 3.31-2 单晶体和多晶体的衍射图样

而当电子穿透一多晶体时，因多晶体是由许多取向不同的微小晶粒所组成，当入射电子束与这类晶体相遇时在与入射线为中心，顶角为 2θ 的圆锥面的任意位置，都可找到一组符合布拉格公式的反射晶面，因而衍射线形成一个顶角为 4θ 的连续圆锥面。当这组衍射线与垂直于入射线的荧光屏或照相底片相遇时，就形成一个衍射圆环，对每一个满足布拉格公式反射条件，而间距为 d_1，d_2，d_3，…，d_n 的各组晶面，它对射线圆锥的张角分别为 $4\theta_1$，$4\theta_2$，$4\theta_3$，…，$4\theta_n$，在荧光屏上看到的多晶衍射图像是一组同心的衍射圆环。

对于不同结构的晶体都具有自己独特的衍射图像，这就为我们利用衍射图像来研究各种物质结构类型及基本参数提供方便。

关于密勒指数，我们知道，要描一个平面的方位，就是在一个坐标系中表示出该平面的法线的方向余弦，或者表示出这平面在三个坐标轴上的截距。同样，在晶体中，为表示晶面或晶面轴的取向，密勒指数常被用于这个目的。它是以晶面和晶轴的截距为基础的。这些截距用晶胞的大小去量度(晶胞的大小即是沿着三个晶轴的单位长度，各用 a，b，c 表示)而不是用任何特殊的长度单位来量度的。试考虑如图 3.31-3 所示的平面，这个平面截 X 轴、Y 轴、Z 轴于距离点 $\frac{1}{2}a$、$\frac{1}{3}b$、$\frac{1}{4}c$ 处，而不考虑 a、b、c 的尺寸，为了确定密勒指数，采用如下程序：

1) 按每个轴上单位长度的倍数或分数，求出三个轴上的截距。

2) 为了避免出现分数，取这些数的倒数(对许多重要的晶面来说，这些数常小于 1)。

3) 按相同的比例，将这些倒数缩小到 3 个最小的整数。

4) 将所得到的 3 个整数写入圆括号(h, k, l)，即

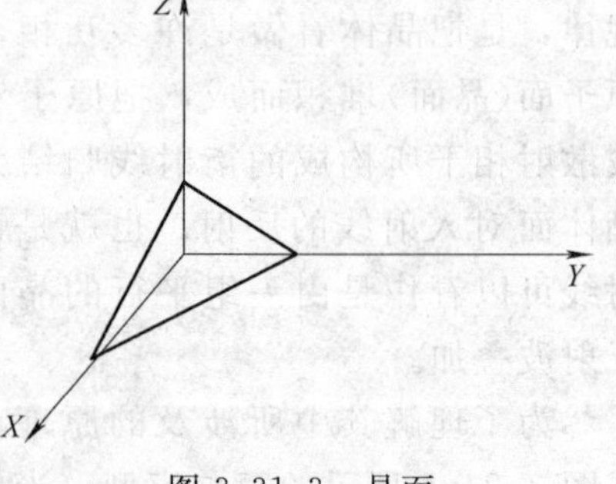

图 3.31-3 晶面

得该晶面及所属晶面族的密勒指数。

对应图 3.31-3 所示晶面，采用上述步骤，可得密勒指数(2，3，4)。

对于图 3.31-4 中所示各晶体中斜线晶面，它们的密勒指数也可同样得到。

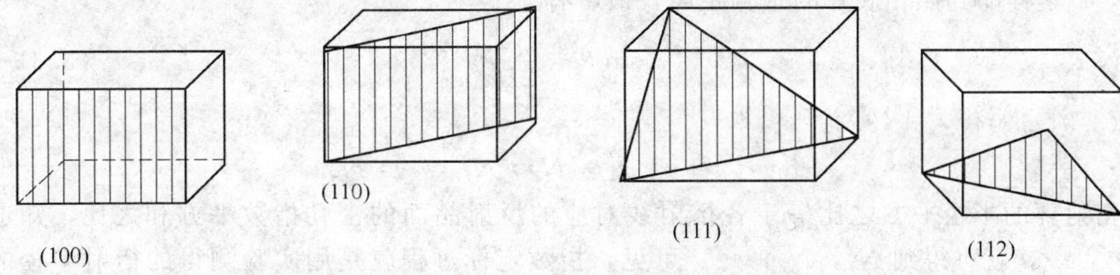

图 3.31-4　立方晶系中的几个晶面及晶向

电子衍射图像的指数标定，衍射图像一般有多晶体所形成的圆环衍射图像和由单晶体形成的斑点衍射图像，指数标定的过程就是确定每一道衍射圆环或衍射斑点所对应的反射晶面的衍射指数(或称密勒指数)h，k，l 各个晶系的指数标定方法各不相同，学生实验中采用样品大多是金、银、铜、铝等晶体，它们是面心立方晶体，所以这里只介绍立方晶系的指数标定方法。

为了标定指数，需要下列三个基本公式：

(1) 布拉格公式

$$2d\sin\theta = n\lambda \tag{3.31-8}$$

(2) 面间距 d 和各晶面的密勒指数(h，k，l)的关系由晶体学知道，立方晶系的面间距为

$$d = \frac{a}{\sqrt{h^2 + k^2 + l^2}} \tag{3.31-9}$$

式中，a 是晶格常数(金的晶格常数是 4.0783 Å，银是 4.0856 Å，铜是 3.615 Å，铝是 4.0491 Å)。把式(3.31-8)代入式(3.31-9)，可得

$$\sin\theta = \frac{n\lambda}{2a}\sqrt{h^2 + k^2 + l^2} = \frac{\lambda}{2a}\sqrt{N}$$

或

$$\sin^2\theta = \frac{n^2\lambda^2}{4a^2}(h^2 + k^2 + l^2) = \frac{\lambda^2}{4a^2}N \tag{3.31-10}$$

因为($h^2+k^2+l^2$)是整数，我们用 N 表示它。

在同一张衍射图中，电子波波长 λ 和晶格常数 a 都是常数，可得各衍射线 $\sin\theta$ 的顺序比是

$$\sin^2\theta_1 : \sin^2\theta_2 : \cdots : \sin^2\theta_n = N_1 : N_2 : \cdots : N_n \tag{3.31-11}$$

即各衍射线 $\sin^3\theta$ 的比等于各衍射线所对应的所射晶面的密勒指数的平方和之比。

(3) 衍射半径 r 和散射角 θ 之间的关系，从图 3.31-5可知

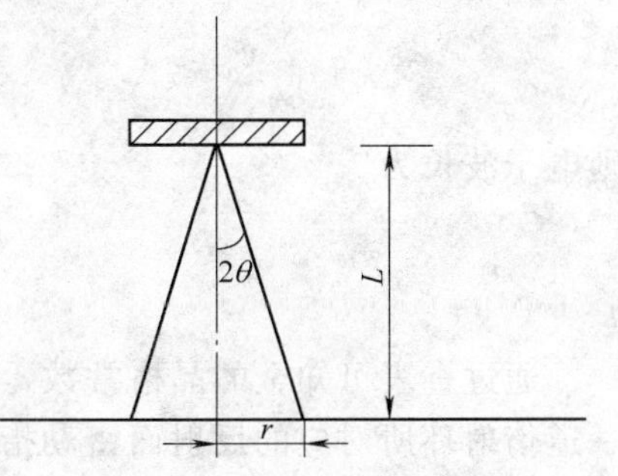

图 3.31-5　电子衍射示意图

$$r = L \cdot \tan 2\theta = L \cdot \frac{\sin 2\theta}{\cos 2\theta} \approx L \cdot \sin 2\theta$$

$$= 2L \cdot \sin\theta \cdot \cos\theta \approx 2L \cdot \sin\theta$$

式中，L 是样品到照相底片的垂直距离，最后有

$$\sin\theta = \frac{r}{2L} \tag{3.31-12}$$

将式(3.31-12)代入式(3.31-11)得

$$r_1^2 : r_2^2 : \cdots : r_n^2 = N_1 : N_2 : \cdots : N_n$$

即各衍射环的半径平方之比等于各衍射线对应的反射晶面的密勒指数平方和之比，知道了 r_1，r_2，…，就可得到 N_1，N_2，…。可见，指数定标过程就是用实验测得的衍射半径的数据之平方，找出一列最简单的整数关系。

在复杂晶胞中，由于原子在晶胞中的排列不同，会导致衍射线在某些满足布拉格公式的方向上消失，称为系统消光。对于面心立方晶体，只有密勒指数全部为奇数或者偶数的晶面才能得到衍射图像。而其他晶面反射均为零。表 3.31-2 列出面心立方晶体衍射环出现的顺序和相应的密勒指数，供实验时对照用。

表 3.31-2

衍射环的顺序号	h，k，l	N	N_n/N_1	衍射环的顺序号	h，k，l	N	N_n/N_1
1	111	3	1	7	331	19	6.33
2	200	4	1.33	8	420	20	6.67
3	220	8	2.66	9	422	24	8
4	311	11	3.67	10	511，333	27	9
5	222	12	4	11	440	32	10.67
6	400	16	5.33				

二、实验内容

1. 用已知结构的多晶样品(本实验所用的为面心立方体结构)的衍射花样所获得的数据计算波长 λ，并验证德布罗意公式。

将式(3.31-12)代入式(3.31-10)，得到

$$\frac{r}{2L} = \frac{\lambda}{2a}\sqrt{N}$$

则电子波长为

$$\lambda = \frac{a}{L} \cdot \frac{r}{\sqrt{N}} \tag{3.31-13}$$

通过查表可知金的晶格常数，反射面的密勒指数，通过衍射环的指数标定，可以确定每一道衍射环所对应的反射面密勒指数。将结果代入公式(3.31-13)即可求出一组 λ 值。对各值求平均，同时由实验测得的加速电压值，应用德布罗意公式(3.31-7)求得电子波长，将这

一理论计算结果与实验所得结果进行比较，以验证德布罗意假设的正确。

2. 普朗克常量 h 的测定

通过实验可以得到电子波长值，将此值代入公式(3.31-6)，并由此得到普朗克常量 h 的值。

三、实验装置介绍

电子衍射仪主要由两部分组成。

1. 电子衍射管

电子衍射管包括电子枪(由灯丝、阴极调制极、加速极、聚焦极、辅助聚焦极和 X、Y 电偏转板等构成)晶体薄膜(这里使用金膜)，厚度约为 100～200 Å，荧光屏(由玻璃壳体组成，在靶周围的玻璃壳体部分涂有石墨层，并和荧光屏、靶连接在同一点上，此点与高压直流电源 2～15kV 连在一起)等三部分。

2. 电源部分

加在晶体薄膜靶与阴极之间高压 2～15kV 连续可调，可由面板(图 3.31-6)调节和读出，灯丝电压为 6.3V。

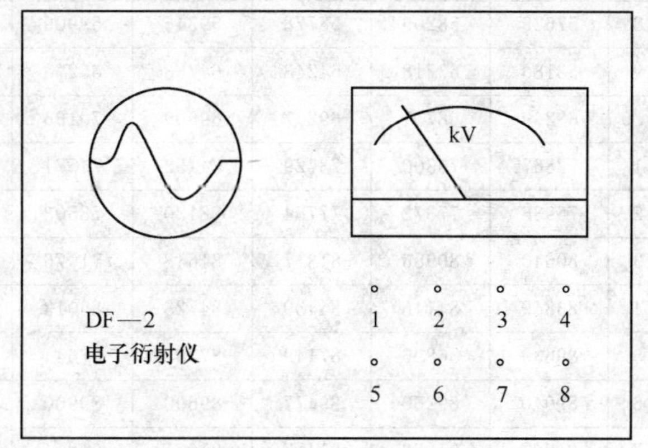

图 3.31-6　电子衍射仪

1—高压调节　2—亮度　3—聚焦　4—辅助聚焦
5—X 轴偏移　6—Y 轴位移　7—指示灯
8—电源开关

四、实验步骤

1. 检查设备的完整性，高压调节旋钮逆时针至最小。

2. 打开电源，调整仪器至最佳状态。

3. 调节电压至 10kV，观察衍射环，用毫米刻尺，记录各衍射环的直径，每对应一个环作 4 个不同方向的独立测量再平均。

4. 改变电压至 11kV、12kV、13kV，重复步骤 3。

5. 关闭电源(关闭电源前，先将高压旋钮至最小)。

6. 打开仪器侧面板，从电子衍射管外壳上的标签读出靶至荧光屏的距离。

7. 确定各衍射环的密勒指数值。

8. 根据公式求得电子波的波长，利用相应公式求得普朗克常量值。或用作图法得到普朗克常量值。

9. 注意高压，实验中应缩短加高压的时间。

五、思考题

1. 德布罗意假设的内容是什么?

2. 在本实验中是怎样验证德布罗意公式的?

3. 本实验证实了电子具有波动性，衍射环是单个电子还是大量电子所具有的行为表现?

4. 根据衍射环半径计算电子波的波长时，为什么首先要指标化？怎样指标化?

5. 改变高压时衍射图像有什么变化？为什么?

附表一　满足 $P(t)=\sqrt{\frac{2}{\pi}}\int_0^t e^{-\frac{Z^2}{2}}dZ$ 式的 $P(t)$，t 数值表

t	0	0.01	0.02	0.03	0.04	0.05	0.06	0.07	0.08	0.09
0.0	0	0.00798	0.015960	0.023191	0.03191	0.03988	0.04784	0.05581	0.06376	0.07171
1	0.07966	08759	09552	10343	11134	11924	12712	13499	14285	15069
2	15852	16633	17413	18191	18767	29741	20514	21252	22052	22818
3	23582	24344	25103	25860	26614	27366	28115	28862	29606	30346
4	31004	31818	32832	32238	34006	34729	35448	36165	36877	37587
5	38293	38995	39694	40389	41080	71768	42452	43132	43809	44481
6	45149	45814	46474	47131	47783	48434	49075	49714	50350	50981
7	51607	52230	52848	53461	54070	54675	55275	55870	56461	57047
8	57629	58206	58778	59346	59909	60468	61021	61570	62114	62653
9	63188	63718	64243	64763	65278	65789	66295	66795	67291	67783
1.0	68269	68751	69227	69699	70166	70628	71086	71538	71986	72429
1	72867	73300	73729	74152	74571	74986	75395	75800	76200	76595
2	76986	77372	77754	78130	78503	78870	79233	79590	79946	80295
3	80640	80986	81317	81648	81976	82298	82617	82931	83241	83592
4	83849	84146	84439	84728	85013	85294	85571	85844	86113	86378
5	86639	86896	87149	87398	87644	87886	88124	88359	88589	88817
6	89040	89260	89477	89690	89900	90106	90309	90508	90704	90897
7	91087	91273	91457	91637	91814	91988	92159	92327	92492	92655
8	92814	92970	93124	93275	93423	93569	93711	93852	92989	94124
9	94257	94387	94514	94639	94762	94882	95000	95116	95230	95341
2.0	95450	95557	95662	95764	95865	95964	96060	96155	96247	96338
1	96427	96514	96699	96683	96765	96845	96923	96999	97074	97148
2	97219	97290	97358	97425	97491	97555	97618	97699	97749	97798
3	97855	97911	97966	98019	98072	98123	98173	98221	98269	98315
4	98361	98405	98447	98490	98531	98571	98611	98649	98686	98723
5	98758	98793	98827	98859	98892	98923	98954	98983	99012	99040
6	99068	99095	99121	99146	99171	99195	99219	99242	99264	99286
7	99307	99327	99347	99367	99386	99404	99422	99439	99456	99473
8	99489	99505	99520	99535	99549	99563	99576	99590	99602	99615
9	99627	99639	99650	99661	99672	99682	99692	99702	99712	99721
3.0	99730	99738	99747	99755	99763	99771	99779	99786	99793	99800
1	99806	99813	99819	99825	99831	99837	99842	99847	99853	99858
2	99863	99867	99872	99876	99880	99885	99889	99892	99896	99899
3	99903	99907	99910	99913	99916	99919	99922	99925	99928	99930
4	99933	99935	99937	99940	99942	99944	99946	99948	99950	99952

附表二　满足 $P=2\int_0^{t_a} S(t,K)\mathrm{d}t$ 式的 P，K，t_a 数值表

t_a \ p $K=n-1$	0.1	0.2	0.3	0.4	0.5	0.6	0.7	0.8	0.9	0.95	0.99
1	0.158	0.325	0.510	0.727	1.000	1.376	1.963	3.078	6.314	12.70	63.657
2	142	289	445	617	0.816	1.061	336	1.886	2.920	4.303	31.598
3	137	277	424	584	765	0.978	250	638	2.353	3.182	12.941
4	134	271	414	569	741	941	190	533	2.132	2.776	8.616
5	132	267	408	559	727	920	156	476	2.015	571	5.859
6	131	265	404	553	718	906	134	440	1.943	447	3.707
7	131	263	402	549	711	896	119	415	895	365	499
8	130	262	399	546	706	889	108	397	860	306	355
9	129	261	398	543	703	883	100	383	833	262	250
10	129	260	397	542	700	879	093	372	812	228	169
11	129	260	396	540	697	876	088	363	796	201	106
12	128	259	395	539	695	873	083	356	782	179	055
13	128	259	394	538	694	870	079	350	771	160	012
14	128	258	393	537	692	868	076	345	761	145	2.977
15	128	258	393	524	691	866	074	341	753	131	947
16	128	258	392	535	690	865	071	337	746	120	926
17	128	257	392	534	689	863	069	333	740	110	898
18	127	257	392	534	688	862	067	330	734	103	878
19	127	257	391	533	688	861	066	328	729	093	861
20	127	257	391	533	687	860	064	325	725	086	845
21	127	257	391	532	686	859	063	323	721	080	831
22	127	256	390	532	686	858	061	321	717	074	819
23	127	256	390	532	685	858	060	319	714	069	807
24	127	256	390	531	685	857	059	318	711	064	797
25	127	256	390	531	684	856	058	316	708	060	787
26	127	256	390	531	684	856	058	315	706	056	779
27	127	256	389	531	684	855	057	314	703	052	771
28	127	256	389	530	683	855	056	313	701	048	763
29	127	256	389	530	683	854	055	311	699	045	756
30	127	256	389	530	683	854	055	310	697	042	750
40	126	255	388	529	681	851	060	303	684	021	704
60	126	254	387	527	679	848	046	296	671	000	660
120	126	254	386	526	677	845	041	289	658	1.980	617
00	126	253	385	524	674	842	036	282	645	1.960	576

附表三 基本物理常数

量	符号	数值	单位	不确定度(ppm)
光速	c	2.99792458×10^{8}	$m\cdot s^{-1}$	(精确)
真空磁导率	μ_0	$4\pi\times10^{-7}$	$H\cdot m^{-1}$	(精确)
真空电容率	ε_0	$8.854187817\cdots\times10^{-12}$	$F\cdot m^{-1}$	(精确)
引力常量	G	6.67259×10^{-11}	$m^3\cdot kg^{-1}\cdot s^{-2}$	128
普朗克常量	h	6.6260755×10^{-34}	$J\cdot s$	0.60
以电子伏为单位，h		4.1356692×10^{-15}	$eV\cdot s$	0.30
	$\hbar$	1.05457266×10^{-34}	$J\cdot s$	0.60
以电子伏为单位，$\hbar=\frac{h}{2\pi}$		6.5821220×10^{-16}	$eV\cdot s$	0.30
阿伏加德罗常数	N_A，L	6.0221367×10^{23}	mol^{-1}	0.59
原子质量单位，原子质量常数 $1u=m_u=m(^{12}C)/12$	m_u	1.6605402×10^{-27}	kg	0.59
法拉第常数	F	9.6485309×10^{4}	$C\cdot mol^{-1}$	0.30
摩尔气体常数	R	8.314510	$J\cdot mol^{-1}\cdot K^{-1}$	8.4
玻耳兹曼常数，R/N_A	k	1.380658×10^{-23}	$J\cdot K^{-1}$	8.5
摩尔体积(理想气体)RT/p $T=273.15K$；$p=101325Pa$	V_m	22.41410	$L\cdot mol^{-1}$	8.4
斯特潘-玻耳兹曼常量，$\pi^2k^4/60\hbar^3c^2$	σ	5.67051×10^{-8}	$W\cdot m^{-2}\cdot K^{-4}$	34
第一辐射常数，$2\pi hc^2$	c_1	3.7417749×10^{-16}	$W\cdot m^2$	0.60
第二辐射常数，hc/k	c_2	0.01438769	$m\cdot K$	8.4
维恩位移定律常数，$b=\lambda_{max}T=c_2/4.96511423\cdots$	b	2.897756×10^{-3}	$m\cdot K$	8.4
基本电荷	e	1.60217733×10^{-19}	C	0.30
磁通量子，$h/2e$	Φ_0	2.06783461×10^{-15}	Wb	0.30
玻尔磁子，$e\hbar/2m_e$	μ_B	9.2740154×10^{-24}	$J\cdot T^{-1}$	0.34
核磁子，$e\hbar/2m_p$	μ_N	5.0507866×10^{-27}	$J\cdot T^{-1}$	0.34
精细结构常数，$\mu_0ce^2/2h$	α	7.29735308×10^{-3}		0.045
精细结构常数倒数	α^{-1}	137.0359895		0.045
里德伯常数，$m_ec\alpha^2/2h$	R_∞	10973731.534	m^{-1}	0.0012
玻尔半径，$\alpha/4\pi R_\infty$	a_0	$0.529177249\times10^{-10}$	m	0.045
电子质量	m_e	0.91093897×10^{-30}	kg	0.59
电子-μ子质量比	m_e/m_μ	4.83633218×10^{-3}		0.15
电子-质子质量比	m_e/m_p	5.44617013×10^{-4}		0.020
电子荷质比	$-e/m_e$	-1.75881962×10^{11}	$C\cdot kg^{-1}$	0.30
电子摩尔质量	$M(e)$，M_e	5.48579903×10^{-7}	$kg\cdot mol^{-1}$	0.023

（续）

量	符号	数值	单位	不确定度（ppm）
电子康普顿波长	λ_c	2.42631058×10^{-12}	m	0.089
电子半径	r_e	2.81794092×10^{-15}	m	0.13
电子磁矩 以玻尔磁子为单位 以核磁子为单位	μ_e μ_e/μ_B μ_e/μ_N	9.2847701×10^{-24} 1.00115965393 1838282000	$J\cdot T^{-1}$	0.34
电子 g 因子	g_e	2.002319304386		1×10^{-5}
电子-质子磁矩比	μ_e/μ_P	658.2106881		0.010
电子-μ子磁矩比	μ_e/μ_μ	206.766967		0.15
μ子质量	m_μ	1.8835327×10^{-28}	kg	0.61
μ子摩尔质量	$M(\mu)$	1.13428913×10^{-4}	$kg\cdot mol^{-1}$	0.15
μ子磁矩	μ_μ	4.4904514×10^{-26}	$J\cdot T^{-1}$	0.33
μ子 g 因子	g_μ	2.002331846		0.0084
质子质量	m_p	1.6726231×10^{-27}	kg	0.59
质子-电子质量比	m_p/m_e	1836.152701		0.020
质子荷质比	e/m_p	95788309	$C\cdot kg^{-1}$	0.30
质子摩尔质量	$M(p)$，M_p	1.007276470×10^{-3}	$kg\cdot mol^{-1}$	0.012
质子康普顿波长	$\lambda_{c,p}$	1.32141002×10^{-15}	m	0.089
质子磁矩	μ_p	1.41060761×10^{-26}	$J\cdot T^{-1}$	0.34
质子旋磁比	γ_p	2.67522128×10^{8}	$s^{-1}\cdot T^{-1}$	0.30
中子质量	m_n	1.6749286×10^{-27}	kg	0.59
中子-电子质量比	m_n/m_e	1838.683662		0.022
中子-质子质量比	m_n/m_p	1.001378404		0.009
中子摩尔质量	$M(n)$	1.008664904×10^{-3}	$kg\cdot mol^{-1}$	0.014
中子康普顿波长	$\lambda_{c,n}$	1.31959110×10^{-15}	m	0.089
中子磁矩	μ_n	0.96623707×10^{-26}	$J\cdot T^{-1}$	0.41
中子-电子磁矩比	μ_n/μ_e	1.04066882×10^{-3}		0.24
中子-质子磁矩比	μ_n/μ_p	0.68497934		0.24

注：不确定度（相对值）是以百万分之几(ppm)的形式给出的。

参考文献

[1] 费业泰．误差理论与数据处理[M]．北京：机械工业出版社，2000.

[2] 杨述武，赵立竹，沈国土．普通物理实验(力学、热学部分)[M]．北京：高等教育出版社，2007.

[3] 阎守胜，陆果．低温物理的实验原理与方法[M]．北京：科学出版社，1985.

[4] 陆果．基础物理学教程[M]．北京：高等教育出版社，1998.

[5] 吴业正，韩宝琦，等．制冷原理及设备[M]．西安：西安交通大学出版社，1987.

[6] 孙大坤，高学奎，等．氟里昂灌注量影响电冰箱制冷效率的实验研究及其结果的初步应用[J]．制冷学报，1990(3).

[7] 汤顺青．色度学[M]．北京：北京理工大学出版社，1990.

[8] 姚启钧．光学教程[M]．北京：高等教育出版社，2002.

[9] 陈晓明．黑体辐射定律及相关教学问题的探讨[J]．物理实验与探索，2009，28(5)：27-29.

[10] 赵凯华．量子物理[M]．北京：高等教育出版社，2001.

[11] 肖利主．电磁学[M]．北京：科学出版社，2011.

[12] 陈均钧．大学物理实验教程[M]．北京：科学出版社，2009.

[13] 赵凯华．光学[M]．北京：高等教育出版社，2004.

[14] 吕斯骅，等．基础物理实验[M]．北京：北京大学出版社，2002.

[15] 吴泳华，等．大学物理实验[M]．北京：高等教育出版社，2001.

[16] 李秀燕，等．大学物理实验[M]．北京：科学出版社，2001.

[17] 曾贻伟，等．普通物理实验[M]．北京：北京师范大学出版社．1989.

[18] 吴思诚，王祖铨．近代物理实验[M]．3 版．北京：高等教育出版社，2005.

[19] 天津市港动科技发展有限公司．WGD－8A 型组合式多功能光栅光谱仪使用说明书．

[20] 何元金，马兴坤．近代物理实验[M]．北京：清华大学出版社，2003.

[21] 褚圣麟．原子物理学[M]．北京：人民教育出版社，1979.

[22] 张孔时，丁慎训．物理实验教程(近代物理实验部分)[M]．北京：清华大学出版社，1991.

[23] 卢希庭，叶沿林，江栋兴．原子核物理学[M]．北京：北京大学出版社，2000.

[24] 北京大学，复旦大学．核物理实验[M]．北京：原子能出版社，1989.

[25] 察伯濂．狭义相对论[M]．北京：高等教育出版社，1991.

[26] 于孝忠．核辐射物理学[M]．北京：原子能出版社，1981.

[27] 虞福春，郑春开．电动力学[M]．北京：北京大学出版社，1992

[28] 于美文．光全息学及其应用[M]．北京：北京理工大学出版社，1996.

[29] 菲君．近代光学信息处理[M]．北京：北京大学出版社，1998.

[30] 裘祖文，裴奉奎．核磁共振波谱[M]．北京：科学出版社，1989.

[31] 史斌星．原子物理学[M]．北京：国防工业出版社，1997.

[32] 林木欣．近代物理实验教程[M]．北京：科学出版社，1999.

[33] 沈致远．微波技术[M]．北京：国防工业出版社，1980.

[34] 曲喜新．薄膜物理[M]．上海：上海科学技术出版社，1986.

[35] 唐伟忠．薄膜材料——制备原理、技术及应用[M]．北京：冶金工业出版社，2003.

[36] 周世勋．量子力学[M]．上海：上海科学技术出版社，1961.

[37] 谢希德，方俊鑫．固体物理学[M]．上海：上海科学技术出版社，1961.

[38] 郑庚兴，等．大学物理实验[M]．上海：上海科学技术文献出版社，2004.